"十四五"时期国家重点出版物出版专项规划项目

6G丛书

国家出版基金项目
NATIONAL PUBLICATION FOUNDATION

6G

时代的按需服务卫星通信网络

匡麟玲 晏 坚 陆建华 靳 瑾 葛 宁◎著

人民邮电出版社

北 京

图书在版编目（CIP）数据

6G时代的按需服务卫星通信网络 / 匡麟玲等著. --
北京：人民邮电出版社，2022.12
（6G丛书）
ISBN 978-7-115-60361-6

Ⅰ．①6… Ⅱ．①匡… Ⅲ．①第六代移动通信系统－
研究 Ⅳ．①TN929.59

中国版本图书馆CIP数据核字(2022)第204044号

内 容 提 要

卫星通信网络在弥补数字鸿沟和增强全球数字经济服务健壮性等方面发挥着不可替代的作用，是未来信息通信基础设施的重要组成部分。本书重点从卫星通信网络效能评估、星座设计、频率使用方式、波束资源调度方式、按需接入管理、软件定义卫星通信网络几个方面，阐述按需服务卫星通信网络的设计理念与设计方法以及效能分析等。全书共7章，第1章介绍6G时代卫星通信网络的创新需求与发展趋势，从科学、技术、工程3个方面分析按需服务卫星通信网络面临的问题及挑战；第2章结合卫星广域业务分布的时空非均匀特征，探讨结合服务效益和服务成本的卫星通信网络评估准则，初步研究系统容量与星座规模及服务用户规模的关系；第3章讨论当前宽带卫星通信网络多重覆盖的新特征，重点阐述科学利用频轨资源的泛同步轨道新理念，介绍按需覆盖星座设计方法，并分析多重覆盖效能；第4章讨论非静止轨道卫星通信系统频谱共存时面临的干扰规避和减缓问题；第5章和第6章围绕卫星通信网络用户链路资源按需管理需求，讨论包括跳波束系统架构与调度策略、业务预测与接入资源管理等面向按需服务的通信技术设计方法；第7章介绍软件定义卫星通信网络的概念，以及面向中低轨混合星座的软件定义卫星通信网络架构，并给出控制面在线带宽分配优化方法与数据面星载可编程多协议处理交换架构等实例。

本书可作为卫星通信网络相关专业研究生的参考用书，也可供从事卫星通信网络领域研究、系统设计与开发、网络运营等工作的相关人员参考。

◆ 著　　　　　匡麟玲　晏　坚　陆建华　靳　瑾　葛　宁
　　责任编辑　代晓丽
　　责任印制　马振武

◆ 人民邮电出版社出版发行　　北京市丰台区成寿寺路 11 号
　　邮编　100164　　电子邮件　315@ptpress.com.cn
　　网址　https://www.ptpress.com.cn
　　涿州市京南印刷厂印刷

◆ 开本：720×960　1/16
　　印张：18.5　　　　　　　　2022 年 12 月第 1 版
　　字数：322 千字　　　　　　2022 年 12 月河北第 1 次印刷

定价：179.80 元

读者服务热线：(010)81055493　　印装质量热线：(010)81055316
反盗版热线：(010)81055315
广告经营许可证：京东市监广登字 20170147 号

6G丛书

编 辑 委 员 会

序

　　1945 年，英国海军军官、科幻作家阿瑟·克拉克首次提出用人造地球卫星作为通信中继大幅拓展地面通信距离的设想。1965 年，世界第一颗通信中继卫星"晨鸟"发射成功。科技人员用了 20 年时间实现了阿瑟·克拉克提出的这一科学幻想，开启了卫星通信服务人类社会的里程碑。由于卫星通信具有广域覆盖、接入灵活、不受地形地貌限制的独特优势，在广播电视、海上通信、军事通信和应急通信等领域得到了快速发展和广泛应用。20 世纪 90 年代，摩托罗拉公司创新提出并由铱星公司建设了全球卫星通信网络"铱"星系统，首次实现将语音通信覆盖到地球表面的每一个角落。由于市场商业模式定位的偏差和地面蜂窝移动通信网络（2G）的迅猛发展，第一次全球卫星通信网络建设以铱星公司的破产为标志暂时陷入了低谷。但是，人类追求通信无处不在的梦想从未停止。近年来，美国太空探索技术公司（SpaceX）推出的全球低轨卫星互联网星链系统，通过相关产业领域垂直整合和技术创新，以工业化手段大幅降低了卫星的制造和发射成本。星链系统快速投入运营并迅速抢占市场，在全球范围掀起了第二次卫星通信网络的建设热潮。OneWeb 公司、亚马逊公司等国际公司和机构纷纷提出自己的宽带卫星互联网星座计划。我国也陆续提出虹云工程、鸿雁计划、天地一体化信息网络、卫星互联网、智慧天网等发展规划与构想。全球卫星通信网络的建设发展进入一个新的时代。

　　与此同时，地面蜂窝移动通信网络正在从 4G 走向 5G，面向 6G 的总体设计与关键技术研究也正在全面展开。越来越多的用户享受到了 4G/5G 网络提供的服务，信息通信行业的发展为各国经济做出了重大贡献,带动了全球数字经济的快速发展。

然而，受地理环境和经济发展程度等因素的影响，各个国家和地区的数字鸿沟依然广泛存在。据国际电信联盟统计，截至 2021 年，全球仍有 3.9 亿人口没有获得地面蜂窝移动通信服务，29 亿人口没有连接互联网，其中约有 96% 的人口生活在发展中国家，因此，无法搭上数字经济发展的快车道。此外，地面移动通信网络仅覆盖了约 20% 的陆地面积，而占地球表面积 71% 的海洋基本无法覆盖。建设高速泛在、天地一体的新型信息通信网络基础设施，需要卫星通信网络这一高效费比手段，为全球化数字经济和全球数字治理提供优质的网络化服务。

6G 研究已经明确提出融合卫星通信网络，实现全球移动通信无缝覆盖的要求。如何实现卫星通信网络与地面移动通信网络深度融合，如何科学地设计卫星通信网络架构、空口技术体制和运维管控系统，如何合理选择组网技术体制和高效利用频轨资源，如何评估卫星通信网络效能，是卫星通信网络工程建设业界普遍关注的重点。

本书作者多年来深耕卫星通信网络的系统设计与创新技术研究，以系统论方法研究卫星通信网络发展和建设中的关键科学技术问题，并付诸实践。书中分享了近年来作者及团队在卫星通信网络效能评估、星座设计与频轨资源高效利用、卫星波束资源高效利用、业务预测和软件定义卫星通信网络等方面的研究成果和见解，既有科学问题的凝练与总结，又有工程关键技术的分析与研究，特别是在系统结构化迭代和可持续演进设计上独具特色。本书观点鲜明、条理清晰、示例丰富，对于厘清卫星通信网络领域的概念和路径等具有重要的参考价值。相信通过阅读本书，该领域的研究人员、工程技术人员，以及广大读者能对卫星通信网络中的关键科学技术问题及解决方法有更全面、更深入的认识，更好地把握当前卫星通信网络技术的发展脉络与未来方向，并激发深入的思考。

中国科学院院士

前　言

移动通信网络历经 40 余年的快速发展，为人们提供了高速率、低时延、灵活便捷的通信服务。相比于快速提升的通信速率，移动通信网络的全域覆盖率增长速度较为缓慢。特别是受制于需求和服务代价的"长尾效应"，在广大的偏远山区、海洋、空中等区域，移动通信网络仍然面临覆盖率低、覆盖代价高的难题。实现移动通信网络的广域覆盖服务将是 6G 时代网络基础设施建设的重要任务之一。

卫星通信网络具有天然的广域覆盖、健壮抗毁、服务灵活等优势，虽然前期建设投入成本较高，但运营维护成本较低，是有效抑制"长尾效应"的重要手段。随着电子技术的发展，近年来卫星制造成本、发射运载成本、用户站成本等前期投入成本大幅降低，利用卫星通信提供的广域宽带移动通信网络服务具有较高的性价比，卫星通信网络与地面通信网络的融合发展已成为业内的广泛共识。

然而，卫星通信网络仍然是一个资源极度受限的系统。卫星功率资源有限，通信距离远，导致通信速率受限；卫星通信网络可使用的频谱资源有限，广域覆盖导致能量密度有限，从而用户容量受限。相比而言，地面移动通信网络的快速发展得益于基站后端光纤网络的充分供给，而大容量卫星通信网络所需要的星间光通信、星地光通信设备仍然处于早期研发阶段；地面移动通信网络可以通过加密基站部署和缩小蜂窝半径来实现密集频率复用，从而增加容量，而加密卫星部署通常会带来大量的空载和资源浪费，在用户分布稀疏且不均匀的条件下，有效容量增长有限。因此，如果卫星通信网络沿用地面移动通信网络的发展模式，将消耗巨大成本，大幅抬高运营商投资门槛，不利于卫星通信网络的可持续发展。因此，极有必要探索一条高效费比的卫星通信网络创新发展道路。

实现高效费比的基本手段是实现按需服务，即根据用户业务需求动态调配网络资源，这一点对于资源极度受限的卫星通信网络尤为重要。从广义上讲，传统互联网也是一种按需服务网络，网络资源通过统计复用的方式被按需分配给用户。在低成本充分供给的光纤网络中，这种按需服务能给用户带来良好的体验，也使得互联网碾压了传统的资源固定分配的电路交换网络而得以快速发展。但是，当今用户业务数据的增长速度已大大超过网络容量的增长速度，一旦网络负载增加到超过网络容量的边界，用户间的资源竞争将打破这种良好体验，运营商也将因"路径依赖"而面临"青蛙效应"的困境。因此，按需服务不能单纯依赖资源的充分供给，而要达到系统资源与用户需求及用户体验的平衡，这既涉及深层次的科学问题，也涉及关键技术问题。

在卫星通信网络中，按需服务的基础是主动感知用户业务需求、主动引导和控制用户超量需求，在网络供给侧细化资源粒度、协同分配资源，为不同用户业务提供差异化的服务质量保障。这个按需服务理念也是本书重点研究探讨的内容。进而，借助卫星通信网络星座构型设计，将多重覆盖重点匹配到需要服务的区域，借助捷变点波束将无线资源匹配到需要服务的用户，借助软件定义的多协议识别与队列管理策略，将星载交换资源匹配到不同服务质量要求的业务流，借助星上可重构资源池动态适配系统多样化服务场景等。基于此，从系统设计上优化空间基础设施总体效费比，推动卫星通信网络在 6G 时代的广泛应用，推动卫星通信网络与地面移动通信网络的可持续协同演进。

当前，面向 2030 年商用的 6G 网络仍然处于愿景需求研究的阶段。对于卫星通信网络研究的科技人员，厘清卫星通信网络的发展趋势和方向是一项非常重要的工作。本书作者及科研团队多年来一直致力于卫星通信网络研究和创新实践。本书从按需服务卫星通信网络的概念内涵、效能评估、星座设计、频率使用、波束资源设计使用、业务预测、网络资源设计使用等角度，介绍了团队近期的部分研究进展，相关学术观点和研究方法可供读者研究参考。

在此，我们要感谢一起奋斗的同事们！感谢姜春晓副研究员、倪祖耀副研究员、刘凯助理研究员在卫星通信网络效能评估、波束资源高效利用、业务预测、星载交换等方面为本书编著提供的重要帮助。感谢詹亚锋研究员、殷柳国研究员、陈曦副研究员、苏厉副研究员、裴玉奎副研究员等在卫星网络测控、通信编码、时空基准、高速传输等方面提供的支持。特别感谢参与本书整理、编写及校对的博士后刘沛龙、张树英及博士生刘秉坤、林志远、任子轩、贾浩歌、吴昊、王帅、李灵慧和胡卓君等。

感谢上海市科技重大专项"智慧天网创新工程"项目对团队创新实践的鼎力支持，感谢"智慧天网创新工程"合作单位的通力协作。感谢科技部"宽带通信和新型网络"重点专项和国家自然科学基金委"空间信息网络基础理论与关键技术"重大研究计划的资助。

感谢家人的支持和理解。

由于作者水平有限，书中难免存在错误和不当之处，敬请读者批评指正。

目　录

第 1 章　绪论 ·· 001

1.1　6G 时代的卫星通信网络创新 ····················· 002
1.2　卫星通信网络的发展趋势与按需服务 ············· 004
　　1.2.1　卫星通信网络的发展趋势 ··················· 004
　　1.2.2　按需服务卫星通信网络 ····················· 006
1.3　按需服务卫星通信网络面临的问题 ··············· 007
　　1.3.1　科学问题 ································· 008
　　1.3.2　技术问题 ································· 009
　　1.3.3　工程问题 ································· 011
1.4　本书内容 ······································ 013
参考文献 ·· 014

第 2 章　卫星通信网络的容量分析和效能评估 ············· 017

2.1　引言 ·· 018
2.2　基于随机几何的卫星通信网络性能分析方法 ········· 019
　　2.2.1　随机几何基本概念 ························· 019
　　2.2.2　卫星通信网络模型与评价指标 ··············· 020
　　2.2.3　卫星通信网络的通信链路特征 ··············· 026

2.3 卫星通信网络效率评估 ································· 028

2.3.1 卫星通信网络效率定义 ························· 029

2.3.2 卫星通信网络业务分布与网络效率分析 ········· 031

2.4 卫星通信网络容量分析评估 ························· 039

2.4.1 卫星下行链路容量分析 ························· 040

2.4.2 卫星上行链路容量分析 ························· 041

2.5 本章小结 ··· 054

参考文献 ··· 055

第 3 章 按需覆盖星座设计方法与效能分析 ················· 059

3.1 引言 ··· 060

3.2 现有卫星通信网络特点与需求 ····················· 062

3.2.1 典型的卫星通信网络 ··························· 062

3.2.2 特点与按需覆盖需求 ··························· 065

3.3 星座构型与覆盖特性 ······························· 066

3.3.1 星座构型设计考虑因素 ························· 066

3.3.2 常见星座构型及参数 ··························· 068

3.3.3 星座覆盖特性 ································· 069

3.4 覆盖重点区域的星座设计 ··························· 071

3.4.1 泛同步轨道星座设计 ··························· 071

3.4.2 按需覆盖的星座设计方法 ······················· 074

3.5 星座多重覆盖特性与效能分析 ····················· 078

3.5.1 典型星座的覆盖特性与效能 ····················· 079

3.5.2 用户视角下星座覆盖特性与效能 ················· 082

3.6 本章小结 ··· 086

参考文献 ··· 087

第 4 章 卫星通信系统间频谱共存与干扰减缓处理 ··········· 089

4.1 引言 ··· 090

4.2 NGSO 卫星通信系统间干扰分析方法 ··············· 093

4.2.1 干扰分析基础知识与一般方法 ··················· 093

4.2.2 O3b 系统对 OneWeb 系统信关站的干扰分析 ······· 101

4.2.3 Starlink 系统对 OneWeb 系统用户站的干扰分析 ············ 104

4.3 NGSO 卫星通信系统间干扰减缓方法 ············ 108

4.3.1 非合作干扰减缓方法 ············ 108

4.3.2 多星座间合作干扰减缓方法 ············ 118

4.4 本章小结 ············ 130

参考文献 ············ 131

第 5 章 面向按需服务的卫星通信跳波束技术 ············ 133

5.1 引言 ············ 134

5.2 卫星跳波束系统架构与实现方法 ············ 135

5.2.1 卫星跳波束系统模型 ············ 135

5.2.2 卫星跳波束实现架构与超帧格式 ············ 140

5.3 卫星跳波束资源调度方法 ············ 150

5.3.1 单星跳波束系统与资源调度方法 ············ 150

5.3.2 多星跳波束系统与资源调度方法 ············ 165

5.4 本章小结 ············ 178

参考文献 ············ 179

第 6 章 面向按需服务的卫星通信网络上行资源管理 ············ 181

6.1 引言 ············ 182

6.2 卫星通信网络业务分析 ············ 183

6.2.1 时空非均匀业务的预测及资源管理流程 ············ 183

6.2.2 业务预测模型 ············ 184

6.3 卫星通信网络上行资源管理架构与关键技术 ············ 185

6.3.1 资源管理架构 ············ 185

6.3.2 上行链路资源管理关键技术 ············ 186

6.4 基于业务预测的上行链路资源管理 ············ 188

6.4.1 冗余优化的重复时隙 ALOHA 协议 ············ 188

6.4.2 自适应更新间隔的接入控制方法 ············ 197

6.4.3 面向混合业务的随机接入与数据传输联合资源管理方法 ············ 209

6.5 本章小结 ············ 221

参考文献 ············ 222

第 7 章　面向按需服务的软件定义卫星通信网络·······················225

　7.1　引言···226

　7.2　软件定义卫星通信网络系统架构·······················227

　　　7.2.1　软件定义卫星通信网络技术发展历程···············228

　　　7.2.2　软件定义卫星通信网络总体架构···················231

　　　7.2.3　软件定义卫星通信网络关键技术面临的挑战·········232

　　　7.2.4　中低轨混合星座的软件定义卫星通信网络···········235

　7.3　控制面与数据面按需服务关键技术·····················238

　　　7.3.1　软件定义卫星通信网络半中心式流量工程算法·······239

　　　7.3.2　软件定义卫星通信网络星载可编程多协议数据面·····262

　7.4　本章小结···272

　参考文献···272

后记···277

名词索引···279

第 1 章

绪论

卫星通信网络具有天然的广域覆盖、健壮抗毁、灵活服务的优势。利用卫星提供宽带移动通信服务，对于填补数字鸿沟和增强全球数字经济服务健壮性具有十分重要的意义。6G 时代的卫星通信网络具有不可替代的重要地位。然而，由于卫星通信网络资源极度受限，传统发展模式耗费大且不可持续，有必要探索一条高效费比的创新发展道路。

本章首先阐述 6G 时代卫星通信网络的创新发展趋势，之后结合国内外发展现状，梳理按需服务卫星通信网络能力建设的重点问题，进一步从科学、技术、工程 3 个方面分析按需服务卫星通信网络面临的主要挑战，并探讨潜在的使能技术，最后介绍本书总体框架和各章主要内容。

|1.1　6G 时代的卫星通信网络创新 |

现代移动通信技术极大地促进了社会经济发展和人民生活水平提升。高速率、大带宽、低时延的移动通信网络支撑了移动支付、视频会议、数字货币、物联网络等信息化应用，给人们的生产和生活带来了诸多便利。

然而，全球范围内的数字鸿沟仍普遍存在，战争、灾害、贫穷导致世界上还有大量人口无法享受到便捷、可负担的移动互联网接入服务[1]。与此同时，通信基础设施逐渐成为社会经济活动不可或缺的组成部分，全球数字经济对更加广泛、抗毁、灵活的通信基础设施的依赖逐步加深。

卫星通信网络虽然前期建设成本较高，但后期运营维护成本较低。随着先进电子技术的发展，近年来，卫星制造成本、发射运载成本、用户站成本等前期投入成本显著降低，据报道，美国太空探索技术公司（SpaceX）的星链（Starlink）卫星通信系统的单星成本或可降低至 50 万美元左右。利用卫星提供宽带移动通信网络服务对于填补数字鸿沟和增强全球数字经济服务健壮性具有十分重要的意义。

在 6G 时代，卫星通信网络将具有不可替代的重要地位。卫星通信网络与 6G 系统融合，构建空天地海一体化全球无缝覆盖网络，已在业内达成广泛共识[2-3]。相关的项目和组织包括国际电信联盟（International Telecommunication Union，ITU）的 Network 2030[4]、欧盟"地平线欧洲"计划（Horizon Europe 2021—2027）的 Hexa-X[5]、美国的下一代网络联盟（Next G Alliance）[6]、日本的 Beyond 5G 推进联盟、中国的 IMT-2030（6G）推进组[7]等；相关的白皮书包括中国移动研究院发布的《2030+愿景与需求报告》[8]、三星发布的《6G: The Next Hyper Connected Experience for All》[9]、5G 基础设施协会（The 5G Infrastructure Association，5G IA）发布的《European Vision for the 6G Ecosystem》[10]、下一代移动网络联盟（Next Generation Mobile Networks，NGMN）发布的《6G Use Cases and Analysis》[11]等。在这些文件中，卫星通信网络均被列为 6G 的重要发展方向之一。

6G 时代对卫星通信网络的功能需求包括但不限于以下 4 个方面。

① 提供全球广域通信覆盖能力。广大的偏远地区仍然面临移动通信网络覆盖率低、覆盖成本高的难题。ITU 统计数据表明[1]，截至 2021 年，全球仍有约 29 亿人没有连接互联网。偏远落后地区可使用互联网的人口占比仅为 19%，远低于 51% 的世界平均水平。卫星通信不依赖地面大规模网络基础设施，能够灵活服务身处偏远和落后地区的网络用户。同时，利用卫星组网，传统移动通信运营商可以将业务拓展至远洋、荒漠、极地、临近空间、空中乃至太空等特殊环境中的用户群体，提供各类高附加值全时通联服务。

② 实现广域专网服务行业数字化。在 6G 时代，移动通信网络将深入渗透工业制造、物流、矿业、交通运输、电力、医疗等行业的生产与服务环节，并提供定制化的服务质量保障。行业网络对覆盖性、时效性、健壮性、灵活性和安全性的要求进一步提高。卫星通信网络覆盖范围广、响应速度快，适用于快速构建广域专网，可以根据用户需求动态调整网络带宽与服务质量保障能力，并提供广域高精度时间同步等服务。一方面，可以减少行业用户对地面网络基础设施的依赖，提升业务拓展的灵活度；另一方面，可以提升用户业务质量的健壮性。

③ 服务公众应急安全通信。信息社会对通信网络的依赖程度日益加深，突发事件下现有公众网络的脆弱性凸显。2021 年 7 月，郑州发生特大暴雨灾害事件，电力网络和移动通信网络中断，人民群众日常生活受到严重影响。现有应急通信系统大多基于专网体制，采用专用终端，主要服务于政务机构，缺乏面向公众的应急通信

手段。6G 时代的卫星通信网络将致力于实现与地面移动通信系统兼容或协作的服务化网络架构，使传统地面移动通信终端也能够方便地获得卫星通信网络服务，以更加普惠、高效的方式构建公众应急通信系统，服务公众安全，并助力全社会的密集性协同与应急动员。

④ 提高移动通信服务的能效比。在经济不发达地区或人口密度低的偏远地区，地面网络投资成本高，收益低，长尾效应[12]显著，基础设施能效比低。卫星通信网络可在广域范围内灵活调配通信资源，随需随用，用完即收，通过灵活的使用模式有效提升偏远地区移动通信服务的能效比。

面向 2030 年商用的 6G 目前仍然处于愿景需求研究阶段。作为前期建设成本较高的复杂大系统，卫星通信网络规划更加需要立足创新发展理念，构建新发展格局。卫星通信网络建设是典型的重资产项目，虽然单星研制和发射成本大幅降低，但网络建设的总成本仍然较高。从运营商全生命周期内投资回报的角度考虑，需要提供成本更低廉、经济可行的网络建设解决方案，需要根据市场需求灵活调整卫星通信网络的服务能力，需要考虑有限资源约束下绿色、简约、智慧的可持续发展模式。

因此，卫星通信网络创新不仅需要网络架构、技术原理、设计制造方面的突破创新，也需要运营策略、产业组织、生态培育的多层次创新，更需要我们构建开放、可持续的发展格局，服务国民经济数字化转型的跨越式发展。

| 1.2　卫星通信网络的发展趋势与按需服务 |

1.2.1　卫星通信网络的发展趋势

卫星通信已经成为超视距广域宽带通信必不可少的手段。依据卫星轨道运行特征划分，卫星通信系统可以分为地球静止轨道（GSO）卫星通信系统[1]以及非静止轨道

---

[1] 在国际电信联盟《无线电规则》及建议书中，地球静止轨道（GSO）卫星通信系统在广义上指对地球保持大致相对静止的地球同步卫星[13]，即《无线电规则》及建议书中所提到的 GSO 卫星中通常也包含倾角小于一定数值（一般小于 $15°$[14]）的倾斜地球同步轨道（Inclined Geo-Synchronous Orbit，IGSO）卫星。本书后文中如无特别说明，则所述 GSO 的含义与国际电联所述 GSO 含义相同。

（NGSO）卫星通信系统。其中，非静止轨道卫星通信系统又可分为[15-18]：低地球轨道（Low Earth Orbit，LEO）卫星通信系统，轨道高度为 400～2 000 km；中地球轨道（Medium Earth Orbit，MEO）卫星通信系统，轨道高度下限通常在 1 200～5 000 km，上限通常在 20 000～36 000 km[19]；高椭圆轨道（Highly Elliptical Orbit，HEO）卫星通信系统，远地点高度超过 40 000 km 的大偏心率椭圆轨道等。

在 GSO 卫星通信系统中，卫星与地面相对静止，运行维护相对容易，所以 GSO 卫星通信系统最早实现应用，其发展时间最长，技术也最为成熟。忧思科学家联盟（The Union of Concerned Scientists，UCS）公布的卫星数据库显示，截至 2022 年 1 月 1 日，在轨的 GSO 卫星数量达到了 574 颗[20]。经过数十年的发展，GSO 卫星通信网络逐步面临可用轨位及频率短缺的难题，加之其传输时延过长且存在"南山效应"等缺陷，目前卫星通信网络的发展重心逐渐转向 NGSO 卫星通信网络。自 2018 年 2 月到 2022 年 2 月，SpaceX 公司共向轨道空间发射了 2 335 颗 Starlink 低轨道通信卫星。历史上还从未有过如此众多的通信卫星在轨工作，其影响引发广泛关注。此外，国外其他公司、机构也纷纷提出自己的宽带 NGSO 卫星互联网星座计划，包括一网公司（OneWeb）的一网（OneWeb）星座、亚马逊公司（Amazon）的柯伊伯（Kuiper）星座、欧盟的 Secured Connectivity 系统[21]、俄罗斯的 Sfera 计划等。

国内 NGSO 卫星通信网络的预先研究开始于 20 世纪末[22]。2014 年，清华大学"灵巧通信试验卫星"成功发射，实现了我国低轨卫星移动通信领域的重要突破。"灵巧通信试验卫星"为验证星上处理、在轨交换、互联网接入等能力迈出了重要的第一步。自 2015 年，我国陆续提出虹云工程、鸿雁计划和天地一体化信息网络等发展规划，积极推进该领域的研究开发工作[23-24]。2018 年，清华大学和上海市联合提出并开展"智慧天网创新工程"，旨在以中轨泛同步轨道独特星座构建全球全时覆盖的信息通信网络[25]。2021 年，中国卫星通信网络集团有限公司成立，标志着我国卫星互联网建设发展进入新的阶段。

然而，卫星通信网络的快速发展对标未来 6G 时代应用需求，二者仍然存在较大差距。以目前发展进程最快的 Starlink 星座系统为例，2021 年第四季度数据显示，其用户规模已达到 25 万，分布于全球 29 个国家，Ookla 网速测试显示其在美国的

平均下行速率可达到 104.97 Mbit/s（用户规模有限时），对标其 500 万用户规模[26]
和地面 5G 网络速率的目标（2021 年第三季度全球 5G 网络平均下行速率为
166.13 Mbit/s，最高下行速率为 492.48 Mbit/s），还有很大的差距。

可以预见，一方面，如果单纯通过增加星座规模提升网络容量，会因为卫星密
度增大加重链路间干扰，降低链路质量。更为重要的是，尽管卫星发射的成本可以
大幅缩减，但单纯以规模换能力的大规模星座部署方式仍然会拉高运营商的投资门
槛。另一方面，卫星通信网络业务的分布往往呈现动态非均匀性，超大规模星座必
然存在分时段和分区域的资源浪费，拉低系统效费比，若不能为投资者创造显著收
益，远期发展必将受限。因此，卫星通信网络建设不宜沿用传统的堆叠式扩展演进
模式，需要深入研究与资源配置、业务分布特征相匹配的按需服务模式，探索一条
适合于卫星通信网络高效费比创新发展的道路。

1.2.2　按需服务卫星通信网络

按需服务是提高效费比的基本手段，即根据随时空变化的用户业务需求动态调
配网络资源，降低运营商投入产出比，推进网络建设可持续发展。按需服务需要自
顶向下设计卫星通信网络全方位要素，网络服务模式、星座构型、网络管控、载荷
设计与实现等均需要进行系统级协同优化。

根据业界预测，未来地面移动通信网络与卫星通信网络的融合服务将包含卫星
接入、卫星回传、卫星通信网络承载、天基轻量化边缘计算等多样化应用场景。由
于卫星功率资源、频率资源等极度受限，若仍将卫星通信网络作为专用管道，资源
难以按需分配使用，相关传输瓶颈问题难以得到解决，或愈发凸显。同时，盲目地
进行堆叠式规模扩张极可能导致大量的网络空载和资源浪费，而在有迫切需求的场
景下网络资源却不够用，严重影响卫星通信网络的可持续发展。以下我们尝试分析
并梳理按需服务能力建设的基本脉络，希望相关观点引发读者更多的关注与思考。

首先，按需服务能力建设需要以最大化资源利用率为目标，探索高效能服务模
式。为提高资源利用率，可采取的措施有：以按需配置的星上通信资源切片替代固
定带宽划分的弯管转发、以广域按需覆盖替代传统固定多波束转发、以动态组播服
务替代点到点数据传输等。

其次，按需服务能力建设需要优化卫星通信网络星座设计。一般而言，卫星轨道高度越高，其通信覆盖范围内业务呈现的时空非均匀分布特性越强，因而在中高轨星座卫星上进行资源的按需调度能得到可观的效费比增益。对于低轨道星座而言，卫星分时扫过业务高密度区域与业务稀疏区域，如果按照业务高密度区域的服务能力需求设计单星容量，网络建设不经济；如果按照平均业务需求设计单星容量，则业务高密度区域的用户可能得不到应有的服务。因此，结合业务分布特点采用高中低轨混合星座构型优化设计，并优化配置单星能力，可为未来业务提供可持续演进的发展空间，既保障平均服务能力，又能够针对业务高密度区域提供增强服务。

再者，按需服务能力建设需要进一步细化网络资源利用的颗粒度。比如通过充分挖掘波束资源的时、空、频、功率域的自由度，为无线资源与业务需求的优化匹配提供基础手段。同时，利用星载网络数据面、星载网络控制面以及星载通用计算与存储等能力，针对不同协议体系、不同服务质量要求的报文提供流量塑型、负载均衡、加解密乃至应用层信息预处理等按需处理服务。

最后，按需服务能力建设需要优化卫星通信网络管控设计，包括网络管控模式与资源分配策略。地面互联网通过统计复用的方式按用户需求调配资源，在充分供给的光纤网络中，用户服务质量可以得到有效保障。卫星通信网络天然的资源受限和重负载特征无法实现资源充分供给，用户间对资源的自由竞争将急剧劣化服务质量，需要通过有效的网络管控化解上述问题。例如，在需求侧精确感知和引导用户业务需求、确定业务接纳与传输策略；在供给侧协同调配资源，从而为不同用户提供差异化服务。

总之，按需服务卫星通信网络将成为未来卫星通信网络发展的重要趋势。我们需要从服务模式入手，细化资源粒度，提升资源利用效率，优化星座设计与网络管控设计，按需为用户提供均衡、便捷、廉价的天基网络服务。

| 1.3 按需服务卫星通信网络面临的问题 |

按需服务卫星通信网络的设计、建设与运行旨在优化效费比。本节从科学问题、技术问题和工程问题 3 个方面，简要梳理其面临的问题和挑战。

1.3.1　科学问题

按需服务卫星通信网络作为一种新的网络架构，厘清、探究并刻画其背后蕴含的科学问题是推动其发展的根本。本书从网络规模与能力的数学关系、多域不均匀分布的业务建模问题、网络和业务相互作用机理 3 个方面阐述按需服务卫星通信网络涉及的主要科学问题。

① 网络规模与能力的数学关系。目前，国际上一些卫星通信网络计划拟通过发射大规模数量的卫星以提升其用户服务能力。然而，庞大数量规模的卫星星座建设受到多方面复杂因素的影响，若化解不佳易形成复杂系统。一般而言，复杂系统付出的代价与系统复杂度呈超线性关系，系统复杂度与代价、收益的一般关系如图 1-1 所示。在达到一定复杂度后，系统获得的收益往往偏向亚线性，极端情况下收益有可能崩塌。因此，我们需要对卫星通信网络规模和能力的数学关系进行分解、抽象和表征，但其理论研究仍处于起步阶段，亟待进一步深入。

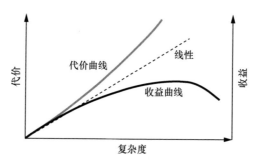

图 1-1　系统复杂度与代价、收益的一般关系

② 多域不均匀分布的业务建模问题。业务分布模型是研究按需服务卫星通信网络的基础。与地面网络不同，卫星通信网络广域业务呈现显著的时空非均匀特性。例如，从全球人口分布来看，地球总面积的 29.2% 为陆地，而全球 90% 的人口集中在 10% 的陆地面积上，陆地人口聚集特性明显。目前，对于广域业务需求分布的模型研究不足，缺少一般性的数学模型描述，导致卫星通信网络能力需求的研究与实际情况存在较大差距。

③ 网络和业务相互作用机理。网络效能包含多元化的评价指标，除了总吞吐量、端到端时延、抖动等客观指标，还涉及用户的主观评价指标。实际上，网络效能与业务输入是相互作用、紧密耦合的。一方面，业务需求及分布决定了网络的服务成本，而用户体验可激发或抑制业务需求，从而决定运营商效益；另一方面，网络服务也能影响用户的消费使用习惯，如服务质量和价格可影响用户的使用偏好，通过为用户推荐低成本的热门内容或索引可以协助用户进行业务选择等。通过网络和业务相互作用机理研究，在不同业务条件下优化网络效能，可为灵活调配卫星通信网络受限的通信与信息处理资源提供重要的参考依据。

1.3.2　技术问题

为达成预定的系统服务能力，能否优化和降低系统实现的复杂度，是系统可持续发展的关键因素。要实现卫星通信网络受限资源与业务精准匹配的按需服务，涉及的使能技术主要包括以下 5 个方面。

① 受限通信资源的分配使用方法。传统的卫星通信资源分配多采用预先规划的方式。单一的资源利用模式制约网络容量的优化，而拓展资源分配自由度是提升资源利用效率的关键。随着卫星通信载荷可编程能力的提升以及星载相控阵技术的发展，一般可对卫星通信的时间、空间、频率、功率等多域资源进行分配。支持精细化资源分配、高频谱效率和高功率效率并重的通信体制设计是资源划分的基础。时间、空间、频率、功率资源划分的粒度越细，资源分配的灵活性和自由度越高，资源利用率越高，但资源划分的分配复杂度、处理复杂度和通信开销也会随之提升。因此，资源粒度也并非越细越好，需要合适的"度"。实际上，卫星通信网络资源分配是一个多目标优化问题，即运营商希望最大化系统吞吐量，而用户希望资源分配能按其所需。对于系统能力而言，既需要保障尽力而为（Best-Effort）业务的公平性，又需要保障特殊业务的差异化服务质量。如何平衡全局性能与个性化的服务体验，并降低通信处理和资源管理的复杂度，是受限资源分配与使用的重要挑战。

② 星座设计及评估技术。星座设计是卫星通信网络总体技术的核心之一，直接影响系统建设成本和运行效率。易于实施的星座方案有助于我们在发展主动权上获

得先机，简洁可迭代演进的星座构型可降低复杂度，并促进空间资源的科学合理利用。传统星座设计通常着眼于实现最优覆盖效率[27]，较少考虑频谱资源可获得性、网络服务质量和安全性等因素。按需服务卫星通信网络的星座设计需要考虑覆盖效率、容量效率、多星座共存、可用性和安全性等因素，用可解释的数值分析结果为星座设计提供可靠的评价依据。相关多约束模型的建立和评估指标设计仍然是开放课题。

③ 频率共存与干扰处理技术。频谱资源是卫星通信网络的基础资源之一，对于系统建设和发展至关重要。当前卫星通信系统数量和规模不断增加，频谱资源日趋紧缺，为提升频率利用率，频率共存与干扰处理技术研究势在必行。目前已有的 NGSO 卫星通信系统间的干扰分析和干扰减缓设计大多沿用 GSO 系统间的静态干扰分析思路，适用性有较大局限。考虑实际业务的动态分布情况，通过非合作或合作的方式实现 NGSO 卫星通信系统间干扰减缓和抑制，是按需服务卫星通信网络的重要研究方向。

④ 星载路由交换技术。星载路由交换技术是卫星通信网络的核心关键技术。基于星载再生处理、星载交换与星间链路组网，可以实现单星内业务交换以及星座网络内的多跳路由转发，因此卫星通信网络的服务范围不受信关站分布的约束。星载交换机根据路由计算的结果执行报文处理和转发。相应的路由计算分为分布式与集中式两类。分布式路由是指卫星自主完成路由计算，路由生成速度快，但面临局部网络信息下的全局最优策略估计、大时空尺度和动态网络拓扑下的路由快速收敛与环路规避等技术挑战。集中式路由主要依靠地面运控中心进行全网状态收集与全局路由计算，星载交换机执行运控中心指令进行网络转发处理和状态统计，其优势在于路由计算可以达到全局最优，在网络重负载下能够保障高优先级用户的服务质量，但面临低复杂度业务编排、同步和异步路由更新、大规模流状态监测等技术挑战。在软件定义卫星通信网络新技术框架下，星载路由交换技术将产生质的飞跃，系统可以对不同业务按照用户需求采用适时可定义的路由策略，例如，对常态化业务采用集中式路由策略，以提高网络全局服务质量，而对少量突发业务可采用自主分布式路由策略，从而提高网络重路由速度。

⑤ 软件定义卫星通信网络技术。软件定义卫星通信网络技术支持在线按需配置

网络功能。这种在线按需配置通过控制面与数据面解耦来实现。软件定义的控制面扩展了传统路由的功能，可以部署在运控中心、卫星、信关站和用户站等网元，根据需求动态调整差异化的服务质量保障策略。软件定义的数据面，又被称为可编程数据面，可部署在卫星、信关站和用户站等网元，通过扩展传统网络交换设备的灵活性，实现报文解析、转发和状态采集等线速处理功能的在线可编程，支持卫星通信网络切片灵活配置，以及卫星通信网络私有协议、各类公网协议和专网协议的迭代演进。同时，控制面对业务流的全局优化管控、数据面对多样化网络协议的兼容处理都将带来计算复杂度和响应速度等方面的技术挑战，这些也成为按需服务卫星通信网络需要攻克的主要技术难题。

1.3.3　工程问题

卫星通信网络是一个复杂的航天系统工程，需要面对多样化的需求以及相互制约的工程约束，在充分考虑性能、费用、进度和风险等因素的基础上，设计、建设和运行使用系统，使系统以最优的效费比安全实现其应用目标[28]。

按需服务卫星通信网络以"资源灵活配置、服务按需适变"为工程设计基本原则，传统航天工程的定制化工程设计方法将面临新的挑战，如何在灵活性、复杂度和可靠性之间找到合理的平衡至关重要。相关工程技术挑战主要包括以下 3 个方面。

① 软定义与定制化的平衡

卫星通信网络的"软定义"是指利用可编程设备构建网络。相对于采用专用硬件构建的功能固化的卫星通信网络，在卫星发射后，软定义的卫星通信网络在波形、波束大小和指向、编码调制和多址方式、报文处理策略等均可按需配置。然而，软定义将引入额外的工程代价，包括功能增加/变化/升级引入的代价以及星载设备采取可靠性防护措施引入的代价等。例如，基于通用中央处理器（Central Processing Unit，CPU）实现的星载软定义交换相对于定制化的硬处理交换，在同等功耗开销的条件下，总吞吐量可以有数量级差距[29]。在系统设计迭代过程中，如果软定义对于系统效能的贡献不足以抵消工程代价与可靠性风险时，定制化的技术方案反而会占据优势。同时，如果出现新的低功耗星载软定义交换方式，全硬件定制化的技术方案又有可能处于劣势。工程方案设计是一个长期且不断迭代的过程，特别是软定义工程技术的持续创新往往受制于系统设计者对于代价和收益的评估和权衡，同时还会受到服务场景和潜在需求的变化、成本（费用、时间、智力资源投入）和风险等因素的影响。

② 成本、性能与可靠性的平衡

在轨使用现场可编程门阵列（Field Programmable Gate Array，FPGA）、CPU、图形处理单元（Graphics Processing Unit，GPU）、数字信号处理器（Digtial Signal Processor，DSP）等各类可编程器件、各类易失/非易失性存储器件、大规模相控阵天线组件等，可为实现卫星通信网络按需服务提供基础条件，但这些新器件、新设计的使用也给航天系统可靠性保障和成本控制带来新的挑战，需要通过工程技术创新来平衡高性能、高可靠性和低成本之间的矛盾。

以半导体器件为例，先进制程的工业级半导体器件成本低、性能高，但在轨使用时其可靠性容易受到空间辐照引起的单粒子翻转、单粒子闩锁和总剂量效应等影响。为减少这些影响，一般需要提高元器件的空间环境适应等级。传统提高设备在轨可靠性的办法大多依赖提高元器件的等级和冗余备份设计。但随着人们对轨道辐照环境与目标器件翻转截面等辐照敏感性参数认识的不断加深，新的工程技术方法可以通过建立从器件到系统的在轨失效模型，开展系统级优化设计，在满足系统可用性与合理裕度的前提下，有效延长卫星寿命、降低成本、提高性能。

③ 系统能力的数字化验证

一是基于软定义网络架构与星载可编程设备，在按需服务卫星通信网络中可以产生和获得大量的运行数据。丰富的历史运行数据是实现网络模拟、训练、验证、预测和控制的基础，能够辅助生成优化的网络管控及资源配置策略。

二是利用数字孪生技术与先进算法模型，可以辅助网络运营商适应复杂和快速多变的用户需求，实现包括规划、建设、监控、优化和运维等在内的网络全生命周期的数字化保障。

三是以软定义的卫星通信网络切片能力为基础，可按需划分与业务系统并行且相互隔离的测试切片，构建多个在轨创新试验验证系统。在轨创新试验验证系统可以直接调用卫星与地面运控设施实体资源，完整复现被测技术在工程化部署后的实际工况，提供权威的在轨验证数据，从而加快未来天地融合卫星通信网络新体制、新技术、新设备和新应用的研发进程。

| 1.4 本书内容 |

本书结合 6G 发展需求及作者在卫星通信网络领域长期的研究基础，探讨按需服务卫星通信网络创新发展理念，分析其可能涉及的科学问题、技术问题和工程问题，并以作者所在科研团队近年来在卫星通信网络效能评估、星座设计、多星座频率共存、波束资源使用、业务预测和按需接入、软件定义卫星通信网络等几个方面的部分研究成果为例，具体阐述按需服务卫星通信网络的理论基础和技术方法，供读者参考。

全书共 7 章，具体安排如下。

第 2 章介绍卫星通信网络设计评估的理论分析方法。首先阐述关于随机几何、卫星通信网络系统模型、用户分布模型、卫星通信网络链路特征等基础知识，重点分析卫星广域业务时空非均匀分布的特性，研究结合服务效益和服务代价的卫星通信网络评估准则，介绍基于随机几何的卫星通信网络性能分析方法，并给出两个分析实例：一是在业务非均匀分布条件下卫星通信网络效率与卫星覆盖跨度的关系，二是大规模卫星星座的上行容量与用户规模和星座规模的关系。相关研究可为进一步开展卫星通信网络设计评估提供理论参考。

第 3 章介绍按需覆盖星座设计方法与效能分析。首先介绍星座设计考虑因素、星座基本构型参数和当前宽带卫星通信网络多重覆盖的新特性，重点阐述科学利用频轨资源的泛同步轨道新理念，通过构造卫星通信网络的基础结构，以基础结构为基本单位实现渐进发展，降低系统整体复杂度，有助于多运营商卫星通信网络的共享、共建和可持续发展。基于该理念，本章还介绍按需多重覆盖的星座设计方法并给出设计实例，对比了按需覆盖星座和传统星座多重覆盖的效能、以及用户视角下的覆盖特性。相关研究可为按需服务卫星通信网络星座设计提供理念原则和方法参考。

第 4 章介绍卫星通信系统频谱共存与干扰减缓处理的方法。针对目前发展较快的 NGSO 卫星通信系统，重点讨论 NGSO 卫星通信系统间同频共存时面临的干扰规避和减缓问题。通过两个现实 NGSO 卫星通信系统间干扰分析的实例，介绍 NGSO 卫星通信系统间干扰分析方法，并探讨 NGSO 卫星通信系统间干扰减缓处理方法。研究结果表明，可以通过协作使用有限的频谱资源，提高 NGSO 卫星通信系统频谱资源的使用效率，为多星座系统共存与可持续发展提供可行的途径。

第 5 章介绍面向按需服务卫星通信网络受限资源与用户业务匹配的方法。跳波束技术是按需服务卫星通信网络服务用户的重要手段。本章给出卫星跳波束通信系统的一般模型，分析 4 种跳波束实现架构，给出两个典型的跳波束资源调度案例：一是针对多点波束高通量卫星，通过单星多智能体合作决策提高动态跳波束的实时性；二是针对低轨高密度星座，通过多星多波束联合优化达成网络负载均衡和同址规避的目标。相关方法可作为按需服务卫星通信网络跳波束体制设计的参考。

第 6 章介绍按需服务卫星通信网络用户业务接入控制方法。介绍卫星上行资源管理架构及业务预测方法，并给出基于业务预测实现上行业务动态接入管理的具体实例，为业务预测和接入控制相关问题的研究提供思路。

第 7 章介绍面向按需服务的软件定义卫星通信网络设计。介绍软件定义卫星通信网络的基本概念，并以中低轨混合星座为例介绍了一种高效、系统代价可控的软件定义卫星通信网络架构，重点聚焦软件定义卫星通信网络架构下控制面、数据面的创新技术，介绍作者及团队所提出的控制面在线带宽分配优化方法与数据面星载可编程多协议处理交换架构，为开展网络资源精准管控的卫星通信网络总体设计提供参考。

参考文献

[1] International Telecommunication Union. Facts and figures 2021[R]. Geneva: ITU, 2021.

[2] SAAD W, BENNIS M, CHEN M. A vision of 6G wireless systems: applications, trends, technologies, and open research problems[J]. IEEE Network, 2020, 34(3): 134-142.

[3] JIANG W, HAN B, HABIBI M A, et al. The road towards 6G: a comprehensive survey[J]. IEEE Open Journal of the Communications Society, 2021, 2: 334-366.

[4]　International Telecommunication Union. Network 2030—A blueprint of technology, applications and market drivers towards the year 2030 and beyond[R]. Geneva: ITU, 2019.

[5]　Hexa-X. Expanded 6G vision, use cases and societal values-including aspects of sustainability, security and spectrum [R]. Brussels: Hexa-X, 2021.

[6]　Next G Alliance. NGA report: roadmap to 6G[R]. Washington: Next G Alliance, 2022.

[7]　IMT-2030(6G)推进组. 6G 总体愿景与潜在关键技术[R]. 北京: IMT-2030(6G)推进组, 2021.

[8]　中国移动研究院. 2030+愿景与需求报告[R]. 北京: 中国移动研究院, 2019.

[9]　SAMSUNG. 6G—The next hyper-connected experience for all[R]. Seoul: SAMSUNG, 2020.

[10]　The 5G Infrastructure Association. European vision for the 6G ecosystem[R]. Brussels: The 5G Infrastructure Association, 2021.

[11]　Next Generation Mobile Networks. 6G use cases and analysis[R]. Frankfurt: Next Generation Mobile Networks, 2022.

[12]　ELBERSE A. Should you invest in the long tail?[J]. Harvard business review, 2008, 86(7/8): 88-96.

[13]　ITU-R. Radio Regulations Articles[S]. Geneva: ITU, 2020.

[14]　ITU-R S. 743-1. The coordination between satellite networks using slightly inclined geostationary-satellite orbits (GSOs) and between such networks and satellite networks using non-inclined GSO satellites[S]. Geneva: ITU, 2001.

[15]　VARRALL G. 5G and satellite spectrum, standards, and scale[M]. London: Artech House, 2018.

[16]　IIDA T. Satellite communications: system and its design technology[M]. Holland: IOS Press, 2000.

[17]　MAINI A K, AGRAWAL V. Satellite technology: principles and applications[M]. New York: John Wiley and Sons, 2011.

[18]　PRATT T, ALLNUTT J E. Satellite communications[M]. New York: John Wiley and Sons, 2019.

[19]　KOTA S L, PAHLAVAN K, LEPPÄNEN P A. Broadband satellite communications for Internet access[M]. Berlin: Springer, 2003.

[20]　Union of Concerned Scientists. UCS satellitedatabase[R]. Cambridge: UCS, 2022.

[21]　EUROSPACE. Eurospace white paper: industry manifesto for a resilient satellite system for connectivity[R]. Paris: Eurospace, 2020.

[22]　范剑峰. 卫星星座述评[J]. 中国空间科学技术, 1986(06): 22-30.

[23]　阮永井, 胡敏, 云朝明. 低轨巨型星座构型设计与控制研究进展与展望[J]. 中国空间科学技术, 2022, 42(01): 1-15.

[24]　徐小涛, 庞江成, 李超. 星座卫星移动通信系统最新发展及启示[J]. 国防科技, 2021,

42(01): 100-105

[25] 李婷. 非静止轨道卫星通信系统干扰规避与波束管理研究[D]. 北京：清华大学, 2020.

[26] Federal Communications Commission. FCC SES-MOD-INTR2020-02035 / SESMODINTR 202002035, application for fixed satellite service by spacex services, Inc. 2020[R]. Washington: FCC, 2020.

[27] BESTE D C. Design of satellite constellations for optimal continuous coverage[J]. IEEE Transactions on Aerospace and Electronic Systems, 1978(3): 466-473.

[28] 朱一凡, 李群, 杨峰. NASA 系统工程手册[M]. 北京：电子工业出版社, 2012.

[29] CEROVIĆ D, DEL PICCOLO V, AMAMOU A, et al. Fast packet processing: a survey[J]. IEEE Communications Surveys and Tutorials, 2018, 20(4): 3645-3676.

卫星通信网络的容量分析和效能评估

当前，大规模低轨道卫星通信星座的建设如火如荼。然而，大规模通信星座容量和效能的分析评估缺乏深入研究。由于卫星广域业务呈现显著的时空非均匀特性，低轨道卫星星下覆盖区域内可能存在大量无业务或少业务区域，卫星数量增长与有效容量增长之间的关系通常并不清晰。此外，在用户站小型化的趋势下，卫星数量的增长和用户站数量的增长不可避免地会带来用户间干扰问题，难以准确评估卫星星座的预期性能。

本章阐述随机几何的基本概念，以及常用的卫星通信网络系统模型、用户分布模型、信道模型和卫星通信网络链路特征等基础知识，重点分析卫星广域业务时空非均匀分布的特性，介绍卫星通信网络性能评价准则和基于随机几何的卫星通信网络设计评估理论分析方法，并给出两个研究分析实例：一是在业务非均匀分布条件下卫星通信网络效率与卫星覆盖跨度的关系，二是大规模卫星星座的上行容量与用户规模和星座规模的关系，并通过数值分析结果给出相应的结论。

| 2.1 引言 |

近年来，面向未来宽带通信市场需求，许多新兴卫星通信网络运营商正在开展 NGSO 卫星通信星座的建设。例如，Starlink 系统近三年间发射了两千余颗低轨道通信卫星，却只是 SpaceX 公司申报的约 4 万颗卫星构成的星座的一部分。其他的卫星通信网络运营商也纷纷提出自己的卫星通信网络建设计划，如 OneWeb 和 Kuiper 系统也分别计划发射六千余颗和三千余颗卫星。如此庞大规模的卫星通信网络建设受到多方面因素的影响，并且缺少历史建设经验，所以卫星星座的预期性能难以被准确评估。

在星座性能评估的过程中，传统方法通过蒙特卡洛仿真对目标星座的性能进行统计分析[1]。具体而言，通过随机生成全球用户需求，根据卫星轨道和卫星信道等参数，统计一天时间内卫星实际的吞吐量，即可得到该卫星星座的容量。蒙特卡洛方法虽然可以针对特定星座构型进行仿真，但是无法得到卫星通信网络性能的一般理解，也无法给出星座参数优化的方向。

随机几何是分析无线网络性能的重要数学工具[2]，其结合概率统计以及几何理论，可以对具有不规则拓扑的无线网络进行建模、分析和设计，从而评估无线网络的信干噪比（Signal to Interference Noise Ratio，SINR）、传输速率、中断概率和覆盖概率等指标。当前，针对卫星通信网络三维覆盖场景建模的研究仍处在起步阶段，分析方法相对局限。现有研究大多将卫星分布和用户分布建模为二项点过程（Binomial Point Process，BPP）和泊松点过程（Poisson Point Process，PPP），星地信道建模为阴影莱斯分布，基于此分析卫星通信网络设计参数与中断概率等性能的关系，缺乏对星座覆盖性能和效率的评估。

　　本章首先阐述随机几何的基本概念，以及常用的卫星通信网络系统模型、用户分布模型、信道模型和卫星通信网络链路特征等基础知识，重点分析卫星广域业务时空非均匀分布的特性，介绍卫星通信网络性能评价准则和基于随机几何的卫星通信网络设计评估理论分析方法，并给出两个研究分析实例：一是在业务非均匀分布条件下卫星通信网络效率与卫星覆盖跨度的关系，二是大规模卫星星座的上行容量与用户规模和星座规模的关系，并通过数值分析结果给出相应的结论。

|2.2　基于随机几何的卫星通信网络性能分析方法 |

　　本节介绍基于随机几何的卫星通信网络性能分析方法。从随机几何的基本概念出发，介绍卫星通信网络中卫星通信网络系统模型、用户分布模型、信道模型和卫星通信网络链路特征等基础知识，并列举常用的性能评价指标及分析方法。

2.2.1　随机几何基本概念

　　随着无线通信网络规模的增长，网络拓扑的不确定性愈发显著。随机几何可以有效地描述网络节点分布的随机性，并结合概率统计理论，推导出简洁的理论分析结果。随机几何理论的核心思想是将无线网络中的各节点，抽象为空间或平面上随机分布的点过程，再通过概率统计对网络性能评价指标进行表征和分析。点过程（Point Process，PP）的具体定义如下。

　　[定义 2-1]　PP：一个 PP 可以视为一个可数随机集合 $\Phi = \{x_1, x_2, \cdots\} \subset \mathbb{R}^d$，其中的元素为随机变量 $x_i \in \mathbb{R}^d$。

在本节中，Φ 表示一个 PP，$N(B)$ 表示集合 $B \subset \mathbb{R}^d$ 中包含点的数量。在分析过程中，网络中的所有节点被抽象成 PP，通过统计模型来分析和研究节点的空间位置。一般需要根据实际节点的分布特征，选择合适的 PP 模型建模节点的位置分布，进而应用随机几何中 PP 的性质，有效推导出闭式表达式，这为网络性能的分析提供了便利。下面结合卫星通信网络的特点，对卫星通信网络系统模型和用户分布模型进行介绍。

2.2.2 卫星通信网络模型与评价指标

2.2.2.1 卫星通信网络系统模型

目前研究和建设的卫星星座规模庞大，星座中卫星数量多，从用户视角看，可以近似地将卫星位置视为不相关的，并且当卫星在随机圆形轨道上运动时，卫星这种不相关的位置关系并不会随着时间的推移而改变。因此，卫星分布可以建模为二项点过程[3]，其中包含有限数量的节点。BPP 的定义如下。

[定义 2-2] BPP：若 $\Phi = \{x_1, x_2, \cdots, x_n\} \subset W$ 为紧集 $W \subset \mathbb{R}^d$ 上的点过程，其中包含固定且有限的 n 个点，则 Φ 为一个 BPP 的充分必要条件，Φ 是 W^n 中均匀分布的随机向量。

考虑一个包含 N 颗卫星的星座，若将星座内的卫星建模为 BPP，则在卫星所在球面上单位面积的平均密度为

$$\lambda = \frac{N}{4\pi (R_e + h)^2} \tag{2-1}$$

其中，R_e 为地球半径，h 为卫星轨道高度。卫星轨道所在球面 A 中的部分区域 B，包含的卫星数服从分布列

$$\mathbb{P}(\Phi(B) = k) = C_N^k \left(\frac{|B|}{|A|}\right)^k \left(1 - \frac{|B|}{|A|}\right)^{N-k} \tag{2-2}$$

BPP 模型中的点分布在球面上是均匀的，如图 2-1 所示，这种特性有助于后续的理论分析。然而，实际星座中的卫星分布并不一定均匀，例如 Walker 星座中的卫星分布密度随纬度的升高而增大，赤道上空的卫星密度最低，卫星可到达的最高纬

度附近，卫星密度最高。针对这一问题，参考文献[3]提出使用一个"有效卫星数"的参数来补偿卫星分布的不均匀，使得 BPP 模型得到的分析结果与实际星座性能之间可相互匹配。

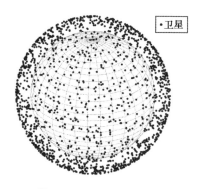

图 2-1　BPP 卫星分布示意

下面给出 3 个有用的推论，展示了随机几何中如何将几何关系与概率统计理论相结合，并得出有用的结论。

推论 1　基于卫星分布建模的 BPP 模型，任意一颗卫星到一个用户距离的累积分布函数可得到

$$F_R(r) = \begin{cases} 0, & r < h \\ \dfrac{r^2 - h^2}{4R_e(R_e + h)}, & h \leqslant r \leqslant 2R_e + h \\ 1, & r > 2R_e + h \end{cases} \tag{2-3}$$

相应地，概率密度函数为

$$f_R(r) = \begin{cases} \dfrac{r}{2R_e(R_e + h)}, & h \leqslant r \leqslant 2R_e + h \\ 0, & \text{其他} \end{cases} \tag{2-4}$$

证明　如图 2-2 所示，卫星轨道所在球面上到用户距离小于 R 的点所组成的球冠面积为

$$A = 2\pi(R_e + h)^2(1 - \cos\theta) \tag{2-5}$$

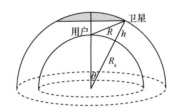

图 2-2　卫星与用户相对位置几何关系示意

其中，θ 为地心与用户连线和地心与卫星连线的夹角，根据余弦定理，有

$$\cos\theta = \frac{R_e^2 + (R_e + h)^2 - R^2}{2R_e(R_e + h)} \qquad (2\text{-}6)$$

将其代入式（2-5）可得

$$R^2 = \frac{AR_e}{\pi(R_e + h)} + h^2 \qquad (2\text{-}7)$$

累积分布函数为

$$F_R(r) = \mathbb{P}(R < r) = \mathbb{P}(R^2 < r^2) = \mathbb{P}\left(\frac{AR_e}{\pi(R_e + h)} + h^2 < r^2\right) =$$

$$\mathbb{P}\left(A < \frac{\pi(R_e + h)(r^2 - h^2)}{R_e}\right) = \frac{\pi(R_e + h)(r^2 - h^2)}{R_e} \cdot \frac{1}{4\pi(R_e + h)^2} = \qquad (2\text{-}8)$$

$$\frac{r^2 - h^2}{4R_e(R_e + h)}$$

相应的概率密度函数可以通过对累积分布函数求导得到。

证明结束。

推论 2　用户到最近卫星的距离的概率密度函数为

$$f_{R_0}(r_0) = \begin{cases} N\left(1 - \dfrac{r_0^2 - h^2}{4R_e(R_e + h)}\right)^{N-1} \dfrac{r_0}{2R_e(R_e + h)}, & h \leqslant r_0 \leqslant 2R_e(R_e + h) \\ 0, & \text{其他} \end{cases} \qquad (2\text{-}9)$$

证明　"用户到最近卫星的距离为 R_0"等价于"不存在到用户距离小于 R_0 的卫星"，因此 R_0 的累积分布函数为

$$F_{R_0}(r_0) = 1 - (1 - F_R(r_0))^N \qquad (2\text{-}10)$$

相应的概率密度函数可以通过对累积分布函数求导得到。

证明结束。

推论 3　给定用户到最近卫星的距离 R_0，用户到非最近卫星（即潜在的干扰源）距离的概率密度函数为

$$f_{R_n|R_0}\left(r_n \mid r_0\right) = \begin{cases} \dfrac{f_R\left(r_n\right)}{1 - F_R\left(r_0\right)}, & r_0 < r_n < 2R_e + h \\ 0, & \text{其他} \end{cases} \tag{2-11}$$

证明　给定用户到最近卫星的距离时，用户到其他卫星的距离为 R_n 的概率（即累积分布函数）为

$$F_{R_n|R_0}\left(r_n \mid r_0\right) = \mathbb{P}\left(R_n < r_n \mid R_0 < r_0\right) = \frac{\mathbb{P}\left(r_0 \leq R \leq r_n\right)}{\mathbb{P}\left(R > r_0\right)} = \frac{F_R\left(r_n\right) - F_R\left(r_0\right)}{1 - F_R\left(r_0\right)} \tag{2-12}$$

相应的概率密度函数可以通过对累积分布函数求导得到。

若仅研究部分区域内卫星星座的覆盖情况，由于区域内的卫星数不固定，无法使用 BPP 对卫星分布建模。此时可根据卫星分布的密度，将卫星分布建模为齐次泊松点过程（Homogeneous Poisson Point Process，HPPP）。HPPP 定义如下。

[定义 2-3]　HPPP：一个 $\mathbb{R}^d$ 中的点过程，如果满足以下条件，则可被称为 HPPP。
① 对于任意的紧集 B，$N(B)$ 均服从均值为 $\lambda|B|$ 的泊松分布。
② 若 $B_1, B_2, \cdots, B_m$ 为不相交的有界集合，则 $N(B_1), N(B_2), \cdots, N(B_m)$ 为独立的随机变量。

文献中通常也用 PPP 指代 HPPP。为表达简洁，本章后续使用 PPP 指代 HPPP。

下面分析 PPP 模型对实际卫星分布的拟合情况。目前常用的经典星座构型包括极轨道星座（以铱星 Iridium 为例）和倾斜轨道星座（以 Starlink 为例）。对于实际星座构型，其星座内的卫星分布是互相关联的，但是难以得到闭合的网络容量理论表达式。从用户视角出发，可以基于平均可视卫星数近似的原则寻找合适模型来拟合卫星分布。图 2-3 中对不同轨道高度下实际星座构型（轨道倾角为 86.4° 的 Walker-Star、轨道倾角为 53° 的 Walker-Delta）和 PPP 模型下用户平均可视卫星数的情况进行仿真，可以看到，PPP 模型对实际星座数据拟合良好。

卫星通信网络系统模型除卫星分布外，还包括卫星所使用的天线波束数量、天线张角、单星服务用户数、频率复用因子等参数，在研究中可根据具体情况进行定义。

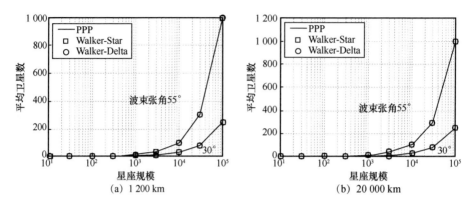

图 2-3　用户平均可视卫星数拟合结果

2.2.2.2　用户分布模型

在现有文献中，为分析卫星通信网络对目标区域的覆盖情况，用户分布通常建模为 PPP 模型，即用户在目标区域内随机均匀分布。PPP 模型的强度 λ 为单位面积或体积中包含点数量的期望。因此，可以将对单个用户通信质量的分析结果乘以用户分布强度，得到无线网络在单位面积或体积区域内的平均覆盖质量，例如单位面积频谱效率和单位面积能量效率等指标。

但是，受到地理和经济等因素的影响，卫星广域业务分布呈现出显著的时空非均匀特性，此时若再将其建模为 PPP 模型，在一些情况下可能会导致分析结果出现偏差。全球用户的空间分布主要呈现聚集性，以人口分布为例，90%的人口集中在 10%的陆地区域，而陆地面积仅占全球面积的 29%。对于航空用户和海洋用户，绝大多数航班和航船都集中在热门航线上，大范围聚集性明显。另外，时间对用户的空间分布也有显著的影响，特别是航空用户，白天航班的密度远高于夜间航班的密度，并且一天内不同时段，用户对网络带宽的需求呈现较大的波动。此外，用户的业务分布受地域文化、社会发展程度、经济水平等影响，也会呈现一定的聚集性特征。目前对于全球用户非均匀分布建模的研究较少，仍待进一步研究。

在 2.3.2 节中，将通过具体的数据分别对全球用户的空间分布和时间分布特征进行描述，并建立数学模型用以分析卫星通信网络对全球用户覆盖的效率。

2.2.2.3　信道模型

与传统的地面通信类似，卫星和地面用户之间的信道可以分为视距（Line of Sight，LoS）链路和非视距（Non Line of Sight，NLoS）链路，这取决于地面用户的位置和所处环境。LoS 链路主要存在于开阔区域内的地面终端和卫星之间，地面终端周围没有很多物体；NLoS 链路主要存在于地面终端被物体包围的情况，例如室内和城市地区。星地信道增益可表示为

$$h = A \times g \tag{2-13}$$

其中，A 表示自由空间衰减，g 表示小尺度衰落。

$$A = s \frac{\lambda}{4\pi r} \sqrt{G_r G_t} \tag{2-14}$$

其中，s 为雨衰，λ 为信号波长，r 为卫星与用户距离，G_r 和 G_t 分别表示接收天线增益和发射天线增益。

星地信道的小尺度衰落通常建模为阴影莱斯衰落（Shadowed-Rician，SR）[4]，小尺度衰落 g 的概率密度函数（Probability Density Function，PDF）可表示为

$$f_{|g|^2}(x) = \left(\frac{2mb_0}{2mb_0 + \Omega} \right)^m \frac{1}{2b_0} \exp\left(-\frac{x}{2b_0} \right) {}_1F_1\left(m, 1, \frac{\Omega x}{2b_0(2b_0 m + \Omega)} \right) \tag{2-15}$$

其中，${}_1F_1(\cdot, \cdot, \cdot)$ 表示超几何函数，m、b_0 和 Ω 分别表示 Nakagami 衰落系数、散射分量半功率和直射分量半功率。通常假设卫星与各个用户的小尺度衰落增益是独立同分布的。特别是当 $m = \infty$ 时，SR 模型退化为莱斯衰落模型；当 $m = \infty$ 且 $\Omega / b_0 = \infty$ 时，SR 模型退化为高斯信道模型。

因此接收信号功率为

$$S = Ph^2 = PA^2 g^2 \tag{2-16}$$

2.2.2.4　性能评价指标

现有研究中主要关心的性能评价指标包括中断概率、覆盖概率、遍历容量和平均可达速率。下面对这几种性能评价指标进行介绍。

（1）中断概率/覆盖概率

中断概率是指用户接收 SINR 小于特定阈值的概率，此时通信发生中断。中断概率反映了系统中受到干扰和噪声影响的程度。

$$P_o(\theta) \triangleq P(\text{SINR} < \theta) \tag{2-17}$$

相应地，覆盖概率可以表示为用户接收 SINR 大于等于特定阈值的概率，即

$$P_c(\theta) \triangleq P(\text{SINR} > \theta) \tag{2-18}$$

对中断概率和覆盖概率的分析需要得到接收 SINR 的概率分布，根据用户和卫星的分布，可以计算接收端的信号接收功率和干扰功率。

$$\text{SINR} = \frac{S}{I+W} \tag{2-19}$$

当系统内干扰为 0 时，接收 SINR 简化为信噪比（Signal to Noise Ratio，SNR），其概率分布受卫星与用户之间距离和小尺度衰落的影响，可以通过以下公式简单计算。

$$P(\text{SNR} < \theta) = \int P\left(g^2 < \frac{\theta}{PA^2} \mid r\right) f_r(r)\mathrm{d}r = \int F_{g^2}\left(\frac{\theta}{PA^2} \mid r\right) f_r(r)\mathrm{d}r \tag{2-20}$$

当系统内干扰不为 0 时，如果期望信号功率呈指数分布，例如瑞利衰落信道，则中断概率由接收干扰信号功率的拉普拉斯变换给出，此时干扰功率的拉普拉斯变换是干扰点过程的概率生成函数。具体的推导过程可参考 2.4 节。

（2）遍历容量/平均可达速率

遍历容量即为平均意义下系统可实现的数据速率，其数学表达式如下。

$$\bar{C} \triangleq E\left[\text{lb}(1+\text{SINR})\right] \tag{2-21}$$

具体地，遍历容量可以从覆盖概率计算得出

$$E\left[\text{lb}(1+\text{SINR})\right] = -\int_0^\infty \text{lb}(1+\theta)\mathrm{d}p_c(\theta) = \int_0^\infty p_c(e^x - 1)\mathrm{d}x \tag{2-22}$$

2.2.3　卫星通信网络的通信链路特征

卫星通信网络的无线链路主要存在于卫星、信关站和用户站之间，如图 2-4 所示。

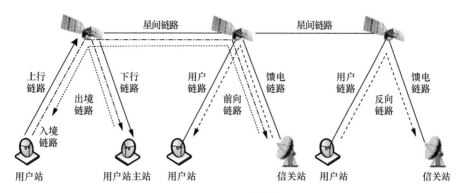

图 2-4　卫星通信链路

[定义 2-4]　信关站（Gateway Station）：卫星通信网络运营商使用的，包括与卫星无线连接的地球站（见定义 4-8）、处理交换设备以及与地面网络连接的设备等。

[定义 2-5]　用户站（User Station）：用户使用的，包括地球站或空间电台、处理设备及网络设备等。

按照网络结构区分，卫星通信网络有星状网络和网状网络两种主要结构，其中星状网络结构中存在处理交换中心（位于信关站或卫星上），用户站之间通信必须经过中心处理交换；网状网络结构中，用户站经由卫星中继转发可以直接通信。根据业务在卫星、信关站以及用户站之间的流向，卫星通信网络无线链路可分为以下几种。

[定义 2-6]　下行链路（Downlink）：从卫星到地面接收地球站（主要指用户站和信关站的接收机）的无线电通信链路。

[定义 2-7]　上行链路（Uplink）：从地面发射地球站（主要指用户站和信关站的发射机）到卫星的无线电通信链路。

[定义 2-8]　用户链路（User Link）：卫星与用户站之间通信的双向链路。

[定义 2-9]　馈电链路（Feeder Link）：卫星与信关站之间通信的双向链路。

[定义 2-10]　星间链路（Inter-Satellite Link）：卫星与卫星之间通信的双向链路。

[定义 2-11]　前向链路（Forward Link）：信关站经过卫星到用户站的无线电通信链路，包括信关站到卫星馈电链路的上行链路和卫星到用户站用户链路的下行链路。有时称为出境链路。

[定义 2-12]　反向链路（Return Link）：用户站经过卫星到信关站的无线电通信链路，包括用户站到卫星用户链路的上行链路和卫星到信关站馈电链路的下行链

路。有时称为入境链路。

[定义 2-13] 入境链路（Inbound Link）：业务数据从用户站经过卫星传输到信关站（星状网结构）或 HUB 站点（VSAT 网状网结构的主站）的无线电通信链路。

[定义 2-14] 出境链路（Outbound Link）：业务数据从信关站（星状网结构）或 HUB 站点（VSAT 网状网结构的主站）经过卫星传输到用户站的无线电通信链路。

一般而言，在星状网络结构的透明转发卫星通信网络系统中，所有用户链路都要经由馈电链路到达地面信关站。在网状网络结构的透明转发卫星通信网络系统中，用户链路的上行链路信号可以直接被转发至用户链路的下行链路。在处理转发卫星通信网络系统时，用户链路的上行链路信号在卫星上被处理后，可以直接被转发至用户链路的下行链路，也可以被转发至馈电链路或星间链路。

馈电链路通常是一对一的单链路系统，信关站天线尺寸大、增益高，主要解决大带宽传输的问题。分析研究较多的是用户链路。其中，用户链路的下行链路的通信性能主要受限于卫星等效全向辐射功率（Effective Isotropic Radiated Power，EIRP）。由于用户天线尺寸在使用中通常受约束，而卫星可提供的发射功率和卫星天线尺寸总是有限的，下行链路通信系统是功率受限系统。因此，在卫星通信网络下行链路性能分析中，需要更多地关注系统效率的问题。与下行链路不同，用户链路的上行链路是多个用户各自使用独立的发射机，因此上行链路的通信性能主要受限于系统可用带宽。有限的带宽导致多用户接入时易产生多用户干扰，导致上行链路容量降低，是带宽受限或干扰受限系统。因此在卫星通信网络上行链路性能分析中，需要更多地关注用户干扰的强度和分布对系统容量的影响。

在 2.3 节和 2.4 节中，运用随机几何的方法，分别以卫星通信网络下行链路通信效率评估和卫星星座上行链路容量分析为例，介绍效费比、中断概率、遍历容量和速率等指标的具体分析方法，并推导相应的理论公式。以下未作说明处，上行链路和下行链路主要指用户链路的上行链路和下行链路。

| 2.3　卫星通信网络效率评估 |

本节介绍效费比的定义，指出现有卫星通信网络存在的效率问题，以及导致该问题的主要原因——卫星广域业务的时空非均匀分布特性。以下行用户链路为例，研究卫星通信网络效费比的分析方法。

2.3.1　卫星通信网络效率定义

本节介绍新的通信网络效率评价指标——效益成本比（Benefit-Cost Ratio，BCR），用于反映通信网络实际吞吐量与实现代价的关系，具体定义为覆盖效率和通信效率的乘积

$$BCR = \eta_r \eta_c \tag{2-23}$$

其中，覆盖效率 η_r 为网络基站覆盖面积 A_{cov} 与需要覆盖的总面积 A_{tot} 和在该区域部署单个网络基站的归一化成本 c_B 之比。归一化成本是指在该区域部署单个网络基站所需成本与运营商预期成本的比值。部署单个网络基站所需成本主要取决于网络基站的类型、数量和部署方式等因素。覆盖效率越高，实现目标区域覆盖所需部署的基站或卫星数量越少，网络覆盖代价越低。为实现无处不在的万物互联，需要网络具有更高的覆盖效率。

$$\eta_r = \frac{A_{cov}}{A_{tot} c_B} \tag{2-24}$$

为表示通信资源的利用率，将网络实际负载和设计容量的比值定义为通信效率。通信效率越高，网络设计容量到实际吞吐量的转化率越高。

$$\eta_c = E\left\{ \frac{C_{act}}{C_{satmax}} \right\} \tag{2-25}$$

例如，在卫星通信网络中，卫星设计容量 C_{satmax} 可定义为卫星波束数量 N_b 与时隙数量 N_s 的乘积，即卫星在一段时间内可以支持的最大用户数。

$$C_{satmax} = N_b N_s \tag{2-26}$$

卫星的实际负载 C_{act} 为卫星覆盖用户数 D_{cov} 与卫星用户服务概率 P_c 的乘积，即实际服务的用户数。

$$C_{act} = D_{cov} P_c \tag{2-27}$$

目前，5G/B5G 网络可以提供高网络容量、高通信效率。但是地面 5G/B5G 基站覆盖范围较小，对大范围区域（特别是山地、海洋、沙漠等）的覆盖效率低。卫星通信网络覆盖效率更高，且不受地形影响，但需要提高其通信效率，才能提高网

络的 BCR。特别是在业务需求分布稀疏的地区，如海域和欠发达地区，提高卫星通信网络通信效率的方式是减少卫星以低负载甚至空闲状态运行的情况。例如，国际海事卫星公司（Inmarsat）的第五代通信卫星（INMARSAT 5）和欧洲卫星通信公司（Eutelsat）的量子通信卫星（Quantum）等，均考虑采用动态点波束的方式提供网络接入服务，通过提高卫星通信资源与业务需求的匹配度来提高通信效率。

从以下两个例子中可以看出现有卫星通信网络面临的通信效率问题。第一个例子是美国卫讯公司（Viasat）对 WildBlue-1 卫星分析得出的数据。WildBlue-1 卫星大约90% 的覆盖区域中需求远小于卫星所能提供的带宽，而少数区域需求远大于卫星所能提供的带宽，如图 2-5 所示[5]。在这种用户非均匀分布的场景中，若采用传统的地理均匀覆盖方式，极易出现资源与需求失配的情况。另一个例子是美国麻省理工学院对Starlink、OneWeb 和加拿大电信卫星（Telesat）星座效率分析得出的数据[6]。该论文利用蒙特卡洛仿真方法，基于全球人口分布数据，分析了 Starlink、OneWeb 和 Telesat星座通信和速率与设计容量比值，具体结果如表 2-1[6]所示。仿真结果表明，在低轨道通信星座运行过程中，任意时刻都有大量卫星覆盖在需求很低的区域，导致卫星资源被浪费，星座通信效率很低。虽然该仿真没有考虑如 Starlink 卫星实际采用的点波束动态覆盖等因素，但也在一定程度上反映了低轨道卫星星座效率不高的问题。

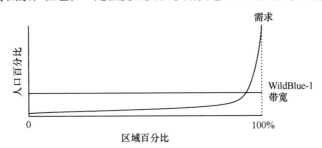

图 2-5　Viasat 公司 WildBlue-1 卫星覆盖带宽与需求关系

表 2-1　Starlink、OneWeb 和 Telesat 星座效率

指标	卫星数	星座最大吞吐量	每颗卫星平均速率	每颗卫星最大速率	卫星效率
Starlink	4 425	23.7 Tbit/s	5.36 Gbit/s	21.36 Gbit/s	25.10%
OneWeb	720	1.56 Tbit/s	2.17 Gbit/s	9.97 Gbit/s	21.70%
Telesat	117	2.66 Tbit/s	22.74 Gbit/s	38.68 Gbit/s	58.80%

2.3.2　卫星通信网络业务分布与网络效率分析

2.3.2.1　卫星通信网络业务分布

与地面网络不同，卫星通信网络广域业务呈现显著的时空非均匀特性。本节将分别从业务的空间分布和时间分布出发，对卫星通信网络广域业务的特点进行分析。

1. 空间分布非均匀性

卫星通信网络广域业务呈现显著的空间非均匀分布特点，美国 Viasat 公司给出了其在美国本土的卫星通信网络订阅用户空间分布[7]。在美国这种地广人稀、郊区地面网络覆盖不佳但经济发达的地区，卫星通信网络用户的分布情况与人口分布情况接近，均呈现东部及西海岸分布密集、中部分布稀疏的特点。

进一步推广到全球，全球人口分布呈现更加显著的非均匀分布特点，如图 2-6 所示。全书如无特殊说明，经度位置正值表示东经，负值表示西经；纬度位置正值表示北纬，负值表示南纬。这种人口分布的不均匀性与卫星通信网络用户分布的不均匀性在一些国家和地区（如美国本土）呈现强相关，在一些国家和地区也可能呈现弱相关，这与各个国家国情有关。在中国，在人口分布相对集中的地区，地面移动网络的覆盖通常比较全面，潜在卫星通信网络用户的数量反而占该地区总人口的比例相对较小，这与美国卫星通信网络用户的分布与人口分布接近的特征并不完全相同。

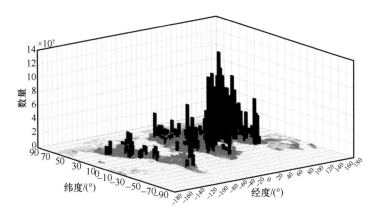

图 2-6　全球人口分布

　　除了地面的固定用户和移动用户，地面网络无法覆盖的海洋和天空是卫星通信网络重要的服务区域。航空用户和航海用户对卫星通信网络连接有强烈的刚性需求，因此，卫星通信网络用户分布与航空用户和航海用户分布之间具有强相关性。图 2-7 给出了 UTC 协调世界时（Universal Time）时刻 2021 年 10 月 1 日 00:00:00 的全球航班分布示意。可以看到，此时全球大部分航班集中分布在北美、欧洲、红海、东亚和澳大利亚东岸区域，在不同时刻，航班的分布会伴随人们的作息规律而有所不同（见后文的时间分布非均匀性分析）。一般来说，相比全球人口分布，全球航班的空间分布更加集中，通常集中在少数经济发达地区。

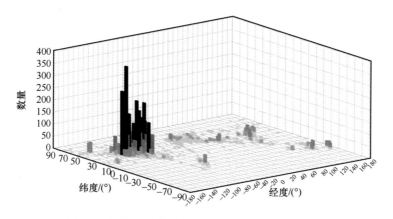

图 2-7　全球航班分布示意（2021/10/01 00:00:00 UTC）

　　同样，全球海洋船只分布密度也呈现一定的聚集性，如图 2-8 所示。可以看到，全球的船只大多数集中在太平洋、印度洋和大西洋的部分航线附近，其他区域密度相对较低，特别是靠近两极地区的海面，航线分布稀疏。海洋船只在大洋中部区域的密度相对较为平均，只在热门航线附近略有聚集，聚集性相比人口和航班的分布不显著。

　　此外，用户业务的空间分布也存在聚集性，与地域文化、区域社会经济发展有密切的相关性。相关研究表明，以 Facebook 的视频直播业务为例，直播的观众大多集中在与直播源上传者所在时区相同的时区[8]。同时，少数的热门视频吸引了绝大部分流量。0.04% 的视频被超过 10 000 名观众同时观看，1.15% 的视频被超过 1 000 名观众同时观看，18.4% 的视频被超过 100 名观众同时观看[8]。随着推荐技术的发展，推荐系统主导了互联网中大部分流量。以 Netflix 为例，推荐系统影响了用户 80% 的点播选择，剩下的 20%点播选择主要来自于搜索，受到搜索推荐算法的影响[9]。推荐算法可以对网络中的业务分布产生影响。但对于这些因素对业务分布的影响还缺少研究，是非常值得关注的问题。

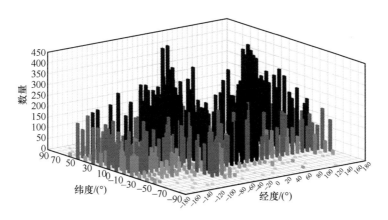

图 2-8　全球海洋船只分布

2. 时间分布非均匀性

由于人类活动的强度与时间密切相关，对于网络的需求也随着一天内时间的变化而变化。日本 WIDE 网络项目[10]统计了各个时间的归一化流量需求比例，结果如图 2-9 所示。可以看到，网络流量在一天内的波动较大，早上 5 时前后流量需求最低，随后不断增长，直到下午 16 时前后达到最大值，之后不断下降。因此业务需求强度在时间上也具有显著的非均匀性。另外，由于全球不同时区的当地时间不同，业务需求强度与时间和空间均存在对应关系。因此在进行网络需求分析时，需要考虑全球不同时区当地时间对业务量的影响。

全球航班分布在时间上并非是一成不变的，时空非均匀性显著。图 2-10 所示为一天内不同时刻全球航班分布，结合图 2-7 可以看出，不同时刻全球航班的分布明显不同。00:00:00 UTC 时北美航班分布密集，欧洲航班较为稀疏；而 06:00:00 UTC 时北美航班分布稀疏，欧洲航班分布密集；12:00:00 UTC 时北美东部和欧洲航班分布密集，北美西部航班分布稀疏。对于东亚和大洋洲地区，00:00:00 UTC 和 06:00:00 UTC 相比，12:00:00 UTC 时刻航班分布更密集。相应地，航班上产生的业务随着航班分布的变化呈现时空非均匀的分布特性。

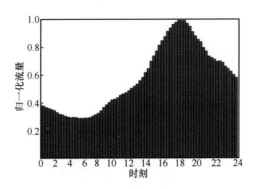

图 2-9　日本 WIDE 网络单日归一化流量

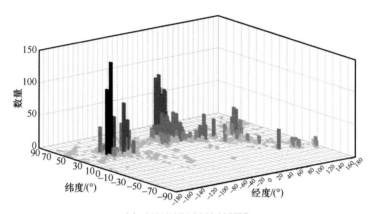

(a)　2021/10/01 06:00:00 UTC

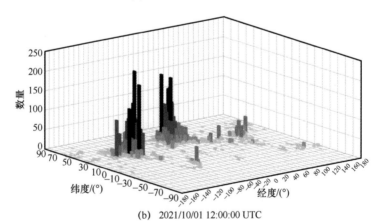

(b)　2021/10/01 12:00:00 UTC

图 2-10　一天内不同时刻全球航班分布

综上所述，全球网络业务的需求强度和用户的空间分布都和时间有关，呈现出显著的时变性，因此，卫星通信网络服务的广域业务具有强烈的时空非均匀性。这种非均匀性对卫星星座的通信效率将产生决定性的影响。

2.3.2.2　系统模型及网络效率分析

本节首先定义卫星的覆盖跨度。卫星覆盖范围建模为以星下点为圆心的球面小圆，如图 2-11 所示。覆盖跨度定义为该球面小圆的球面直径，可通过式（2-28）计算得到。

$$d = 2R_e \left(\arccos \left(\frac{R_e}{R_e + h} \cos E \right) - E \right) \tag{2-28}$$

其中，R_e 为地球半径，h 为卫星轨道高度，E 为卫星通信最低仰角。

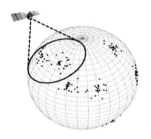

图 2-11　卫星覆盖范围建模

卫星通信网络系统的通信效率主要受卫星覆盖跨度和信道资源数量的影响。针对非均匀分布的用户需求，覆盖跨度决定了资源按需调配的范围，信道资源数量决定了资源调配的能力。其中，覆盖跨度由卫星的轨道高度和覆盖最低仰角决定，信道资源数量由卫星波束数量和时隙、频道数量等决定，卫星覆盖性能影响因素如图 2-12 所示。以卫星覆盖跨度为例，通常轨道高度越高，卫星覆盖跨度越大。由于用户业务呈现非均匀分布，如果卫星的轨道高度低、覆盖跨度小，在卫星运动过程中常常会出现低负载情况，需求的不足导致出现大量的信道资源浪费，系统效率降低。如果卫星的轨道高度高、覆盖跨度大，其覆盖范围内的负载相对平稳，可以通过灵活的信道资源调度提高系统的通信效率。

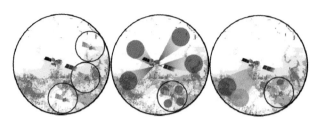

图 2-12　卫星覆盖性能影响因素，从左至右分别为覆盖跨度、波束数量和频道数量

为了分析卫星通信网络系统的通信效率，本节通过随机几何的方法分析卫星负载分布。具体来说，用户业务分布建模为随机的非均匀分布，簇中心服从泊松点过程，用户服从 Matérn 簇过程，概率密度函数如式（2-29）所示。本节利用随机几何的方法，分析一个典型卫星覆盖下用户负载的概率分布，通过该概率分布计算卫星通信网络系统通信效率。

$$f_x(u) = \frac{\mathbf{1}_{C(x,R_c)}(u)}{\left|C(x,R_c)\right|}, \quad u \in \mathbb{S}^2_{R_e} \qquad (2\text{-}29)$$

其中，R_c 为簇半径，$\left|C(x,R_c)\right|$ 为中心是 x、半径是 R_c 的球冠面积，分子 $\mathbf{1}_{C(x,R_c)}(u)$ 表示若 u 位于球冠内，则为 1，否则为 0。

为了分析卫星通信网络系统的通信效率，需要得到卫星覆盖全球非均匀分布的用户时的用户数量分布。在球面 Matérn 簇过程中，单个用户簇占地球球面的面积为

$$S_c(R_c) = 2\pi R_e^2 \left(1 - \cos(R_c/R_e)\right) \qquad (2\text{-}30)$$

卫星覆盖面积中，用户簇的面积决定了卫星覆盖的用户数。其中包含了两种情况：第一种情况为卫星覆盖的球面小圆完全被一个用户簇覆盖，此时位于用户簇内卫星覆盖范围的周长为

$$L_1(r) = 2\pi R_e \sin(r/R_e) \qquad (2\text{-}31)$$

第二种情况为卫星覆盖的球面小圆部分位于用户簇内，此时位于用户簇内卫星覆盖范围的周长为

$$L_2(r) = \begin{cases} 2R_e \sin(r/R_e)\arccos\left(\dfrac{\cos(x_p/R_e)\cos(r/R_e) - \cos(R_c/R_e)}{\sin(x_p/R_e)\sin(r/R_e)}\right), & 0 \leq x_p \leq R_c \\[3mm] 2R_e \sin(r/R_e)\arccos\left(\dfrac{\cos(R_c/R_e) - \cos(x_p/R_e)\cos(r/R_e)}{\sin(x_p/R_e)\sin(r/R_e)}\right), & x_p > R_c \end{cases} \qquad (2\text{-}32)$$

因此，在给定用户簇中心到星下点的距离时，任意一个用户到卫星星下点距离的条件概率密度函数为

$$f_r\left(r \mid x_p\right)=\begin{cases}\dfrac{\sin\left(r / R_e\right)}{R_e\left(1-\cos\left(R_c / R_e\right)\right)}, & 0 \leqslant r \leqslant R_c-x_p, 0 \leqslant x_p \leqslant R_c \\[3mm] \dfrac{L_2\left(r\right)}{2 \pi R_e^2\left(1-\cos\left(R_c / R_e\right)\right)}, & \left|R_c-x_p\right| \leqslant r \leqslant R_c+x_p\end{cases} \tag{2-33}$$

在得到用户到卫星星下点距离的概率密度函数后，需要根据卫星的覆盖范围，计算用户处于该覆盖范围内的概率。这时需要用到球面 Matérn 簇过程的概率生成函数（Probability Generating Function，PGF）。

$$G_{\Phi(B)}\left(z\right) \triangleq E\left(z^{\Phi(B)}\right)=E\left(z^{\sum_{x \in \Phi} 1_B(x)}\right)=E\left(\prod_{x \in \Phi} z^{1_B(x)}\right)=$$
$$\exp\left(-2 \pi R_e \lambda_p \int_0^{\pi R_e}\left(1-\exp\left(-m_c\left(\int_0^{r_s}\left(1-z\right) f_r\left(r \mid x\right) \mathrm{d} r\right)\right)\right) \sin\left(x / R_e\right) \mathrm{d} x\right) \tag{2-34}$$

根据概率生成函数的定义，通过对概率生成函数做逆 z 变换，可以得到相应的概率质量函数（Probability Mass Function，PMF）为

$$P\left(\Phi\left(B\right)=n\right)=\frac{R^n}{2} \int_{-\pi}^{\pi} G_{\Phi(B)}\left(R \mathrm{e}^{\mathrm{j} \theta}\right) \mathrm{e}^{\mathrm{j} n \theta} \mathrm{d} \theta \tag{2-35}$$

即卫星覆盖范围内用户数 $\Phi(B)$ 的概率分布。通过该概率分布，可以计算得到卫星通信网络系统的平均通信效率。

2.3.2.3　仿真结果与讨论

本节根据全球人口分布数据，对不同覆盖跨度下卫星通信网络系统的平均通信效率进行仿真，仿真参数和场景设置如下。

【参数设置】

- 卫星用户数：全球人口数量的 10%
- 时隙数量：1 000
- 波束数量：8
- 仿真时刻：格林尼治时间 00:00:00

【场景设置】

- 将全球人口分布数据的 10%作为卫星用户数量
- 全球随机生成卫星星下点位置，统计卫星覆盖的用户数量=人口数×10%
- 根据经度计算卫星覆盖簇的当地时间，得到归一化流量需求比例
- 卫星覆盖范围内业务量=覆盖人口数×10%×时隙数量×业务强度×当地时间对应的流量比例
- 卫星信道资源数量=时隙数量×波束数量×频道数量
- 共进行 10^5 次蒙特卡洛仿真，统计卫星实际业务量的平均值
- 卫星平均通信效率=卫星实际业务量的平均值/卫星信道资源数量

用户分布按照人口分布进行模拟，可将各个国家或地区的位置、面积和人口密度近似地看作人口分布的簇中心位置、簇大小和每簇用户密度。同时，考虑用户业务的随机到达，假设用户的业务均为泊松过程，20%的用户业务量较大，80%的用户业务量较小。用户的业务强度为每个时隙到达的业务数量，每个业务占一个时隙，则业务量=业务强度×时隙数量。考虑全球不同时区的当地时间对业务量的影响，在分析过程中，需要根据用户簇对应的当地时间调整其业务强度，即原业务强度乘以对应的比例。

图 2-13 所示为在不同用户簇数量的情况下通信效率与覆盖跨度关系的仿真结果。其中，簇数为 10、覆盖跨度为 1 000 km 的场景可以对应参考文献[6]中蒙特卡洛仿真场景，通过本节方法计算得到的效率约为 25%，可相互印证。通过仿真结果可以看出，卫星通信效率随覆盖跨度增长而升高。在用户总数一定时，簇数越少，对应用户的分布越集中，非均匀性越强。可以看出，当用户分布非均匀性变强时，为达到相同的通信效率，需要的覆盖跨度越大。在用户簇为 10 时，当覆盖跨度达到 8 000 km（对应轨道高度达到 13 764 km，最低通信仰角达到 40°）时，通信效率可以达到 96%甚至更高。

图 2-14 所示为单颗卫星在不同业务强度下通信效率与覆盖跨度的关系，此图仅考虑了 20%高业务量用户的业务强度变化。用户分布以全球人口重心为簇中心，簇大小为所在区域的大小。可以看到，当业务强度较高时，通信效率随覆盖跨度的变化范围较小；业务强度较低时，通信效率受覆盖跨度的影响更加显著。因此，可以初步得到结论：当在大区域范围内业务连续且密集时，覆盖跨度较小的低轨道卫星

也能够获得较好的通信效率；当在大区域范围内业务突发性更强时，采用更大覆盖跨度的中高轨道卫星能够获得更高的通信效率。

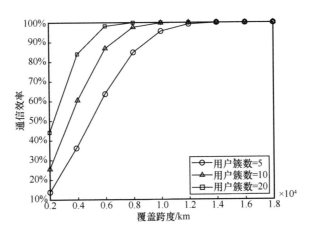

图 2-13　在不同用户簇数量的情况下通信效率与覆盖跨度的关系

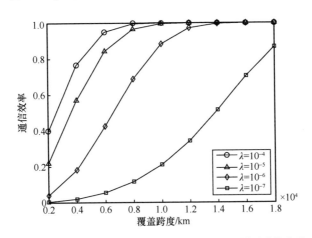

图 2-14　单颗卫星在不同业务强度下通信效率与覆盖跨度的关系

| 2.4　卫星通信网络容量分析评估 |

如前所述，卫星通信网络的容量分析主要聚焦于卫星通信网络上下行链路的容量分析。本节将介绍当前卫星下行链路容量分析情况，并以大规模卫星星座上行链路容量分析为例，介绍随机几何在容量分析中的具体使用方法。

2.4.1　卫星下行链路容量分析

现有公开发表的文献中，对卫星下行链路的分析主要聚焦于覆盖概率和遍历容量，这两个指标均可以通过分析典型用户的接收 SINR 得到。

在参考文献[3]中，卫星分布被建模为 BPP 模型，并假设典型用户受到其可视范围内所有其他卫星带来的干扰。根据随机几何理论，参考文献[3]推导了典型用户到接入卫星和各个干扰卫星之间的距离，进而结合信道模型推导典型用户的接收 SINR，利用式（2-18）和式（2-21）计算星座对典型用户的覆盖概率和遍历容量。在参考文献[3]中，作者并没有考虑卫星使用点波束覆盖带来的干扰空间隔离，隐含了卫星和用户均使用全向天线的假设。

在参考文献[11]中，作者进一步分析了非均匀分布卫星的覆盖概率和遍历容量，卫星分布被建模为非齐次泊松过程，并且在分析中指出卫星和用户使用定向天线会对发射增益和接收增益产生影响。具体分析过程与参考文献[3]相似，利用式（2-18）和式（2-21）计算非均匀卫星星座对典型用户的覆盖概率和遍历容量，但没有针对定向天线模型给出分析结果，仍基于全向天线的假设。

参考文献[12]分析了同步轨道卫星覆盖范围内随机分布用户的覆盖概率。在单波束场景中，作者通过计算用户与卫星距离分布和用户与波束中心离轴角的分布，得到用户接收 SINR 的概率分布，进而得到覆盖范围内用户的平均覆盖概率。在多波束场景中，作者分析了固定小区划分和四色复用的模式，考虑中心波束内的一个典型用户会受到其他所有同频波束不同程度的干扰。使用和单波束场景类似的分析方法，得到了典型用户的接收 SINR 和平均覆盖概率。在仿真中，作者假设用户只受到距离最近的 6 个波束的干扰，并没有分析卫星视角下完整的覆盖范围。

在参考文献[13]中，卫星波束建模为指向卫星星下点的固定波束，主瓣和旁瓣分别有不同的恒定增益。在此假设下，作者推导了不同选星模式下卫星对用户的覆盖概率。

在参考文献[14]中，作者分析了卫星运动过程中系统的吞吐量。具体地，使用与其他参考文献相似的方法推导卫星到用户的瞬时信道容量，再从时间维度积分得到卫星的吞吐量。参考文献[14]还考虑了卫星运动和地球自转对分析结果的影响，但没有考虑点波束覆盖。

综上，目前针对卫星下行链路容量的分析，主要考虑多星之间的同频干扰，假设情况大多基于固定宽波束覆盖星下所有区域这一条件。随着卫星通信技术的发展，点波束广泛应用于卫星通信网络系统，点波束的使用可以主动构造出空间干扰规避，得到的结果与固定宽波束不同。此外，在点波束应用场景中，同频干扰的大小主要取决于点波束旁瓣抑制的能力，如果低轨卫星通信网络系统下行链路发射波束扫描范围较大，旁瓣抑制将较难控制，并会影响下行链路容量，建议读者做进一步研究。

卫星下行链路的容量主要受制于卫星的发射 EIRP 和有限 EIRP 的使用模式，特别是卫星点波束功率资源的分配方式将决定卫星下行链路的有效容量。根据 2.3 节的分析，卫星在覆盖全球非均匀分布用户时，易出现低负载甚至空载情况，将导致功率的浪费和有效容量的下降。按需覆盖将是卫星下行链路提升有效容量的主要手段。相关研究将在本书第 5 章中具体介绍。

2.4.2　卫星上行链路容量分析

卫星上行链路的通信性能主要受限于系统的可用带宽。有限的带宽条件下，多用户接入时易产生相互干扰，导致卫星上行链路容量降低，因此卫星上行链路是带宽受限或干扰受限系统。虽然可以通过点波束的使用规避部分上行链路干扰，但是，随着覆盖用户数的增长，上行链路发射波束旁瓣的影响不能忽视，星座内部干扰将不断增强，进而影响系统上行链路容量[15]。本节以非静止轨道卫星星座网络上行链路分析为例，研究用户规模（用户站数量）和星座规模与容量的关系，为星座容量分析提供参考。

2.4.2.1　系统模型

1. 网络模型

本节选用 PPP 模型，当实际星座中卫星总数为 N_s，地球半径为 r_e，卫星轨道

高度为 r_h，则卫星分布的密度为

$$\lambda_s = \frac{N_s}{4\pi r^2} \tag{2-36}$$

其中，$r = r_e + r_h$。假设每颗卫星最多同时服务 N_m 个用户，采用半功率波束宽度为 ψ_b 的点波束，利用空间频率复用的方式为用户提供服务，其中通信总带宽为 B_t，复用系数为 F，频分后各带宽为 $B_f = B_t / F$。

在用户模型方面，为分析简化起见，将用户分布建模为密度为 λ_u 的 PPP 模型 Φ_u，则每个频带的用户密度为 λ_u / F。有兴趣的读者还可以研究分簇非均匀的用户分布模型和不同业务强度模型的影响。为较为准确地分析实际用户天线对容量的影响，每个用户配备符合 ITU-R S.465 标准的定向天线[16]，并且采用最短距离准则与最近的卫星进行通信。

2. 传播模型

采用阴影莱斯衰落模型建模用户与卫星通信的信道增益。由于式（2-15）的表示较为复杂，根据参考文献[17]将信道增益 $|h|^2$ 近似为伽马随机变量，可近似表达为

$$f_{|h|^2}(x) \approx \frac{1}{\beta^\alpha \Gamma(\alpha)} x^{\alpha-1} \exp\left(-\frac{x}{\beta}\right) \tag{2-37}$$

其中，$\Gamma(\alpha)$ 为伽马函数，α 和 β 为分别为形状参数和尺度参数。

$$\alpha = \frac{m(2b_0 + \Omega)^2}{4mb_0^2 + 4mb_0\Omega + \Omega^2} \tag{2-38}$$

$$\beta = \frac{4mb_0^2 + 4mb_0\Omega + \Omega^2}{m(2b_0 + \Omega)} \tag{2-39}$$

若用户与卫星通信时的通信距离为 d，使用的通信频段波长为 λ，则信号传输时的自由空间衰落为

$$L = \left(\frac{\lambda}{4\pi d}\right)^2 \tag{2-40}$$

根据 ITU-R S.465 标准，用户发射天线增益 G_u [16]为

$$G_u(\theta) = \begin{cases} G_u^{max}, & 0° \leqslant \theta < \theta_t \\ 32 - 25\lg\theta, & \theta_t \leqslant \theta < 48° \\ -10, & \text{其他} \end{cases} \tag{2-41}$$

其中，G_u^{max} 为天线发射最大增益，θ 为用户天线偏轴角，θ_t 为阈值参数，其具体取值如下

$$\theta_t = \begin{cases} \max(1°, 100\lambda/D), & D/\lambda \geqslant 50 \\ \max(2°, 144(D/\lambda)^{-1.09}), & \text{其他} \end{cases} \tag{2-42}$$

其中 D 为天线等效半径。

根据 ITU-R S.1528，卫星接收天线增益 G_s[18]为

$$G_s(\psi) = \begin{cases} G_s^{max}, & \psi < \psi_b \\ G_s^{max} - 3(\psi/\psi_b)^2, & \psi_b \leqslant \psi \leqslant Y \\ G_s^{max} + L_s - 25\lg(\psi/Y), & Y < \psi \leqslant Z \\ L_F, & Z < \psi \end{cases} \tag{2-43}$$

其中，G_s^{max} 为卫星接收天线最大增益，ψ 代表了卫星天线偏轴角。另外，根据参考文献[19]，$Z = Y10^{0.04(G_s(0)+L_s-L_F)}$，$L_F = 0$。对于 MEO 卫星，$L_s = -12$，$Y = 2\psi_b$；对 LEO 卫星，$L_s = -6.75$，$Y = -1.5\psi_b$。本节以 LEO 卫星星座场景为例开展研究。

2.4.2.2　性能评价指标

本节选用中断概率（Outage Probability，OP）和遍历容量（Ergodic Capacity，EC）来衡量上行链路的通信性能。OP 代表用户与目标卫星通信时信号发生中断的概率，根据卫星接收到用户信号的 SINR，OP 可表达为

$$P_{out}(\tau) = P(SINR < \tau) \tag{2-44}$$

其中，τ 为系统设定的 SINR 门限。根据参考文献[20]，EC 与 OP 的关系 R_u 为

$$R_u = E\left[\frac{B}{F}\text{lb}(1+SINR)\right] = B_f\text{lb}(e)\int_0^\infty \frac{1-P_{out}(\tau)}{\tau+1}d\tau \tag{2-45}$$

其中，$E[\cdot]$ 为求期望函数。

2.4.2.3　系统内部干扰分析

卫星通信网络系统上行链路干扰模型如图 2-15 所示，用户 1 的服务卫星可能受到在其可视范围内其他用户的干扰。为了便于分析，定义通信角度 φ_0 为用户与地心连线和卫星与地心连线的夹角，用以代表某一个用户与其服务卫星的相对位置，根据参考文献[21]，φ_0 的最大值为

$$\varphi_{\max} = \text{arccot}\left(\frac{r_e}{\sqrt{r_h^2 + 2r_h r_e}}\right) \tag{2-46}$$

同时，φ_0 的 PDF 服从以下分布。

$$f_{\varphi_0}(\varphi) = \frac{N_s}{2}\sin\varphi\exp\left[-\frac{N_s}{2}(1-\cos\varphi)\right] \tag{2-47}$$

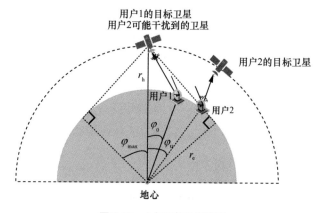

图 2-15　上行干扰几何模型

另一方面，设用户 u 与某一颗卫星（可能是非服务卫星）的相对角度为 φ_u，则 u 与这颗卫星的距离为

$$d(\varphi_u) = \sqrt{(r_e + r_h)^2 + r_e^2 - 2r_e(r_e + r_h)\cos\varphi_u} \tag{2-48}$$

考虑与服务卫星通信角度为 φ_0 的用户 u_0，其信号在服务卫星的 SINR 为

$$\text{SINR} = \frac{P_0\,|\,h_0\,|^2\,G_u^{\max}G_s^{\max}L\big(d(\varphi_0)\big)}{\sigma^2 + I_{\text{sat}}} \tag{2-49}$$

其中，P_0 为用户发射功率，$\sigma^2 = k_{\mathrm{B}} T B_{\mathrm{f}}$ 代表了卫星接收时存在的高斯噪声，k_{B} 为玻尔兹曼常数，T 为接收机温度。此时卫星受到的干扰 I_{sat} 为

$$I_{\mathrm{sat}} = \sum_{u \in \Phi_{\mathrm{U}}/u_0} P_0 \left| h_{\mathrm{u}} \right|^2 G_{\mathrm{u}}\left(\theta_{\mathrm{u}}\right) G_{\mathrm{s}}\left(\psi_{\mathrm{u}}\right) L\left(d\left(\varphi_{\mathrm{u}}\right)\right) \tag{2-50}$$

其中，Φ_{U} 为卫星可视范围内所有的用户集合，ψ_{u} 为用户 u 相对卫星天线的偏轴角。设 p_{a} 为用户可以与卫星通信的概率，其计算方法为

$$p_{\mathrm{a}} = p_{\mathrm{in}} p_{\mathrm{active}} \tag{2-51}$$

其中，p_{in} 代表用户至少被一颗卫星覆盖的概率，即其可视范围内至少有一颗卫星的概率，可根据卫星服从泊松点分布的性质得到，而 p_{active} 为用户可以被选择服务的概率。p_{in} 和 p_{active} 的计算方法如下

$$p_{\mathrm{in}} = 1 - \exp\left(-\lambda_{\mathrm{s}} 2\pi r^2 \left(1 - \cos\varphi_{\max}\right)\right) \tag{2-52}$$

$$p_{\mathrm{active}} = \min\left(1, \frac{N_{\mathrm{m}}}{E\left[N_{\mathrm{u}}\right]}\right) \tag{2-53}$$

其中，N_{u} 为选择同一颗卫星的用户数，可知其平均值 $E[N_{\mathrm{u}}]$ 为

$$E\left[N_{\mathrm{u}}\right] = \frac{\lambda_{\mathrm{u}}}{\lambda_{\mathrm{s}}} \left(\frac{r_{\mathrm{e}}}{r_{\mathrm{e}} + r_{\mathrm{h}}}\right)^2 \tag{2-54}$$

2.4.2.4　用户天线模型和性能分析

宽带卫星通信网络中卫星及用户天线多为定向天线，其增益与离轴角相关，因此需要对天线偏轴角的 PDF 进行推导。同时，为了得到遍历容量公式，需要对式（2-44）代表的中断概率表达式进行推导。为了进一步得到理论表达式，本节首先介绍 Alzer 定理[22]，以及天线偏轴角的 PDF 相关定理。

[定理 2-1]　（Alzer 定理）设 g 为一个伽马随机变量，其形状参数和尺度参数分别为 α、β，对于给定常数 $\kappa > 0$，概率 $P(g < \kappa)$ 满足下述约束

$$\begin{cases} P\left(g < \kappa\right) \leqslant \left[1 - \exp\left(-A\kappa\right)\right]^{\alpha}, & \alpha \leqslant 1 \\ P\left(g < \kappa\right) > \left[1 - \exp\left(-A\kappa\right)\right]^{\alpha}, & \alpha > 1 \end{cases} \tag{2-55}$$

其中，$A = (\alpha!)^{-\frac{1}{\alpha}} / \beta$，且当 $\alpha = 1$ 时等式关系成立。

[定理 2-2] 给定 φ_u 和 φ_0，卫星天线离轴角的 PDF 为

$$f_{\psi_u}(\psi \mid \varphi_u, \varphi_0) = \begin{cases} \dfrac{d(\varphi_u) d(\varphi_0) \sin \psi_u}{\pi \sqrt{1 - \Delta^2} r_e^2 \sin \varphi_u \sin \varphi_0}, & -1 \leqslant \Delta \leqslant 1 \\ 0, & \text{其他} \end{cases} \tag{2-56}$$

其中，

$$\Delta = \frac{2 r_e^2 (1 - \cos \varphi_u \cos \varphi_0) - \left(d^2(\varphi_u) + d^2(\varphi_0) - 2 d(\varphi_u) d(\varphi_0) \cos \psi_u \right)}{2 r_e^2 \sin \varphi_u \sin \varphi_0} \tag{2-57}$$

证明 为了得到概率密度函数，首先需要分析天线离轴角的累积分布函数（Cumulative Distribution Function，CDF），即

$$F_{\psi_u}(\psi \mid \varphi_u, \varphi_0) = \mathbb{P}\{\psi_u \leqslant \psi \mid \varphi_u, \varphi_0\} =$$
$$\mathbb{P}\left\{ \arccos\left(\frac{d^2(\varphi_u) + d^2(\varphi_0) - d^2(\varphi_u, \varphi_0)}{2 d(\varphi_u) d(\varphi_0)} \right) \leqslant \psi \mid \varphi_u, \varphi_0 \right\} \tag{2-58}$$

其中，$d(\varphi_u, \varphi_0)$ 为与同一颗卫星有相对角度 φ_u 和 φ_0 的两个用户的距离，可通过式（2-59）计算。

$$d(\varphi, \varphi_0) = \sqrt{2 r_e^2 (1 - \sin \varphi \sin \varphi_0 \cos \omega - \cos \varphi \cos \varphi_0)} \tag{2-59}$$

其中，ω 为服从均匀分布的变量 $\omega \sim U(0, 2\pi)$。然后，可进行如下推导

$$\mathbb{P}\{\psi_u \leqslant \psi \mid \varphi_u, \varphi_0\} =$$
$$\mathbb{P}\left\{ \frac{d^2(\varphi_u) + d^2(\varphi_0) - d^2(\varphi_u, \varphi_0)}{2 d(\varphi_u) d(\varphi_0)} \geqslant \cos \psi \mid \varphi_u, \varphi_0 \right\} = \tag{2-60}$$
$$\mathbb{P}\{\cos \omega \geqslant \Delta \mid \varphi_u, \varphi_0\}$$

其中，

$$\Delta = \frac{2 r_e^2 (1 - \cos \varphi_u \cos \varphi_0) - \left(d^2(\varphi_u) + d^2(\varphi_0) - 2 d(\varphi_u) d(\varphi_0) \cos \psi_u \right)}{2 r_e^2 \sin \varphi_u \sin \varphi_0} \tag{2-61}$$

考虑 Δ 的取值范围，可对 CDF 进一步推导得到

$$F_{\psi_u}\left(\psi \mid \varphi_u, \varphi_0\right) = \begin{cases} 0, & \Delta > 1 \\ \dfrac{\arccos(\Delta)}{\pi}, & -1 \leqslant \Delta \leqslant 1 \\ 1, & \Delta < -1 \end{cases} \qquad (2\text{-}62)$$

最后，卫星天线离轴角的 PDF 为

$$f_{\psi_u}\left(\psi \mid \varphi_u, \varphi_0\right) = \frac{\mathrm{d} F_{\psi_u}\left(\psi \mid \varphi_u, \varphi_0\right)}{\mathrm{d}\psi} = \begin{cases} \dfrac{d\left(\varphi_u\right) d\left(\varphi_0\right) \sin\psi}{\pi\sqrt{1-\Delta^2}\, r_e^2 \sin\varphi_u \sin\varphi_0}, & -1 \leqslant \Delta \leqslant 1 \\ 0, & \text{其他} \end{cases} \qquad (2\text{-}63)$$

证明结束。

[定理 2-3]　给定 φ_u 和 φ_0，用户天线离轴角的 PDF 为

$$f_{\theta_u}\left(\theta \mid \varphi_u, \varphi_0\right) = \int_{r_h}^{d(\varphi_u)} \frac{J(\Gamma)\, f_{l_c}\left(l \mid \varphi_u\right) d\left(\varphi_u\right) l \sin\theta}{\pi r \sqrt{1-\Gamma^2}\, r_o \sin\varphi_u}\, \mathrm{d}l \qquad (2\text{-}64)$$

其中，

$$J(\Gamma) = \begin{cases} 1, & -1 \leqslant \Gamma \leqslant 1 \\ 0, & \text{其他} \end{cases} \qquad (2\text{-}65)$$

$$r_v = \frac{r^2 - l^2 - r_e^2}{2 r_e}, \quad r_o = \sqrt{l^2 - r_v^2} \qquad (2\text{-}66)$$

$$\Gamma = \frac{1}{2 r_o r \sin\varphi_u}\Big[r_o^2 + \left(r_e + r_v\right)^2 + r^2 - l^2 - 2\left(r_e + r_v\right) r \cos\varphi_u - \\ \left(d^2\left(\varphi_u\right) - 2 d\left(\varphi_u\right) l \cos\theta\right)\Big] \qquad (2\text{-}67)$$

证明　为了得到 PDF，首先需要分析用户天线离轴角的 CDF，即

$$F_{\theta_u}\left(\theta \mid \varphi_u, \varphi_0\right) = \mathbb{P}\left\{\theta_u \leqslant \theta \mid \varphi_u, \varphi_0\right\} = \mathbb{P}\left\{\arccos\left(\frac{d^2\left(\varphi_u\right) + l_c^2 - l_s^2}{2 d\left(\varphi_u\right) l_c}\right) \leqslant \theta \mid \varphi_u\right\} = \\ \int_{r_h}^{d(\varphi_u)} \mathbb{P}\left\{\arccos\left(\frac{d^2\left(\varphi_u\right) + l_c^2 - l_s^2}{2 d\left(\varphi_u\right) l_c}\right) \leqslant \theta \mid \varphi_u, l\right\} f_{l_c}\left(l \mid \varphi_u\right) \mathrm{d}l + \mathbb{P}\left\{\theta_u = 0° \mid \varphi_u, \varphi_0\right\} \qquad (2\text{-}68)$$

其中，积分中第一项代表了用户产生星间干扰的概率，第二项为产生星内干扰的概率。由于 $\mathbb{P}\left\{\theta_u = 0° \mid \varphi_u, \varphi_0\right\}$ 独立于 θ，对式（2-68）求导得到的概率密度函数 $f_{\theta_u}\left(\theta \mid \varphi_u, \varphi_0\right)$ 只能代表星间干扰的情况。

在式（2-68）中，$l_c \in [r_h, d(\varphi_u))$ 代表用户 u 与其服务卫星 S_u 的距离，l_s 则是 S_u 与用户 u_0 的服务卫星 S_0 的距离。由卫星 BPP 分布的性质和最短距离选型准则，可以得到 l_c 的 CDF 为

$$F_{l_c}(l \mid \varphi_u) = 1 - \exp(-\lambda_s S_{top}) \qquad (2\text{-}69)$$

其中，

$$S_{top} = 2\pi r^2 (1 - \cos \varphi_u') \qquad (2\text{-}70)$$

$$\varphi_u' = \arccos\left(\frac{r^2 + r_e^2 - l^2}{2 r_e r}\right) \qquad (2\text{-}71)$$

所以，l_c 的 PDF 为

$$f_{l_c}(l) = \frac{\mathrm{d}F_{l_c}(l \mid \varphi_u)}{\mathrm{d}l} = \exp(-\lambda_s S_{top}) \frac{2\pi r \lambda_s l}{r_e} \qquad (2\text{-}72)$$

另一方面，对于 l_s 的计算，通过简单的坐标定义及运算可得到

$$l_s^2 = (r_e + r_v)^2 - 2(r_e + r_v) r \cos \varphi_u + r^2 + r_o^2 - 2 r_o r \sin \varphi_u \cos \eta \qquad (2\text{-}73)$$

其中，$\eta \sim \mathrm{U}(0, 2\pi)$，且

$$r_v = \frac{r^2 - l^2 - r_e^2}{2 r_e}, r_o = \sqrt{l^2 - r_v^2} \qquad (2\text{-}74)$$

将式（2-72）和式（2-73）代入式（2-68）可得到

$$\mathbb{P}\left\{\arccos\left(\frac{d^2(\varphi_u) + l^2 - l_s^2}{2 d(\varphi_u) l}\right) \leqslant \theta \mid \varphi_u, l\right\} = \mathbb{P}\left\{\frac{d^2(\varphi_u) + l^2 - l_s^2}{2 d(\varphi_u) l} \geqslant \cos\theta \mid \varphi_u, l\right\} =$$

$$\mathbb{P}\left\{\cos\eta \geqslant \Gamma \mid \varphi_u, l\right\} = \begin{cases} 0, & \Gamma > 1 \\ \dfrac{\arccos(\Gamma)}{\pi}, & -1 \leqslant \Gamma \leqslant 1 \\ 1, & \Gamma < -1 \end{cases} \qquad (2\text{-}75)$$

其中，

$$\Gamma = \frac{1}{2 r_o r \sin \varphi_u}\left[r_o^2 + (r_e + r_v)^2 + r^2 - l^2 - 2(r_e + r_v) r \cos \varphi_u - \left(d^2(\varphi_u) - 2 d(\varphi_u) l \cos\theta\right)\right]$$

$$(2\text{-}76)$$

综上所述，最终得到用户天线离轴角的 PDF 为

$$f_{\theta_u}\left(\theta\mid\varphi_u,\varphi_0\right)=\int_{r_h}^{d(\varphi_u)}\frac{J\left(\varGamma\right)f_{l_c}\left(l\mid\varphi_u\right)d\left(\varphi_u\right)l\sin\theta}{\pi r\sqrt{1-\varGamma^2}\,r_o\sin\varphi_u}\mathrm{d}l \tag{2-77}$$

其中，

$$J\left(\varGamma\right)=\begin{cases}1,&-1\leqslant\varGamma\leqslant1\\0,&其他\end{cases} \tag{2-78}$$

证明结束。

根据[定理 2-1]至[定理 2-3]，可得到如下关于 OP 和用户 EC 的定理。结果表明，用户 OP、用户 EC 与用户密度、卫星数量等系统参数相关。

[定理 2-4]　用户上行通信的中断概率为

$$P_{\mathrm{out}}\left(\tau\right)=\int_0^{\varphi_{\max}}f_{\varphi_0}\left(\varphi\right)\sum_{q=0}^{\infty}\binom{\alpha}{q}\left(-1\right)^q\exp\left(-s\sigma^2\right)\mathcal{L}\{I_{\mathrm{sat}}\}\left(s\right)\mathrm{d}\varphi \tag{2-79}$$

其中，

$$\begin{aligned}\mathcal{L}\{I_{\mathrm{sat}}\}\left(s\right)=\exp\Big\{&\epsilon\int_0^{\varphi_{\max}}\Big\{\int_0^\pi f_{\psi_u}\left(\psi\mid\varphi_u,\varphi_0\right)\times\\&\Big\{\int_0^\pi\Big[\left(1+sP_0G_u\left(\theta_u\mid\varphi_u,\varphi_0\right)G_s\left(\psi_u\mid\varphi_u,\varphi_0\right)L\left(d(\varphi_u)\right)\beta\right)^{-\alpha}-1\Big]f_{\theta_u}\left(\theta\mid\varphi_u,\varphi_0\right)\mathrm{d}\theta+\\&\Big[\left(1+sP_0G_u^{\max}G_s\left(\psi_u\mid\varphi_u,\varphi_0\right)L\left(d(\varphi_u)\right)\beta\right)^{-\alpha}-1\Big]\mathbb{P}\{\theta_u=0°\mid\varphi_u,\varphi_0\}\mathrm{d}\psi\Big\}\sin\varphi_u\mathrm{d}\varphi_u\end{aligned} \tag{2-80}$$

$$\epsilon=\frac{2\pi r_e^2 p_a\lambda_u}{F} \tag{2-81}$$

$$s=\frac{qA\tau}{P_0G_u^{\max}G_s^{\max}L\left(d(\varphi_i)\right)} \tag{2-82}$$

证明　对于用户 u_0 及其通信角度 φ_0，其中断概率为

$$P_{\mathrm{out}}\left(\tau,\varphi_0\right)=P\left(\mid h_0\mid^2<\frac{\tau\left(\sigma^2+I_{\mathrm{sat}}\right)}{P_0G_u^{\max}G_s^{\max}L\left(d(\varphi_0)\right)}\right) \tag{2-83}$$

根据[定理 2-1]，有

$$P_{\mathrm{out}}\left(\tau,\varphi_0\right)\approx\sum_{q=0}^{\infty}\binom{\alpha}{q}\left(-1\right)^q\exp\left(-s\sigma^2\right)\mathcal{L}\{I_{\mathrm{sat}}\}\left(s\right) \tag{2-84}$$

其中，

$$s = \frac{qA\tau}{P_0 G_u^{\max} G_s^{\max} L\left(d\left(\varphi_i\right)\right)} \tag{2-85}$$

拉普拉斯变换 $\mathcal{L}\{I_{\text{sat}}\}(s)$ 可通过下式计算

$$\mathcal{L}\left\{I_{\text{sat}}\right\}(s) = E_{I_{\text{sat}}^{\text{SIS}}}\left[\exp\left(-sI_{\text{sat}}\right)\right] =$$

$$E_{I_{\text{sat}}}\left[\prod_{u \in \Phi_U/u_0} \exp\left(-sP_0 \mid h_u \mid^2 G_u\left(\theta_u \mid \varphi_u, \varphi_0\right) G_s\left(\psi_u \mid \varphi_u, \varphi_0\right) L\left(d\left(\varphi_u\right)\right)\right)\right] \overset{\text{a}}{=}$$

$$\exp\left\{\epsilon \int_0^{\varphi_{\max}}\left[\exp\left(-sP_0 \mid h_u \mid^2 G_u\left(\theta_u \mid \varphi_u, \varphi_0\right) G_s\left(\psi_u \mid \varphi_u, \varphi_0\right) L\left(d\left(\varphi_u\right)\right)\right) - 1\right] \sin\varphi_u \mathrm{d}\varphi_u\right\} \overset{\text{b}}{=}$$

$$\exp\left\{\epsilon \int_0^{\varphi_{\max}}\left[\left(1 + sP_0 G_u\left(\theta_u \mid \varphi_u, \varphi_0\right) G_s\left(\psi_u \mid \varphi_u, \varphi_0\right) L\left(d\left(\varphi_u\right)\right)\beta\right)^{-\alpha} - 1\right] \sin\varphi_u \mathrm{d}\varphi_u\right\} \tag{2-86}$$

其中步骤 a 使用了 Campbell 定理[23]，步骤 b 利用了伽马变量的矩生成函数（Moment Generating Function，MGF），且

$$\epsilon = \frac{2\pi r_e^2 p_a \lambda_u}{F} \tag{2-87}$$

之后，根据[定理 2-2]和[定理 2-3]推导可得到

$$\mathcal{L}\left\{I_{\text{sat}}\right\}(s) = \exp\left\{\epsilon \int_0^{\varphi_{\max}}\left\{\int_0^{\pi} f_{\psi_u}\left(\psi \mid \varphi_u, \varphi_0\right) \times\right.\right.$$

$$\left\{\int_0^{\pi}\left[\left(1 + sP_0 G_u\left(\theta_u \mid \varphi_u, \varphi_0\right) G_s\left(\psi_u \mid \varphi_u, \varphi_0\right) L\left(d\left(\varphi_u\right)\right)\beta\right)^{-\alpha} - 1\right] f_{\theta_u}\left(\theta \mid \varphi_u, \varphi_0\right)\mathrm{d}\theta +\right. \tag{2-88}$$

$$\left.\left.\left[\left(1 + sP_0 G_u^{\max} G_s\left(\psi_u \mid \varphi_u, \varphi_0\right) L\left(d\left(\varphi_u\right)\right)\beta\right)^{-\alpha} - 1\right] \mathbb{P}\left\{\theta_u = 0° \mid \varphi_u, \varphi_0\right\}\right\}\mathrm{d}\psi\right\} \sin\varphi_u \mathrm{d}\varphi_u\right\}$$

上式中，$f_{\psi_u}\left(\psi \mid \varphi_u, \varphi_0\right)$ 和 $f_{\theta_u}\left(\theta \mid \varphi_u, \varphi_0\right)$ 分别代表卫星天线离轴角和用户天线离轴角的 PDF。此外，$\mathbb{P}\{\theta_u = 0° \mid \varphi_u, \varphi_0\}$ 代表了用户产生星内干扰的概率，此时用户 u 与用户 u_0 选择同一颗卫星 s_0 作为服务卫星，根据最短距离选星原则，s_0 距离 u 最近，即 u 与 s_0 的连线绕 u 与地心的轴转动所形成的锥形在卫星球面形成的区域 $\varXi_u$ 没有卫星，$\varXi_u$ 的面积为

$$|\varXi_u| = 2\pi r^2(1 - \cos\varphi_u) \tag{2-89}$$

因此，由 PPP 模型性质，$\mathbb{P}\{\theta_u = 0° \mid \varphi_u, \varphi_0\}$ 可表示为

$$\mathbb{P}\{\theta_{\mathrm{u}}=0°\mid\varphi_{\mathrm{u}},\varphi_{0}\}=\exp(-\lambda|\varXi_{\mathrm{u}}|)=\exp(-\lambda_{\mathrm{s}}2\pi r^{2}(1-\cos\varphi_{\mathrm{u}})) \qquad （2-90）$$

最后，对 φ_{0} 积分可得到平均意义下的中断概率为

$$P_{\mathrm{out}}(\tau)=\int_{0}^{\varphi_{\max}}f_{\varphi_{0}}(\varphi)P_{\mathrm{out}}(\tau,\varphi)\mathrm{d}\varphi \qquad （2-91）$$

综上，将式（2-84）、式（2-86）以及式（2-88）代入式（2-91）即可证明。

将[定理 2-4]的结果代入式（2-45）可得到如下关于 EC 的定理。

[定理 2-5] 用户上行遍历容量为

$$R_{\mathrm{u}}=B_{f}\mathrm{lb}(\mathrm{e})\int_{0}^{\infty}\frac{1}{\tau+1}\left\{1-\int_{0}^{\varphi_{\max}}f_{\varphi_{0}}(\varphi)\sum_{q=0}^{\infty}\binom{\alpha}{q}(-1)^{q}\exp(-s\sigma^{2})\mathcal{L}\{I_{\mathrm{sat}}\}(s)\mathrm{d}\varphi\right\}\mathrm{d}\tau \qquad （2-92）$$

通过上述对于实际系统的上行通信性能推导公式，可以看出 OP、EC 与 SEC 和用户规模密度、卫星数量等系统参数密切相关，具体趋势需通过仿真验证。

2.4.2.5 仿真结果与讨论

仿真中通信频点为 12.75 GHz，并通过 PPP 模型生成用户及卫星分布。仿真中所使用的参数见表 2-2。

表 2-2 仿真参数

符号	参数	取值
r_{e}	地球半径	6 371 km
r_{h}	卫星轨道高度	1 200 km
$G_{\mathrm{u}}^{\max}$	用户发射天线的最大增益	35.6 dBi
P_{0}	用户发射功率	5 W
$G_{\mathrm{s}}^{\max}$	卫星接收天线的最大增益	37.2 dBi
ψ_{b}	卫星接收天线半功率波束张角	2°
T	卫星接收机温度	300 K
B_{t}	系统总带宽	500 MHz
F	频率复用系数	4
N_{m}	每颗卫星最大可服务用户数	100

首先仿真分析系统的 OP，如图 2-16 至图 2-18 所示。从图中可以看出，理论分析结果与实际仿真结果很好地拟合，验证了分析的正确性。具体而言，图 2-16 表明，OP 随着 SINR 门限的增高而增大，并且用户规模密度增大，使得干扰用户数增大，进而导致 OP 增加。图 2-17 对比了不同星座规模下的 OP 随 SINR 门限的变化情况，其中，用户规模通过用户规模密度表示。类似地，OP 仍随门限的上升而增大，而随着星座规模增加，卫星服务的用户数量增加，OP 呈现增长的趋势。进一步，图 2-18 所示为不同星座规模下 OP 随用户规模变化情况，此时的 SINR 门限为 20 dB。从图中可得知，在星座规模为 100 时，随着用户规模密度的上升，OP 均呈现上升趋势，由于每颗卫星可服务的最大用户数目有限，干扰不会持续大幅度增加，OP 最终呈现稳定状态。由于星座规模较小，用户带来的干扰有限，OP 不会增长到 1。当星座规模继续上升至 1 000 和 10 000 时，由于用户规模密度的不断上升，干扰强度不断增加，OP 呈现持续增长的态势，直至 OP 为 1，即完全中断。

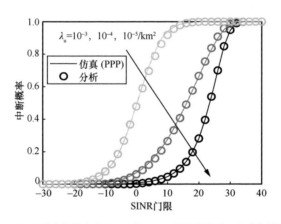

图 2-16　不同用户规模密度下 OP 与 SINR 门限的关系，星座规模为 10^4

基于上述分析，以及式（2-45）OP 与遍历容量（EC）的关系，可获得用户遍历容量与用户规模的关系，如图 2-19 所示。图中曲线由深到浅分别对应星座规模为 100、1 000 和 10 000 时的结果。值得注意的是，在用户规模较小时，如图 2-18 中用户规模密度为 10^{-5} 个/km^2 时，随着星座规模密度的增加，用户 EC 增大。这是由于用户与卫星通信距离变短，有用信号强度增大。而当用户规模较大时，星座规模的增加使得卫星服务用户总数持续增加，星座内部干扰不断上升，导致 EC 持续下降。

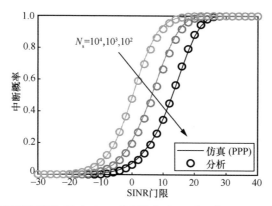

图 2-17　不同星座规模下 OP 与 SINR 门限的关系，用户规模密度为 10^{-3}（个·km^{-2}）

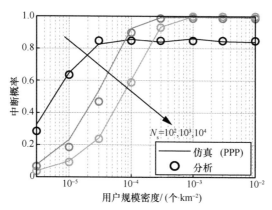

图 2-18　不同星座规模下 OP 与用户规模密度的关系，SINR 门限为 20 dB

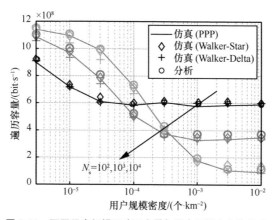

图 2-19　不同星座规模下遍历容量与用户规模密度的关系

图 2-20 给出了不同星座规模下星座和遍历容量与用户规模密度的关系。这里，定义和遍历容量为星座服务所有用户的遍历容量之和。在不同星座规模的情况下，和遍历容量呈现先增加后平稳的趋势。具体而言，在用户规模开始增长时，星座服务用户数增多，和遍历容量随之增加；而后由于星座服务用户数有限，单用户遍历容量逐渐平稳，星座和遍历容量呈现平稳态势。可以看到，星座规模从 1 000 增长到 10 000 时，与星座规模从 100 增长到 1 000 相比，和遍历容量的增长幅度降低，这是由于随着星座规模增长，接入用户数增长带来的用户间干扰，导致容量损失。仿真中，除了采用 PPP 模型生成星座模型外，还采用两种实际星座构型，即 Walker-Star（倾角 87°）和 Walker-Delta（倾角 53°）。实际星座的轨道面、每个轨道面卫星都为均匀分布，每个轨道面卫星数量相同，且轨道面数量为每个轨道面上卫星数量的一半。仿真结果显示，PPP 模型可以较好地拟合实际星座，可以从理论上表征实际星座性能。

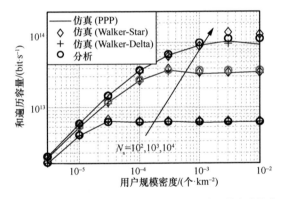

图 2-20 不同星座规模下星座和遍历容量与用户规模密度的关系

| 2.5 本章小结 |

本章介绍了卫星通信网络设计评估的理论分析方法。首先，阐述随机几何的基本概念，以及常用的卫星通信网络系统模型、用户分布模型、信道模型和卫星通信网络链路特征等基础知识，重点分析了卫星广域业务时空非均匀分布的特性，介绍了结合服务效益和服务代价的卫星通信网络评估准则，并基于随机几何的分析方法研究了业务非均匀分布条件下卫星通信网络效率与卫星覆盖跨度的关系。研究表明，卫星通信网络效率随覆盖跨度增长而增长，并且随业务强度的增长而增长。需要针对运营商目标用户的业务特征，合理设计高效益代价比的卫星通信网络。之后，基于随机几何的分析方法研究了大规模卫星星座的上行链路容量与用户规模和星座规模的关系。研究表明，上行链路遍历容量与星座规模并非呈现简单的线性增长关系，而是受到了用户规模、单星服务能力、卫星和用户天线方向性等诸多因素的影响，在卫星通信网络的设计建设过程中需要综合考虑各因素对网络性能的影响。

本章所阐述的基于随机几何的卫星通信网络性能分析方法可用于后续对卫星通信网络的理论分析，针对不同需求设计和优化卫星通信网络架构。针对多样化星座构型和动态点波束的卫星通信网络系统模型，以及时空非均匀分布的用户业务模型的研究仍待深入探讨。总的来说，关于卫星通信网络性能分析的理论研究仍处于起步阶段，亟待进一步开展。

｜ 参考文献 ｜

[1] LEE H W, JAKOB P C, HO K, et al. Optimization of satellite constellation deployment strategy considering uncertain areas of interest[J]. Acta Astronautica, 2018, 153: 213-228.

[2] HAENGG M. Stochastic geometry for wireless networks[M]. London: Cambridge University Press, 2013.

[3] OKATI N, RIIHONEN T, KORPI D, et al. Downlink coverage and rate analysis of low Earth orbit satellite constellations using stochastic geometry[J]. IEEE Transactions on Communications, 2020, 68(8): 5120-5134.

[4] SHARMA S K, CHATZINOTAS S, ARAPOGLOU P D. Satellite communications in the 5G era[M]. London: IET, 2018.

[5] VIASAT. Satellite markets and technology trends-high throughput satellites[EB].

[6] DEL PORTILLO I, CAMERON B G, CRAWLEY E F. A technical comparison of three low earth orbit satellite constellation systems to provide global broadband[J]. Acta Astronautica, 2019, 159: 123-135.

[7] VIASAT. Viasat NTIA spectrum strategy comments[EB].

[8] BACCOUR E, ERBAD A, BILAL K, et al. FacebookVideoLive18: a live video streaming data-set for streams metadata and online viewers locations[C]//2020 IEEE International Conference on Informatics, IoT, and Enabling Technologies (ICIoT). Piscataway IEEE Press, 2020, 476-483.

[9] GOMEZ-URIBE C, HUNT N. The Netflix recommender system: algorithms, business value, and innovation[J]. ACM Transactions on Management Information Systems, 2016, 6(4): 1-19.

[10] WIDE. Agurim[EB].

[11] OKATI N, RIIHONEN T. Nonhomogeneous stochastic geometry analysis of massive LEO communication constellations[J]. IEEE Transactions on Communications, 2022, 70(3): 1848-1860.

[12] NA D H, PARK K H, KO Y C, et al. Performance analysis of satellite communication systems with randomly located ground users[J]. IEEE Transactions on Wireless Communications, 2022, 21(1): 621-634.

[13] JUNG D H, RYU J G, BYUN W J, et al. Performance analysis of satellite communication system under the shadowed-rician fading: a stochastic geometry approach[J]. IEEE Transactions on Communications, 2022, 70(4): 2707-2721.

[14] YE J, PAN G, ALOUINI M S. Earth rotation-aware non-stationary satellite communication systems: modeling and analysis[J]. IEEE Transactions on Wireless Communications, 2021, 20(9): 5942-5956.

[15] JIA H, NI Z, JIANG C, et al. Uplink interference and performance analysis for megasatellite constellation[J]. IEEE Internet of Things Journal, 2022, 9(6): 4318-4329.

[16] International Telecommunication Union. Reference radiation pattern of earth station antennas in the fixed-satellite service for use in coordination and interference assessment in the frequency range from 2 to 31 GHz: ITU-R S.465[R]. Geneva: ITU, 2010.

[17] KUMAR S. Approximate outage probability and capacity for κ-μ shadowed fading[J]. IEEE Wireless Communications Letters, 2015, 4(3): 301-304.

[18] International Telecommunication Union. Satellite antenna radiation patterns for non-geostationary orbit satellite antennas operating in the fixed-satellite service below 30 GHz: ITU-R S.1528[R]. Geneva: ITU, 2001.

[19] KOLAWOLE O Y, VUPPALA S, SELLATHURAI M, et al. On the performance of cognitive satellite-terrestrial networks[J]. IEEE Transactions on Cognitive Communications and Networking, 2017, 3(4): 668-683.

[20] ZHANG C, JIN J, ZHANG H, et al. Spectral coexistence between LEO and GEO satellites by optimizing direction normal of phased array antennas[J]. China communications, 2018, 15(6): 18-27.

[21] AL-HOURANI A. An analytic approach for modeling the coverage performance of dense satellite networks[J]. IEEE Wireless Communications Letters, 2021, 10(4): 897-901.

[22] ALZER H. On some inequalities for the incomplete gamma function[J]. Mathematics of Computation, 1997, 66(218): 771-778.

[23] HAENGGI M. Stochastic geometry for wireless networks[M]. London: Cambridge University Press, 2012.

第 3 章

按需覆盖星座设计方法与效能分析

卫星通信星座由多颗卫星组成，为全球或重点区域提供持续服务。以铱星为代表的传统卫星通信星座受限于成本等因素，在星座设计时主要关注覆盖效率的优化。随着卫星制造和发射成本的降低，具备多重覆盖、波束动态指向新特征的宽带卫星通信星座将成为新一代卫星通信网络的发展趋势。

本章首先回顾卫星通信星座发展历程，通过星座设计的主要考虑因素、星座构型与覆盖特性的关系梳理，阐述当前大规模星座设计中多重覆盖等新特征。在此基础上，提出科学利用频轨资源的泛同步轨道新理念，以及基于该理念的按需多重覆盖星座设计方法，并给出设计实例。同时，以几种典型星座为例，分析多重覆盖效能及用户视角下的覆盖特性。

| 3.1　引言 |

　　1945 年，Arthur C. Clarke 第一次提出卫星星座的概念：在同步轨道上等间隔放置 3 颗卫星，可以实现除两极以外的全球覆盖。20 世纪 90 年代，以 Iridium 等为代表的通信星座计划逐渐兴起，通过服务区拼接、接续服务的形式，形成全球一重覆盖，满足全球任意位置、任意时刻的窄带通信需求[1]。近年来，卫星制造和发射的成本大幅降低，互联网宽带接入需求快速增长，为新兴卫星通信网络运营商构造如 Starlink、OneWeb 和 Kuiper 等大规模 NGSO 宽带卫星星座带来新的发展机遇[2-3]。

　　当前，大规模 NGSO 宽带卫星星座系统架构在"拼接式""接续式"的一重覆盖思路基础上有了新的发展。一般而言，宽带通信卫星借助点波束来实现高增益和高速率，低轨道卫星轨道高度低，其点波束可服务的区域仅几十公里。如果延续"拼接式"一重覆盖的思路，单颗卫星需要几十到上百个点波束填满卫星对地可视区域，并将相邻卫星对地可视区域拼接起来，才能实现连续时间覆盖。如 OneWeb 初始星座设计即采用这一思路。但是，Starlink 系统采取了卫星数量多、单颗卫星点波束少但动态灵活指向的新架构。从地面用户视角看，在天顶方向同时可见多颗卫星，但一个时刻只有其中一颗卫星的一个点波束为该用户提供服务，多颗卫星接力保证时间上的连续性。

再通过不断扩大的卫星规模填补用户和业务容量的增长，从而实现渐进的全球无缝覆盖。其核心思路是将卫星波束匹配到有用户的地面小区，而非将卫星可视区匹配到地球表面，通过提高卫星资源的可调配性，以有限波束为有限的用户提供灵活服务。

Starlink 系统这种创新的多重覆盖方式是按需服务的一个典型代表。当系统服务用户规模较小时，用户体验良好（见第 2 章），且能够较好地解决对 GSO 卫星频率干扰等问题（相关研究可参考第 4 章和第 5 章），在抢占频率轨道资源优先使用权上具有优势。Starlink 系统向 ITU 报送的卫星网络资料先后涵盖了卫星通信业务可用的大部分频段资源（Ku/Ka/Q/V/E 频段等）[4]。频率是卫星通信网络不可再生的基础资源，在 ITU 现有先占先得的协调规则下，后发国家和运营商难以获得发展空间。

Starlink 巨型规模卫星通信系统的建设依赖于 SpaceX 公司强大且极低成本的发射能力，依赖于强大的地面光纤网络降低空间组网的复杂度，也依赖于用户规模的快速增长（同时也是限制网络服务质量的双刃剑）。对于后发国家和运营商，跟随 Starlink 发展模式难有超越的可能，如果不能从创新起点和创新速度上突破 Starlink 的现有局面，可持续生存能力和发展也必然受限。

考虑频谱资源和地面网络资源的可获得性、网络服务质量、可持续发展等因素，作者所在科研团队提出了重点区域按需覆盖的星座设计方法[5-6]。核心思想是基于陆建华院士所提泛同步轨道理念，以科学利用空间频轨资源为目标，将一组卫星视为一个基础覆盖结构，形成对重点区域的按需服务，之后通过基础结构的叠加形成多重覆盖和灵活服务。不同于 Starlink 系统将卫星视为基本单位进行填隙，泛同步轨道按需覆盖方法构造卫星通信网络的基础结构，并以基础结构为基本单位实现渐进发展。其思路类似于以生物大分子作为基础物质构成生命。这种结构化的演进思路有助于降低系统整体复杂度，有助于空间资源的科学合理利用，更有助于多运营商卫星通信网络的共享、共建和可持续发展。

本章首先回顾卫星通信网络的发展历程，探讨当前大规模星座的主要特点。之后，讨论传统星座和当前大规模星座设计时重点考虑的因素，并以 Walker 星座为例介绍典型星座设计的构型参数，以 Starlink 系统为例分析大规模星座不同于传统星座的多重覆盖新特征。基于泛同步轨道理念，介绍作者所在的科研团队提出的重点区域按需覆盖星座设计方法。最后，对几种典型星座的覆盖效能进行对比评估。

|3.2 现有卫星通信网络特点与需求 |

人类对卫星通信的需求最初主要集中于语音、话报等窄带通信业务。服务于窄带通信业务的典型卫星通信系统包括 Inmarsat、舒拉亚（Thuraya）等 GSO 卫星和 Iridium、全球星（GlobalStar）等小规模 NGSO 低轨星座。随着宽带互联网接入需求的快速增长，GSO 宽带高通量卫星和 NGSO 宽带星座成为发展新趋势。以可承受的代价提高宽带通信服务能力，是新一代卫星通信系统按需覆盖的驱动力。

3.2.1 典型的卫星通信网络

GSO 卫星通信系统卫星与地面相对静止，运行维护相对容易，是最早实现应用、发展时间最长、技术最为成熟的卫星通信网络。UCS 公布的卫星数据库显示，截至 2022 年 1 月 1 日，在轨的 GSO 卫星数量达到了 574 颗[1]。按照 2021 年运营收入统计，前十卫星通信网络运营商见表 3-1。

表 3-1 全球前十卫星通信网络运营商

卫星运营商	所属国家	2021 年收入/亿美元	2020 年收入/亿美元
Viasat[7]	美国	22.5	23.1
Intelsat[8]	卢森堡	20.5	19.1
SES[9]	卢森堡	20.2	21.4
EchoStar[10]	美国	19.9	18.8
Eutelsat[11]	法国	14.1	14.5
Inmarsat[12]	英国	13.5	11.4
Iridium[13]	美国	6.14	5.83
Telesat[14]	加拿大	5.80	6.12
Sky Perfect Jsat[15]	日本	4.70	5.45
China Satcom[16]	中国	4.18	4.37

表 3-1 所列卫星通信运营商（除 Iridium）运营的主要是 GSO 卫星通信网络。近年来，为了应对市场的不确定性和 NGSO 卫星通信系统的冲击，特别是应对以

SpaceX 的 Starlink 系统为代表的新型宽带互联网接入星座系统所带来的颠覆性变化，各大卫星运营商积极整合空间资源，试图保持领先地位。其中，以 2021 年 11 月 Viasat 对 Inmarsat 的并购最为典型，通过并购，Viasat 扩大了其在频率轨位资源、用户分销渠道、先进技术架构上的领先优势。

得益于宽带互联网接入需求的快速增长，非传统的新兴科技公司纷纷涉足卫星通信网络运营领域。这些非传统的后来者将目光投向入轨代价更低、技术更迭更快的 NGSO 卫星通信系统。2008 年，谷歌（Google）公司投资新兴卫星通信网络"另外 30 亿"（O3b）项目，初期服务对象主要为中低纬度地面运营商用户。O3b 系统设计了巧妙的频率共存策略，其星座轨道为 0° 倾角、8 062 km 高的中轨轨道，在众多 GSO 卫星通信系统的"夹缝"中找到发展空间。2016 年，O3b 系统被 SES 公司以 10 亿美元的价格收购，启动了下一代非静止轨道星座 mPOWER 计划[17]，并向个人宽带互联网接入市场拓展。2010 年以来，OneWeb 公司、SpaceX 公司、Amazon 公司等面向宽带互联网接入市场，陆续提出宽带 NGSO 卫星互联网星座计划，包括 OneWeb 星座、Starlink 计划、Kuiper 星座，其中，Starlink 和 OneWeb 计划均已进入了密集部署阶段。

表 3-2 汇总了截至 2022 年 2 月，全球主要卫星通信网络建设情况[18]。

表 3-2　全球主要卫星通信网络建设情况

卫星运营商	卫星通信网络	卫星类型	部署建设情况	轨道特征
InmarSat（2021 年被 Viasat 收购）	Marisat 系列、MARECS 系列、Inmarsat-2/3/4/5/S/6 系列等	GSO	• Marisat 系列于 1976 年建成，2004 年转移至 InmarSat 名下，2008 年退役 • MARECS 系列（1981—1984 年） • Inmarsat-2 系列（1990—1992 年） • Inmarsat-3 系列（1996—1998 年） • Inmarsat-4 系列（2005—2013 年） • Inmarsat-5 系列（2013—2019 年） • Inmarsat-6（2021 年）	典型轨位：39°E、11°E、56.5°E、179.6°E 等
Intelsat	Intelsat 系列、Galaxy 系列、Horizons 系列等	GSO	• Intelsat 系列卫星： ① 第 1~4 代（1965—1978 年）； ② 第 5~6 代（1980—1991 年）； ③ 第 7~10 代（1993—2004 年）； ④ 更名 PanAmSat 星座阶段（1994—2007 年）；	近期卫星轨位：169°E（Horizons-3e）、125°W（Galaxy 30）、62°E（Intelsat 39）等

（续表）

卫星运营商	卫星通信网络	卫星类型	部署建设情况	轨道特征
Intelsat	Intelsat 系列、Galaxy 系列、Horizons 系列等	GSO	⑤ 近期发展阶段（2009 年至今） • 其他系列： ① Galaxy（1992—2008 年） ② Horizons（2003 年至今） ③ Intelsat APR（1998—1999 年） ④ Intelsat K（1992 年） ⑤ Miscellaneous（1976 年） • 当前 41 颗卫星在轨工作	近期卫星轨位：169°E（Horizons-3e）、125°W（Galaxy 30）、62°E（Intelsat 39）等
Eutelsat	Eutelsat 系列、HOT BIRD 系列、Express、AT1/AT2（租用）SESAT 2（租用）等	GSO	• 1983 年起发射卫星 • 当前在轨工作卫星 34 颗 • 租用卫星 6 颗 • 已退役卫星 21 颗	133°W～174°E 等
SES	AMC 系列、Astra 系列、NSS 系列、SES 系列等	GSO	• AMC 系列最初由 GE Americom 运营，2001 年被 SES Global 收购 • Astra 有 11 颗完全运行的卫星和 7 颗作为备用卫星的卫星 • 于 2005 年收购 NSS 系列卫星 • SES 系列从 2010 年开始发射，共 17 颗卫星	典型 GSO 轨位：19.2°E、28.2°E、23.5°E、5°E 和 31.5°E 等
	O3b 系列	NGSO	• 第一代：2013—2019 年，共 20 颗 • 第二代（mPOWER）：预计 2022 年开始发射，已预定 11 颗卫星 • O3b 公司于 2016 年成为 SES 子公司，在轨约 20 颗	NGSO 轨道高度：8 062 km（赤道轨道和倾斜轨道）
Viasat	Viasat-1 卫星、WildBlue1 卫星、Viasat-2 卫星等	GSO	• Viasat-1 于 2011 年发射，覆盖美国和加拿大 • WildBlue1 于 2006 年发射 • Viasat-2 于 2017 年发射，覆盖墨西哥、中美洲、南美洲北部等地区	115.1°W、69.9°W 等
Telesat	Anik 系列、Nimiq 系列、Telstar 系列等	GSO NGSO	• 创立于 1969 年，1972 年发射首星 Anik A1 • 2016 年，Telesat 宣布 NGSO 星座计划（第一阶段 117 颗卫星、第二阶段 198 颗卫星、第三阶段 298 颗卫星、第四阶段 518 颗卫星）	NGSO 星座轨道高度：1 000～1 248 km（极轨道和倾斜轨道） 典型 GSO 轨位：72.7°W、82°W 等

（续表）

卫星运营商	卫星通信网络	卫星类型	部署建设情况	轨道特征
Iridium	Iridium-NEXT	NGSO	主用星：66 颗 备用星：15 颗	780 km（极轨道）
SpaceX	Starlink	NGSO	• 第一代第一阶段：4 408 星 • 第一代第二阶段：7 518 星 • 第二代：约 30 000 星 在轨卫星数量：2 335 颗（截至 2022 年 2 月）	540～570 km（极轨道和倾斜轨道） 335.9～345.6 km（倾斜轨道） 328～580 km（极轨道和倾斜轨道）
OneWeb	OneWeb	NGSO	初期 720 颗卫星，申请约 48 000 颗卫星，另提交 32.7 万颗卫星 在轨卫星约 428 颗卫星（截至 2022 年 2 月）	1200 km（极轨道）
Amazon	Kuiper	NGSO	获批 3 236 颗卫星，拟扩展至约 7 700 颗卫星 计划 2022 年发射首星	590～630 km（倾斜轨道）

3.2.2　特点与按需覆盖需求

与传统卫星通信网络相比，新兴的宽带卫星通信网络具有以下特点。

• 大规模、快部署。Starlink、OneWeb 等宽带卫星通信网络均计划发射大量卫星，构建数千颗、甚至数万颗规模的"巨型星座"，特别是 Starlink 卫星通信网络，突破了批量化卫星生产技术和可回收火箭技术，以每月超过 60 颗的速度快速部署，抢占先发优势。

• 大带宽、高频段。当前，Ku、Ka 频段成为了宽带卫星通信网络业务频率争夺的"主战场"，各卫星通信网络均申报了 Ku、Ka 频段作为业务频段，以满足大带宽高速率数据接入需求。此外，各运营商均在加速开发面向更高频段的通信技术。虽然 Q、V 等频段受大气衰减影响较大，但也被广泛申报作为资源储备。

• 多覆盖、多冗余。Iridium、GlobalStar 等传统星座系统采用"拼接式"覆盖、星地接入相对关系较为确定，而新兴宽带卫星通信网络每个用户站可视多颗卫星，呈现"多重覆盖"的新特征。

上述特点虽然有共性，但涉及不同卫星通信网络，其服务模式不尽相同，这也将对卫星通信网络的未来前景产生决定性的影响。如 Starlink 和 OneWeb 采取了不同的覆盖方式，Starlink 采用星载相控阵点波束，通过点波束匹配用户所在区域而非匹配服务区，OneWeb 采用星载缝隙阵列固定波束，通过固定波束的条带拼接匹配服务区。Starlink 星载相控阵相比于 OneWeb 星载缝隙阵列可能付出较高的成本，但通过匹配用户可以获得更高的经济收益。从发展看，通过匹配所服务的用户业务特征，按需提供服务，可提高网络服务的效费比，已成为降低运营商网络建设和运营成本的关键手段。

| 3.3 星座构型与覆盖特性 |

卫星星座由多颗卫星按照一定的构型组成，通常形成较大的覆盖区域，具备对全球或重点服务区域的持续性或周期性服务能力。本节首先介绍星座构型设计时需要考虑的主要因素，以 Walker 星座为例介绍星座构型的基本参数和覆盖特性，以 Starlink 系统为例分析其特点，指出其多重覆盖、波束动态指向的新特征。

3.3.1 星座构型设计考虑因素

星座的构型设计主要是对星座的几何构型参数的优化和确定，是星座任务首要且关键的一环，构型设计的质量直接影响星座的性能指标和建设成本，需要综合衡量多方面要素做出取舍。传统卫星星座构型设计需要考虑的因素主要包括以下几个方面。

① 星座的业务特性。不同类型的业务对星座的构型参数有不同的要求，例如，导航卫星星座构型需要针对目标服务区域设计好的精度衰减因子（Dilution of Precision，DOP）；固定监测星座需要星座构型与地面相对关系稳定，多采用地球同步轨道或大椭圆轨道；部分观测型的任务需要星座构型具有较稳定的太阳入射条件，多采用太阳同步轨道。

② 星座的规模、成本与卫星功耗控制。传统星座设计中，卫星的建造和发射成本是制约星座规模的关键因素，因此，传统星座构型设计往往通过最少的卫星数量实现特定的航天任务。此外，由于星上能量有限，卫星载荷功耗的限制也是需要考虑的关键因素。

③ 对全球或指定区域的覆盖特性。相比于单星，星座的突出优势在于可以通过卫星的接续服务，实现服务区域周期性/持续覆盖，显著增加对地面区域的服务时长。因此，传统星座设计常着眼于最优覆盖效率[19]，评价指标单一。

④ 星座的组网方式和工作方法。星座存在多种星地、星间组网方式，组网时通常尽量减小信号传输距离和中继卫星数量，以获得更小的通信时延。对于地面接入设备而言，可通过最长接入时长、最高仰角等策略接入星座，具体的接入策略也会影响星座构型的设计。

得益于目前卫星建造和发射成本的大幅降低，大规模星座成为可能。星座构型设计开始关注很多新的因素，主要包括以下几个方面。

① 广域多重覆盖特性。多重覆盖是指多颗卫星可以同时覆盖同一地面位置。此时，地面设备可以选择链路质量较好的卫星接入，在地面配有多接入设备时也可同时接入多颗卫星，显著提升系统容量[20]。此外，多重覆盖提升了系统容量裕度和备选路径，是实现卫星分集的基础，有助于提升系统的弹性、稳定性和抗干扰能力。

② 动态点波束应用。虽然大规模星座在卫星可视性的意义上形成了多重覆盖，但这并不意味着多颗卫星会重叠服务地面所有可视区域。大规模星座对地服务模式与设计成本、复杂度和干扰有密切关系。如 Starlink 等星座采用可动态调整指向的点波束，波束覆盖范围远小于卫星可视区域，通过灵活调配点波束的指向，动态匹配地面用户所在区域，从而将卫星有限的通信资源集中服务活跃用户，提升了资源利用效率和系统的灵活性。

③ 地面用户高仰角接入需求。仰角高的星地链路可有效缓解卫星通信中常见的多径与遮蔽问题，大幅提高通信质量。高仰角接入还可显著规避对 GSO 卫星的干扰、减少高频段严重的低仰角大气衰减。

④ 频率轨道资源的获取与利用。频率资源一直以来都是极其宝贵的基础战略资源。随着各类航天器、空间垃圾增多，轨道资源也愈发宝贵。通过星座构型设计，合理、高效地利用频率轨道资源，使星座系统与其他空间、地面系统兼容共存、协同服务，已成为星座设计时考虑的关键因素之一。

⑤ 星座的部署与更新迭代。大规模星座往往包含成百上千甚至上万颗卫星，即使采用一箭多星的方式，也需要较长时间才能完成整体部署。因此，星座快速部署、快

速形成服务能力是星座设计需要考虑的因素。此外，大规模星座卫星对成本极其敏感，需要更加精准的寿命设计与合理的卫星更迭方案才能保证星座规模的长久稳定。

3.3.2　常见星座构型及参数

当前在轨或计划中的卫星星座，大多数采用 Walker 星座构型设计方案。Walker 星座构型设计方案由英国人 Walker J. G.于 20 世纪 70 年代提出，其具有良好的全球覆盖特性[21-22]。Walker 星座采用 5 个参数描述：$N/P/F/h/i$[22]。其中，N 代表星座卫星总数，P 代表星座的轨道面数量，F 为相位因子，h 为卫星的轨道高度，i 为卫星倾角。通过上述参数，即可完全确定 Walker 星座基本构型。

Walker 星座具体又可细分为 δ 星座、星形星座等。δ 星座与星形星座的区别在于：δ 星座相邻轨道面的升交点赤经差为 $360°/P$，而星形星座相邻轨道面的升交点赤经差为 $180°/P$，当轨道面为近极轨时，多采用星形星座。极点视角下 δ 星座与星形星座构型示意如图 3-1 所示，其中，Ω_d 代表升交点赤经差。

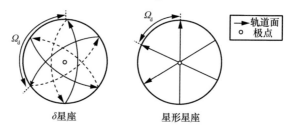

图 3-1　极点视角下 δ 星座与星形星座构型示意

此外，在 δ 星座中 $N = P$ 的一类特殊星座又被称为玫瑰星座，玫瑰星座通常具有更好的均匀性。

在 Walker 星座中，我们可以选择星座中任意一颗卫星作为基准卫星。当基准卫星的轨道参数确定后，便可通过星座构型参数推算出其他所有卫星的位置。其中，δ 星座第 i 个轨道面的第 j 颗卫星的升交点赤经 $\Omega_{i,j}$ 和平近点角 $M_{i,j}$ 为

$$\begin{cases} \Omega_{i,j} = \Omega_0 + i(2\pi/P) \\ M_{i,j} = M_0 + 2\pi\left(\dfrac{F}{N}i + \dfrac{P}{N}j\right) \end{cases} \quad i = 0,1,\cdots,P-1, \ j = 0,1,\cdots,\frac{N}{P}-1 \quad （3-1）$$

其中，Ω_0 代表基准星的升交点赤经，M_0 代表基准星的平近点角。当星座为星形星座时，星座中第 i 个轨道面的第 j 颗卫星的升交点赤经 $\Omega_{i,j}$ 可表示为

$$\Omega_{i,j} = \Omega_0 + i(\pi / P)，\quad i = 0,1,\cdots,P-1 \tag{3-2}$$

以采用 Walker 星座构型的 Globalstar 卫星星座[23]为例（其示意如图 3-2 所示），描述该星座构型的 5 个参数为 48/8/1/1 414 km/52°。这意味着，Globalstar 卫星星座共有 48 颗工作星，位于 8 个轨道平面，每个轨道平面有 6 颗卫星，倾角为 52°，轨道高度为 1 414 km，相邻轨道面相位差为 7.5°。

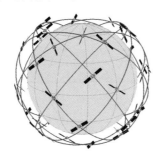

图 3-2　Globalstar 卫星星座示意

3.3.3　星座覆盖特性

在分析星座覆盖特性时，由于同一轨道的各颗卫星连续运动，其波束照射区域所形成的覆盖区是"条带"状的，单地面轨迹卫星覆盖示意如图 3-3 所示。"条带"的宽度为 $2\lambda_{\text{street}}$，λ_{street} 可以表示为

$$\lambda_{\text{street}} = \arccos\left[\cos(\lambda_{\text{max}})/\cos(s/2)\right] \tag{3-3}$$

其中，λ_{max} 是卫星波束照射地面区域的半径，s 为卫星在地面轨迹上的间距。

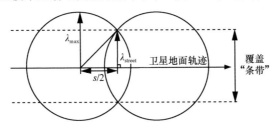

图 3-3　单地面轨迹卫星覆盖示意

相邻轨道的卫星分为地面轨迹同向和反向两种模式。当地面轨迹同向时，实现完全覆盖的最优解是保证两个轨道之间的"条带"宽度为 $\lambda_{street} + \lambda_{max}$；当地面轨迹反向时，实现完全覆盖则需要保证两个轨道之间的"条带"宽度为 $2\lambda_{street}$。地面轨迹同向和反向模式的覆盖情况分别如图 3-4 和图 3-5 所示。

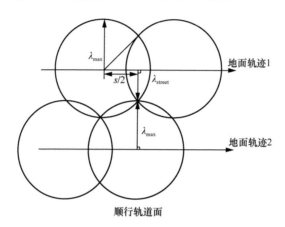

图 3-4　地面轨迹同向模式的覆盖情况

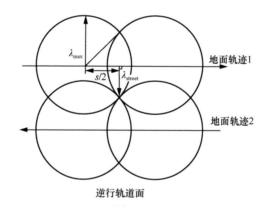

图 3-5　地面轨迹反向模式的覆盖情况

在单星制造和火箭发射成本降低的前提下，Starlink 等万颗卫星的星座系统没有考虑传统"拼接式"的覆盖方式，而是通过庞大的卫星数量，达到卫星可视意义上的多重覆盖效果。图 3-6 所示为北京用户站特定时刻可视 Iridium 和 Starlink 第一代星座（约12 000 颗卫星）的 10° 仰角条件下可视卫星数量的情况。在某一时刻，Iridium 星座有一颗卫星对用户可见（以下均称为单重覆盖），而 Starlink 系统有数百颗卫星对用户可见（以下均称多重覆盖，不表示波束的实际照射），考虑到 Starlink 用户站目前定义的最低工作仰角为 40°，即使在 40°仰角对应的工作范围内，也可保证近 30 重覆盖。

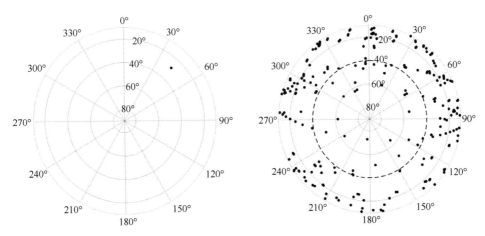

图 3-6　北京用户站特定时刻可视 Iridium（左）和 Starlink 第一代星座（右）的
10°仰角条件下可视卫星数量的情况

|3.4　覆盖重点区域的星座设计 |

本书作者所在科研团队在泛同步轨道理念基础上，发明了重点区域按需覆盖卫星通信星座设计方法[5-6]，考虑频谱资源和地面网络资源的可获得性、网络服务质量、可持续发展等综合因素，基于泛同步轨道回归和共轨迹轨道特性，通过调节轨道参数，实现高仰角、多重数、长时间覆盖特定重点区域，为卫星通信网络的按需服务提供基础条件。

3.4.1　泛同步轨道星座设计

泛同步轨道星座设计以空间轨道和频率资源使用效率最优为设计目标，可为科学有序开发利用空间资源提供理论支撑。从轨道特征来看，泛同步轨道星座属于玫瑰星座，并同时包括回归轨道和共轨迹星座两个基本特征。泛同步轨道星座可保证卫星与地面特定区域的关系相对稳定，易于覆盖重点区域，用户视角具有稳定连续的可视性。泛同步轨道上的一组卫星可视为一个基础覆盖结构，一个基础覆盖结构达成一个基础功能目标。例如，以 8 颗卫星为一组的基础覆盖结构可达成与 GSO 卫星频谱共存的基础功能目标，之后通过叠加基础覆盖结构实现多重覆盖和灵活服务。与 Starlink 系统将卫星视为基本单位进行扩展填隙不同，泛同步轨道的理念架构是通过构造卫星通信网络的基础结构，以卫星通信网络基础结构为基本单位实现渐进发展。其思路类似于以生物大分子作为基础物质构成生命。泛同步轨道设计理念是一种结构化的思路，对复杂系统进行合理分解，构造基础结构，以基础结构为单位开展系统设计，降低复杂度。从而使系统建立在复杂度与代价超线性关系曲线的初始线性阶段，降低整体成本，防止收益崩塌。泛同步轨道设计理念有助于空间资源的科学合理利用，有助于多运营商卫星通信网络的共享、共建和可持续发展。

回归轨道是指卫星星下点轨迹周期性重叠的轨道。地面任何一点和卫星之间的相对位置关系，在经过确定的时间间隔后都会重复。回归轨道的卫星轨道周期 T_N 需要满足以下条件。

$$T_N = \frac{1}{N} \frac{2\pi}{\omega_e - \dot{\Omega}} \tag{3-4}$$

其中，ω_e 为地球的自转运动角速度，为常数。$\dot{\Omega}$ 为由地球摄动引起的轨道面的进动角速度，一般由轨道高度和轨道倾角等决定。N 为地面点恰好相对于轨道面运动一圈时，卫星回到原始赤纬时的运动周期数，为正整数。将 $1/N$ 定义为回归周期，即回归轨道的轨道周期是一个恒星日的 $1/N$ 倍。

同时，卫星轨道周期 T_N 与轨道高度 h 之间有如下关系。

$$T_N = \frac{2\pi}{\sqrt{\mu}} (R_e + h)^{\frac{3}{2}} \tag{3-5}$$

其中，R_e 为地球半径。则回归轨道的轨道高度满足

$$h = \left(\frac{1}{N} \frac{\sqrt{\mu}}{\omega_e} \right)^{\frac{2}{3}} - R_e \tag{3-6}$$

典型的回归轨道回归周期与轨道高度见表 3-3。

表 3-3　回归轨道回归周期与轨道高度

回归周期 1/N（恒星日）	轨道高度/km
1	35 786.62
1/2	20 184.04
1/3	13 892.63
1/4	10 355.04
1/5	8 042.10
1/6	6 391.70
1/7	5 144.57
1/8	4 163.15
1/9	3 367.10
1/10	2 706.09
1/11	2 146.84
1/12	1 666.41
1/13	1 248.39
1/14	880.77
1/15	554.46

共轨迹星座是指所有卫星沿相同的地面轨迹运动。共轨迹星座示意如图 3-7 所示，为保证卫星 i（图 3-7 中 sat.i）和卫星 j（图 3-7 中 sat.j）有相同的地面轨迹，需要满足以下关系。

$$\Delta\lambda / \omega_e = \Delta\gamma_a / \omega_s \tag{3-7}$$

其中，$\Delta\lambda$ 为轨道面间升交点赤经差，ω_e 为地球自转角速度，$\Delta\gamma_a$ 为平近点角差，ω_s 为卫星在轨角速度。

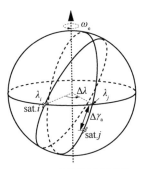

图 3-7　共轨迹星座示意

3.4.2 按需覆盖的星座设计方法

在泛同步轨道架构下，通过调整升交点地理经度、倾角等轨道参数，即可对不同的重点覆盖区设计不同的轨道构型，满足差异化的功能基础要求。本节介绍按需覆盖的星座设计方法。图 3-8 所示为按需覆盖的星座设计方法，具体包括以下步骤。

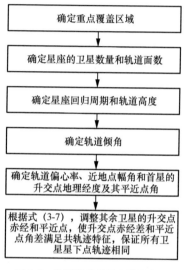

图 3-8　按需覆盖的星座设计方法

① 根据星座业务类型、服务区域等，确定期望重点覆盖的区域，明确这些区域的地形特征。

② 根据星座规模、运载能力和服务能力，确定星座的卫星数量和轨道面数。其中，各轨道面倾角相同，沿赤道均匀分布。

③ 根据覆盖条带宽度和通信时延要求，确定星座回归周期为 $1/N$ 恒星日，并根据回归周期确定轨道高度。

④ 根据重点覆盖区域的地理纬度确定轨道倾角 i。

⑤ 根据重点覆盖区域的地理分布、地形特征、期望高仰角时刻和同步卫星干扰情况等，分别确定卫星偏心率 e、近地点幅角 ω、首星的升交点地理经度 λ_0，以及平近点角 M_0。

⑥ 根据式（3-7），调整其余卫星的升交点赤经和平近点角，使升交点赤经差和平近点角差满足共轨迹特征，保证所有卫星星下点轨迹相同。

以下给出一个设计示例，通过调整不同轨道参数，可以看到地面轨迹和重点覆盖区域随之变化。

示例星座包含 4 个轨道面，每个轨道面上放置 1 颗圆轨道卫星，卫星的轨道倾角为 60°。图 3-9（a）～（d）分别所示为回归周期为 1、1/2、1/4 和 1/8 恒星日时，星座星下点轨迹和 60°仰角覆盖区域。图中覆盖区域中条形斑纹越密代表卫星星下点运动速度越慢，反之代表星下点运动速度越快。

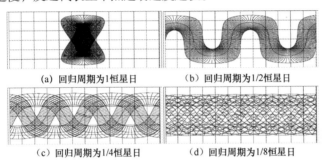

(a) 回归周期为1恒星日　　　　(b) 回归周期为1/2恒星日

(c) 回归周期为1/4恒星日　　　　(d) 回归周期为1/8恒星日

图 3-9　不同回归周期时，星座星下点轨迹和60°仰角覆盖区域

下面以图 3-9（b）所示的情况为例，改变轨道倾角。图 3-10（a）～（d）分别所示为轨道倾角为 0°、30°、60°和 90°情况下，星座星下点轨迹和高仰角覆盖区域。可以看出，随着轨道倾角的增大，星座对高纬度地区的覆盖范围逐渐增大，其中轨道倾角与星下点轨迹的南北纬最大值相同。

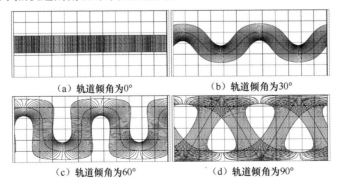

（a）轨道倾角为0°　　　　（b）轨道倾角为30°

（c）轨道倾角为60°　　　　（d）轨道倾角为90°

图 3-10　不同轨道倾角情况下，星座星下点轨迹和高仰角覆盖区域

下面以图 3-10（c）所示的情况为例，分析偏心率对星座星下点轨迹和覆盖区域的影响，图 3-11（a）～（d）分别所示为偏心率为 0、0.2、0.4 和 0.7 的情况下，星座星下点轨迹和高仰角覆盖区域。调整偏心率不会改变星下点穿越赤道的位置，但是会改变星下点轨迹倾斜的程度，以及卫星下点轨迹在特定区域的方向。此外，随着偏心率的提高，卫星近地点附近的高仰角覆盖区域变小，卫星通过目标区域上空的时间变短，而卫星远地点附近的高仰角覆盖区域变大，卫星通过目标区域上空的时间变长。

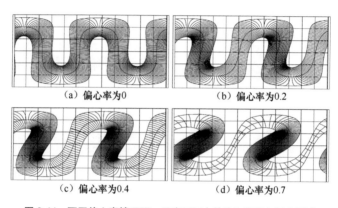

（a）偏心率为 0　　　　　　　　（b）偏心率为 0.2

（c）偏心率为 0.4　　　　　　　　（d）偏心率为 0.7

图 3-11　不同偏心率情况下，星座星下点轨迹和高仰角覆盖区域

在图 3-11（d）的所示情况基础上，分析近地点幅角为 0°、45°、90°和 180°时，星座星下点轨迹和高仰角覆盖区域的变化，如图 3-12（a）～（d）所示。偏心率和近地点幅角的综合作用能够改变星下点穿越赤道的位置，改变星座星下点轨迹倾斜的程度，并调整南/北半球覆盖的占空比。在星座设计过程中，应合理选择卫星的偏心率和近地点幅角，改变星下点轨迹穿越赤道的位置，并考虑期望覆盖区域的地形特点，使远地点附近区域对应的星下点轨迹以合适的方向穿越期望的按需覆盖区域，获得较高的可视仰角和可视时长。

在图 3-12（d）所示情况的基础上，分析升交点地理经度为 0°、60°、120°和 180°时，星座星下点轨迹和高仰角覆盖区域的变化，如图 3-13（a）～（d）所示。改变星座第一颗卫星的升交点地理经度，能够使星下点轨迹和高仰角覆盖区域沿赤道平行移动，从而改变特定区域的高仰角覆盖性能和最高仰角到达时间。

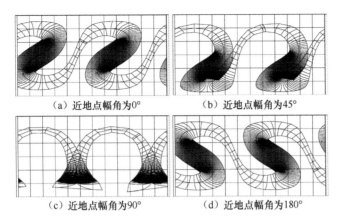

（a）近地点幅角为0°　　　　　　（b）近地点幅角为45°

（c）近地点幅角为90°　　　　　　（d）近地点幅角为180°

图 3-12　不同近地点幅角情况下，星座星下点轨迹和高仰角覆盖区域

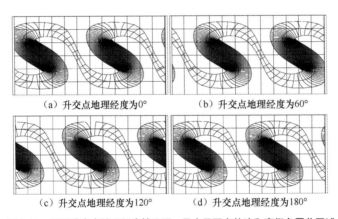

（a）升交点地理经度为0°　　　　　　（b）升交点地理经度为60°

（c）升交点地理经度为120°　　　　　（d）升交点地理经度为180°

图 3-13　不同升交点地理经度情况下，星座星下点轨迹和高仰角覆盖区域

上述示例表明，调整不同轨道参数，地面轨迹和覆盖特性随之变化，本节介绍的按需覆盖的星座设计方法具有极大的设计自由度。

在此基础上，我们给出一个在 1/2 回归周期的中轨泛同步轨道星座示例，其轨道参数见表 3-4，其基础结构特征如图 3-14 所示。在这个示例中，卫星通信网络的基础结构为一组 8 颗卫星，当系统以这个基础结构扩展时（16 星、24 星及更多），每个基础结构都具有同样的均匀分布和简洁连接特征，系统能力线性增长。

表 3-4　中轨泛同步轨道星座轨道参数

轨道参数	数值		
卫星数 N	8	16	24
轨道平面数 P	8	16	24
相位因子 F	6	14	22
回归周期（恒星日）	1/2	1/2	1/2
轨道高度 h	20 184 km	20 184 km	20 184 km
轨道倾角 i	53°	53°	53°
轨道面间升交点赤经差	45°	22.5°	15°
相邻共轨迹卫星间平近点角差	90°	45°	30°
相邻轨道面卫星间平近点角差	270°	315°	330°

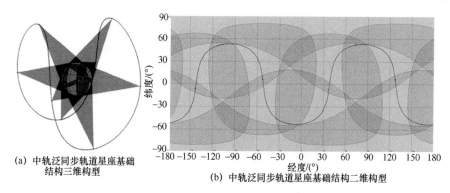

(a) 中轨泛同步轨道星座基础
结构三维构型

(b) 中轨泛同步轨道星座基础结构二维构型

图 3-14　中轨泛同步轨道星座基础结构特征

┃3.5　星座多重覆盖特性与效能分析┃

　　本节介绍星座多重覆盖特性和覆盖效能。首先，以 Iridium 星座、Telesat 星座、"子午线"（Meridian-9）星座和中轨泛同步轨道星座作为典型星座实例，从平均覆盖重数角度分析各星座在全球范围内的多重覆盖特性。之后，从地面用户视角，分析 Starlink 第一代第一阶段星座和中轨泛同步轨道星座的接入仰角等覆盖效能，加深读者对星座多重覆盖和按需覆盖概念的理解。

3.5.1　典型星座的覆盖特性与效能

本节选取 Iridium 星座、Telesat 星座、Meridian-9 星座和中轨泛同步轨道星座作为典型星座，仿真其星座覆盖特性，探讨星座构型与星座覆盖重数、范围以及星座的覆盖效能之间的关系。

Iridium 星座最初是由美国摩托罗拉公司设计的全球移动通信系统，由 66 颗圆轨道卫星组成，实现全球覆盖。Iridium 星座轨道参数见表 3-5。图 3-15 所示为 Iridium 星座构型与全球覆盖示意。

表 3-5　Iridium 星座轨道参数

轨道参数	数值	轨道参数	数值
轨道高度	780 km	轨道面数	6
偏心率	0	卫星数	66
轨道倾角	86.4°	升交点赤经差	30°

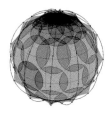

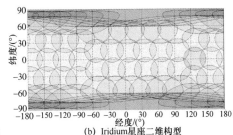

(a) Iridium 星座三维构型　　　　　(b) Iridium 星座二维构型

图 3-15　Iridium 星座构型与全球覆盖示意

Telesat 星座是加拿大提出的近地轨道星座计划。现有资料显示，Telesat 星座由不少于 117 颗卫星组成，卫星分布在两组轨道面上，为"6 极轨+5 倾斜轨道"模式：第一组轨道面为极轨道，由 6 个轨道面组成，轨道倾角为 99.5°，轨道高度为 1 000 km，每个轨道面有 12 颗卫星；第二组轨道面为倾斜轨道，由 5 个轨道面组成，轨道倾角为 37.4°，轨道高度为 1 248 km，每个轨道面有 9 颗卫星。Telesat 星座轨道参数见表 3-6。图 3-16 和图 3-17 分别所示为 Telesat 星座极轨和倾斜轨道星座构型与全球覆盖示意。可以看出，极轨星座可覆盖全球区域，而倾斜轨道星座由于其轨道倾角较低，覆盖区域只包括中低纬度地区。

表 3-6　Telesat 星座轨道参数

轨道参数	极轨星座	倾斜轨道星座
轨道高度	1 000 km	1 248 km
偏心率	0	0
轨道倾角	99.5°	37.4°
轨道面数	6	5
卫星数	72	45
升交点赤经差	30°	72°

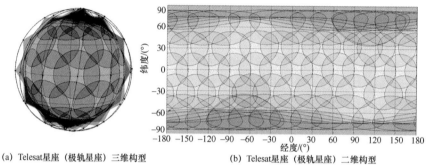

(a) Telesat星座（极轨星座）三维构型　　　(b) Telesat星座（极轨星座）二维构型

图 3-16　Telesat 星座（极轨星座）构型与全球覆盖示意

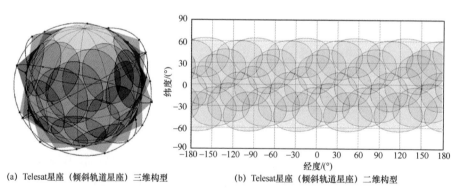

(a) Telesat星座（倾斜轨道星座）三维构型　　　(b) Telesat星座（倾斜轨道星座）二维构型

图 3-17　Telesat 星座（倾斜轨道星座）构型与区域覆盖示意

　　Meridian-9 星座是俄罗斯建造的通信卫星星座系统，由 8 颗 Molniya 轨道卫星组成。Molniya 轨道是倾角为 63.4°、近地点幅角为±90°的高椭圆轨道，其周期为 1/2 恒星日。Molniya 轨道也叫闪电轨道。此类高椭圆轨道卫星在远地点时运行速度慢，因此可在远地点附近对地面实现长时覆盖，一般用来持续服务高纬度地区。Meridian-9 星座轨道参数见表 3-7。图 3-18 和图 3-19 分别所示为 Meridian-9 星座构型在 8 星工作（8 颗卫星高于最低开机高度）模式和 4 星工作（4 颗卫星高于最低开机高度）模式下的覆盖特性。

表 3-7　Meridian-9 星座轨道参数

轨道参数	数值
轨道周期	43 082 s
偏心率	0.720 97
轨道倾角	63°
近地点幅角	270°（−90°）
最低开机高度	32 000 km
轨道平面数	4
卫星数	8
首星升交点赤经	65°
升交点赤经差	90°
真近点角差	180°

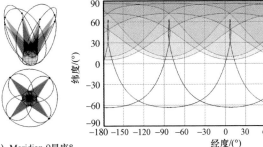

(a) Meridian-9星座8
星工作三维构型

(b) Meridian-9星座8星工作二维构型

图 3-18　Meridian-9 星座构型在 8 星工作模式下的覆盖特性

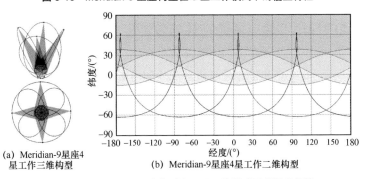

(a) Meridian-9星座4
星工作三维构型

(b) Meridian-9星座4星工作二维构型

图 3-19　Meridian-9 星座构型在 4 星工作模式下的覆盖特性

中轨泛同步轨道星座构型以 3.4 节所描述的 8 星基础结构星座为例进行分析。

图 3-20 所示为上述典型星座覆盖重数及面积占比。Iridium 星座主要设计目标是实现对地一重覆盖。Telesat 极轨星座在高纬度地区具有较好的覆盖性，而倾斜轨道星座弥补了极轨星座在低纬度地区覆盖性不佳的问题，两者相互配合实现全球主要区域的两重覆盖。Meridian-9 星座在北半球提供一至四重覆盖，在南半球无覆盖，表现为无覆盖区域占比约 50%。泛同步轨道中轨 8 星基础结构星座在全球区域至少提供一重覆盖，且在全球 97% 的区域提供两重及两重以上覆盖。

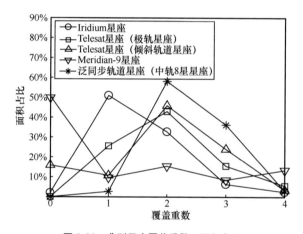

图 3-20　典型星座覆盖重数及面积占比

3.5.2　用户视角下星座覆盖特性与效能

在用户视角下，当卫星仰角超过最低工作仰角时，用户才可以与卫星建链通信。例如，Starlink 用户的最低工作仰角为 40°，这意味着只有卫星出现在 Starlink 用户 40° 仰角以上的可视空域内，才进入了该地面用户的"工作区"。结合地面用户特性，考虑用户视角下星座的覆盖特性，更具有实际意义。Starlink 第一代第一阶段星座（4 408 星，共 5 个子星座）的部署计划见表 3-8。

表 3-8　Starlink 第一代第一阶段星座（4 408 星，共 5 个子星座）的部署计划

子星座	轨道面数	卫星数	轨道高度/km	轨道倾角/(°)
子星座 1	72	1 584	550	53
子星座 2	72	1 584	540	53.2
子星座 3	36	720	570	70
子星座 4	6	348	560	97.6
子星座 5	4	172	560	97.6

Starlink 第一代第一阶段各个子星座位于 540～570 km 轨道高度，均为 Walker 星座构型，子星座 1、2、3 为倾斜轨道星座，子星座 4、5 为极轨星座，图 3-21 所示为其空间构型示意。

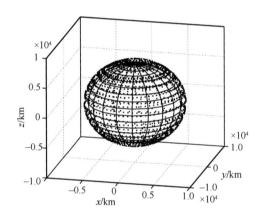

图 3-21　Starlink 第一代第一阶段星座（4 408 星）构型示意

由表 3-8 可知，Starlink 星座各子星座包含多个轨道倾角，因此，其对不同纬度地区的覆盖性能有所不同。由于 Walker 星座均匀分布的特性，Starlink 星座对各个经度位置的覆盖性能大致相同。由于南北纬度对称，下述分析仅给出北纬地区的情况。不同纬度用户站可视 Starlink 卫星数量如图 3-22 所示。我们以 120°W 为例，给出不同纬度地面用户大于 40°仰角范围内的可视 Starlink 卫星数量。可以看到，Starlink 系统多重覆盖的特征主要由其 53°轨道倾角的子星座 1 和 2 决定，在 50°纬度附近具有很高的覆盖重数（对应在美国本土北部地区提供密集多重覆盖，该区域也是 GSO 高通量卫星服务较弱的地区，是 Starlink 实现收益的重点区域）。在低纬

度地区，Starlink 系统覆盖重数较平均，多在三至八重左右，高纬度地区覆盖重数则略低，这些区域用户也相对较少。从子星座 3 开始，增加卫星数量对覆盖重数影响较小，主要改善了高纬度区域的覆盖性能。

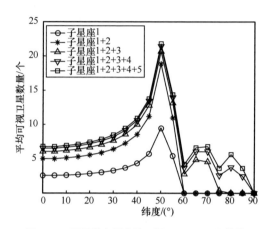

图 3-22 不同纬度用户站可视 Starlink 卫星数量

同样地，以 120°E 为例，图 3-23 所示为中轨泛同步轨道星座对各纬度位置的覆盖情况。可以看到，泛同步轨道星座对各纬度覆盖相对均匀，在 10°～60°纬度范围内（对应我国绝大多数区域）覆盖较好，且全球覆盖效能与星座规模呈现线性关系。

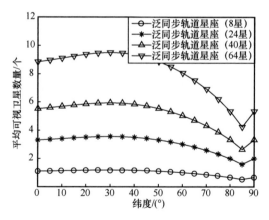

图 3-23 中轨泛同步轨道星座对各纬度位置的覆盖情况

以下，从用户站视角分析 Starlink 第一代第一阶段星座（4 408 星）和中轨泛同步轨道星座 64 星在不同仰角范围的可视卫星数量。以 120°W 为例，选取 0°N、30°N、60°N 和 90°N 4 个位置，如图 3-24～图 3-27 所示。Starlink 第一代第一阶段星座（4 408 星）用户站 40°仰角以上平均可视卫星数量为 8.02 颗，中轨泛同步轨道星座（64 星）构型的 40°仰角以上平均可视卫星数量为 8.08 颗，两者可视卫星数量相近，中轨泛同步轨道星座可视仰角分布更均匀。

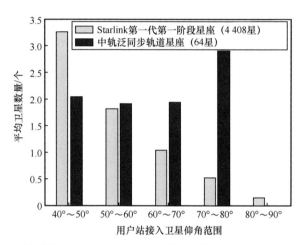

图 3-24 地面位置[120°E，0°N]，Starlink 第一代第一阶段星座（4 408 星）和中轨泛同步轨道星座（64 星）在不同仰角范围的可视卫星数量

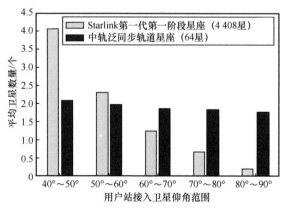

图 3-25 地面位置[120°E，30°N]，Starlink 第一代第一阶段星座（4 408 星）和中轨泛同步轨道星座（64 星）在不同仰角范围的可视卫星数量

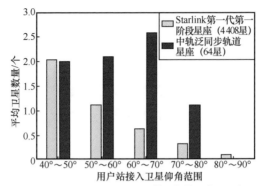

图 3-26　地面位置[120°E，60°N]，Starlink 第一代第一阶段星座（4 408 星）和中轨泛同步轨道星座（64 星）在不同仰角范围的可视卫星数量

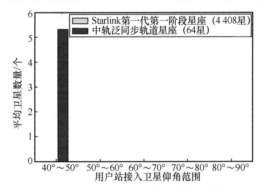

图 3-27　地面位置[120°E，90°N]，Starlink 第一代第一阶段星座（4 408 星）和中轨泛同步轨道星座（64 星）在不同仰角范围的可视卫星数量

综上，Starlink 系统和中轨泛同步轨道系统均对地面形成可视意义上的多重覆盖。事实上，这两个星座系统都采用按需服务工作模式，利用动态点波束服务地面用户，在可视卫星集合中，调配有限数量波束指向地面用户并提供服务。可视卫星仰角反映了可能服务于该地点的波束集合中各个波束的工作仰角，在一定程度上也反映了地面用户接收到卫星通信网络服务质量变化范围。

| 3.6　本章小结 |

本章讨论了星座构型与覆盖特性的关系，介绍了泛同步轨道设计理念，以及该理念架构下的按需覆盖星座设计方法，对星座多重覆盖特性与波束服务仰角进行了分析。

首先回顾了卫星通信网络的发展历程和宽带卫星通信网络发展的新需求，以 Starlink 系统为例，指出具备多重覆盖、波束动态指向新特征的宽带卫星通信系统将成为新一代卫星通信网络的发展趋势。以典型 Walker 星座为例，讨论了星座构型参数设计和对地覆盖分析的基本方法。重点介绍了泛同步轨道新理念，以结构化的设计思路实现可控复杂度的渐进可持续发展。在泛同步轨道架构基础上，给出了典型的按需覆盖星座系统的设计实例，并对比分析了几种典型星座的多重覆盖特性和用户视角下卫星仰角分布特性。

本章所介绍的卫星构型与覆盖特性分析方法、按需覆盖的星座设计方法和星座覆盖效能分析方法对星座按需服务架构设计、资源按需调度、网络管理优化等均具有指导意义。除了覆盖性能外，星座设计还需要统筹总成本、总容量、技术实现复杂度等多种因素，综合考虑各方面约束，选择适合特定运营商需求的最佳方案。

┃ 参考文献 ┃

[1]　Union of Concerned Scientists. UCS satellite database[R]. Cambridge: Union of Concerned Scientists, 2022.

[2]　DEL PORTILLO I, CAMERON B G, CRAWLEY E F. A technical comparison of three low earth orbit satellite constellation systems to provide global broadband[J]. Acta Astronautica, 2019, 159: 123-135.

[3]　ITU-R. Space network list database[EB].

[4]　PACHLER N, PORTILLO I, CRAWLEY E F, et al. An updated comparison of four low Earth orbit satellite constellation systems to provide global broadband[C]//2021 IEEE International Conference on Communications Workshops. Piscataway: IEEE Press, 2021.

[5]　靳瑾, 晏坚, 匡麟玲, 等. 规避与同步卫星共线干扰的地面站系统及方法: 201610293756.9[P]. 2016-05-05.

[6]　靳瑾, 晏坚, 匡麟玲, 等. 一种重点区域按需覆盖的全球通信星座设计方法: 201610525898.3[P]. 2018-12-18.

[7]　VIASAT. Annual reports and proxies[R]. Carlsbad: Viasat, 2021.

[8]　INTELSAT. Annual performance reports[R]. Mclean County: Intelsat, 2020.

[9]   SES. Annual reports[R]. Betzdorf: SES, 2021.

[10] ECHOSTAR. Annual reports for echostar[R]. Englewood: Echostar, 2021.

[11] EUTELSAT. Financial reporting for eutelsat[R]. Paris: Eutelsat, 2021.

[12] INMARSAT. Results for inmarsat plc[R]. London: Inmarsat, 2021.

[13] IRIDIUM. Annual reports for iridium[R]. Mclean County: Iridium, 2021.

[14] Investor relations for telesat[EB].

[15] Investor relations for sky perfect jsat[EB].

[16] 中国卫通. 中国卫通 2021 年第三季度报告[R]. 北京：中国卫通，2021.

[17] O3b mPOWER: a new era of scale, performance and flexibility for satellite communications[EB].

[18] International Telecommunication Union. IFIC 2964[R]. Geneva: International Telecommunication Union, 2022.

[19] BESTE D C. Design of satellite constellations for optimal continuous coverage[J]. IEEE Transactions on Aerospace and Electronic Systems, 1978 (3): 466-473.

[20] REN Z, LI W, JIN J, et al. Radio resource allocation for multi-antenna gateway stations of diverse NGSO constellation networks[J]. IET Communications, 2022, 16(7): 734-744.

[21] WALKER J G. Some circular orbit patterns providing continuous whole earth coverage[J]. Journal of the British Interplanetary Society, 1970, 24: 369-384.

[22] WALKER J G. Continuous whole-Earth coverage by circular-orbit satellite patterns[R]. Hampton: NASASTI/Recon Technical Report N, 1977: 78.

[23] Globalstar[EB].

第 4 章

卫星通信系统间频谱共存与干扰减缓处理

频谱资源是卫星通信网络的基础资源之一。随着卫星通信系统数量增加、规模变大，频谱资源紧缺的问题日趋严峻。在星座建设之初，深入研究不同星座间可能存在的同频干扰影响，探讨协作使用有限的频谱资源的方法，是推动卫星通信网络可持续发展的重要途径。

本章首先阐述干扰分析的基本术语和定义，以及国际通行的干扰评价准则、卫星通信系统间频率协调共存的主要措施，随后以 NGSO 卫星通信系统之间的干扰分析及频率共存问题为例，重点介绍干扰约束条件和干扰分析方法，并讨论干扰减缓处理的方法。

|4.1 引言 |

随着 NGSO 卫星系统的快速发展，NGSO 与 GSO 卫星通信系统之间、NGSO 与 NGSO 卫星通信系统之间的潜在频率干扰问题将日益严重。

在 GSO 卫星通信系统与 GSO 卫星通信系统之间，往往通过系统间的干扰协调达成频率共存的目标。在 GSO 卫星通信系统中，地面用户与 GSO 卫星的视线在时间和空间上的关系是较为简单的。为研究 GSO 卫星系统之间的干扰问题，ITU 在 WRC-2000 大会上首次引入了"协调弧"的概念[1]。协调弧是指 GSO 卫星之间一个给定的轨位间隔弧度，当两个 GSO 卫星系统频率重叠且轨位间隔在协调弧范围内时，卫星系统间需要进行干扰协调。协调弧的大小从 6°到 16°不等，具体数值主要取决于协调双方所使用的频段和业务。除协调弧外，卫星系统间是否需要干扰协调的另一个重要判断指标为噪声相对增量（$\Delta T/T$），《无线电规则》中规定，$\Delta T/T$ 应小于或等于 6%。$\Delta T/T$ 超出该值时，卫星系统间需要干扰协调[1]。通常，干扰协调的方式是通过调整系统参数或工作时段来"减缓干扰"[2]，一般由各方卫星操作者共同协商具体方法。

与 GSO 卫星系统不同，NGSO 卫星系统的卫星相对地面不断运动，是天然的全球系统，因此需要考虑全球范围的频率协调使用问题。针对 NGSO 卫星系统与 GSO 卫星系统同频场景下的潜在干扰问题，ITU 要求 NGSO 卫星系统要避免对 GSO 卫星系统产生干扰。因此，NGSO 卫星通信系统在设计时必须提出切实可行的干扰避免方案。例如，O3b 系统利用与 GSO 的高度差及其零倾角轨道特性，形成与 GSO 星地链路的天然空域隔离，同时在近赤道地区采用降功率手段来避免干扰[3]；OneWeb 系统采用"渐进俯仰"技术方案，即卫星在向赤道行进的过程中逐渐倾斜，缓慢改变姿态，配合关闭部分波束，以避免对 GSO 卫星系统的干扰[4]；Starlink 系统则通过多星密集多重覆盖的方式，构造与 GSO 星地链路的指向角度隔离[5]。本书作者所在团队提出的泛同步轨道星座系统（见第 3 章），具有卫星在地球固连坐标系下共轨迹且卫星在轨迹上分布均匀的特点，可为 GSO 卫星系统划分干扰保护带，地面用户以简洁的接入方式即可在干扰保护带外获得持续的卫星服务，有效避免了对 GSO 卫星系统的干扰。

本书作者所在团队还针对 NGSO 卫星通信系统对 GSO 卫星通信系统的干扰开展了较为深入的研究。参考文献[6]通过优化 NGSO 卫星天线法向，增大地面用户对 GSO 卫星通信系统的干扰隔离角，参考文献[7]研究了 OneWeb 系统采用的"渐进俯仰"干扰避免策略，在低中高多个纬度范围内验证了干扰避免策略的有效性。为了使 NGSO 卫星通信系统在避免对 GSO 网络有害干扰的前提下不损失自身通信业务的质量，参考文献[8]提出了 NGSO 卫星通信系统卫星波束分配和发射功率控制方法，采用拉格朗日对偶分解法，结合 Kuhn-Munkres 算法优化卫星波束分配和发射功率，可在不对 GSO 网络产生有害干扰的前提下最大化 NGSO 卫星通信系统的容量。NGSO 卫星掌握 GSO 卫星的波束范围，可有针对性地实施干扰避免手段，然而 NGSO 操作者难以确定 GSO 信号源位置，针对该问题，参考文献[9]提出了一种通过波束边缘位置定位信号源位置并估计波束特征的方法，指出通过多变量联合迭代方法求解，可以确定 GSO 信号源位置，为避免 NGSO 卫星通信系统对 GSO 卫星系统造成干扰奠定基础。

然而，NGSO 卫星通信系统之间的干扰评价和减缓处理目前还是一个开放的研究问题，国际电信联盟并没有给出明确的干扰评价标准，也没有给出明确的干扰协调、避免或者减缓的技术途径。当前，GSO 卫星通信系统之间的干扰分析方法，或者 NGSO 卫星通信系统对 GSO 卫星通信系统的干扰避免方法，并不适用于 NGSO 卫星通信系统间干扰分析。考虑到 NGSO 卫星通信系统的多卫星、多站、多天线、多波束、链路特征复杂多变等特点，从仿真方法、评价准则、可用性指标度量等方面，都需要逐步建立统一的干扰分析和干扰减缓的方法体系，持续深入地开展研究。

本书作者所在团队前期已对 NGSO 卫星通信系统间干扰仿真方法和评价体系进行了研究。参考文献[10]提出了 NGSO 星座间产生有害干扰的概率计算方法和星座可用性指标。针对单一构型大规模 NGSO 卫星通信系统间干扰计算量大的问题，参考文献[11]通过设置基准卫星的方法生成全部星座快照，并用基准卫星的出现概率等效星座快照的出现概率，减少大规模 NGSO 星座的干扰计算量。参考文献[12]针对复合构型的大规模 NGSO 卫星通信系统间干扰分析计算量大的问题，通过在地球站可视空域划分子空域并在子空域内放置虚拟卫星的方法，将多层星座的干扰简化为单层星座的干扰，降低计算量。

本章总结作者所在团队前期工作，以 NGSO 卫星通信系统之间的干扰分析和干扰减缓方法为例，探讨多个卫星通信网络频率共存时的基础问题。首先总结 NGSO 卫星通信系统间干扰分析基础知识与一般方法，包括干扰分析基本术语和定义、干扰模型、卫星通信系统间干扰分析特点与仿真分析流程等。在此基础上，列举两个 NGSO 卫星通信系统之间干扰分析的实例。一个实例是分析由 60 颗卫星组成的 O3b 系统对 OneWeb 系统信关站的干扰，另一个实例是分析 Starlink 系统对 OneWeb 系统用户站的干扰。仿真表明，不同系统间信关站、用户站同频共存均存在较大风险。例如，Starlink 系统对于 84°S～84°N 纬度范围内的 OneWeb 用户站均会产生有害干扰。

上述研究表明，NGSO 卫星通信系统间存在的干扰是 NGSO 卫星通信系统建设面临的重要问题，干扰研究是系统设计过程中的重要环节，在星座构建以及地球站的选址中均需要考虑干扰的影响，并需要有针对性地采取合理的干扰减缓措施。

本章还讨论了 NGSO 卫星通信系统间干扰减缓方法的效果和可能付出的代价。首先，研究非合作干扰减缓方法，包含基于节点位置的干扰减缓，以及基于接入策略的干扰减缓等方法。仿真结果表明，基于节点位置与基于接入策略的干扰减缓方法可在一定程度上减缓系统间干扰，同时分析了该方法的适用性和局限性。其次，介绍多星座合作干扰减缓方法，以基于琴生不等式的功率和波束分配联合优化算法为例，给出了合作干扰减缓处理的策略。仿真结果表明，和传统的最高仰角和随机功率的接入模式相比，基于琴生不等式的功率和波束分配联合优化算法可减少干扰，提升系统容量，并大幅降低计算复杂度。上述方法的研究表明，可以通过协作使用有限的频谱资源，提高 NGSO 卫星通信系统频谱资源的使用效率，为多星座系统共存与可持续发展提供可行的途径。

| 4.2　NGSO 卫星通信系统间干扰分析方法 |

本节总结了 NGSO 卫星通信系统间干扰分析的基础知识和一般方法，包括干扰分析基本术语和定义、干扰模型、仿真分析方法等。基于干扰分析方法，列举了两个 NGSO 卫星通信系统间干扰分析实例——O3b 系统对 OneWeb 系统信关站的干扰分析和 Starlink 系统对 OneWeb 系统用户站的干扰分析，仿真流程和结论可为其他星座的干扰分析提供参考。

4.2.1　干扰分析基础知识与一般方法

本小节总结了 NGSO 卫星通信系统间干扰分析的基础知识和一般方法，包含 4 部分，分别为干扰分析基本术语和定义、干扰模型、干扰评价准则以及 NGSO 卫星通信系统间干扰分析特点与仿真分析流程。

1. 干扰分析基本术语和定义

干扰分析常以《无线电规则》[13-15]为依据。《无线电规则》第 1 章详细描述了干扰分析相关基本术语，本小节从中选取了若干常用的基本术语和定义。

[定义 4-1]　无线电通信业务：供各种特定电信用途的无线电波的传输、发射和/或接收的业务。

[定义 4-2]　卫星固定业务：利用一个或多个卫星在处于给定位置的地球站之间的无线电通信业务。该给定位置可以是一个指定的固定地点或指定地区内的任何一个固定地点。在某些情况下，这种业务包括亦可运用于卫星间业务的卫星至卫星链路。

[定义 4-3] 卫星间业务：在人造地球卫星间提供链路的无线电通信业务。

[定义 4-4] 卫星移动业务：在移动地球站与一个或多个空间电台之间的一种无线电通信业务，或在这种业务所利用的各空间电台之间的无线电通信业务，或利用一个或多个空间电台在移动地球站之间的无线电通信业务。

[定义 4-5] 卫星广播业务：利用空间电台发送或转发信号，以供一般公众直接接收的无线电通信业务。

[定义 4-6] 电台：为在某地开展无线电通信业务或射电天文业务所必需的一台或多台发信机或收信机，或发信机与收信机的组合（包括附属设备）。

[定义 4-7] 地面电台：设于地面进行无线电通信的电台。

[定义 4-8] 地球站：设于地球表面或地球大气层主要部分以内的电台，用于与一个或多个空间电台通信，或通过一个或多个空间电台与一个或多个同类电台进行通信。

[定义 4-9] 空间电台：位于地球大气层主要部分以外的物体上，或者设在准备超越或已经超越地球大气层主要部分的物体上的电台。

[定义 4-10] 移动电台：用于移动业务在移动中或在非指定地点停留时使用的电台。

[定义 4-11] 移动地球站：用于卫星移动业务在移动中或在非指定地点停留时使用的地球站。

[定义 4-12] 空间系统：任何一组为达到特定目的而相互配合进行空间无线电通信的地球站和/或空间电台。

[定义 4-13] 卫星网络系统：使用一个或多个人造地球卫星的空间系统。由于在国际电联范围内是基于卫星网络资料开展频率协调的，因此本章所述卫星网络系统特指在与频率使用有关的场景下，与某份特定卫星网络资料所对应的卫星系统。

[定义 4-14] 干扰：由于某种发射、辐射、感应或其组合所产生的无用能量对无线电通信系统的接收产生的影响，这种影响的后果表现为性能下降、误解或信息遗漏，如不存在这种无用能量，则此后果可以避免。

[定义 4-15] 可允许干扰：观测到的或预测的干扰，该干扰符合《无线电规则》、ITU-R 建议书或《无线电规则》规定的特别协议载明的干扰允许值和共用的定量标准。

[定义 4-16]　可接受干扰：其电平高于规定的可允许干扰电平，但经两个或两个以上主管部门协商同意，并且不损害其他主管部门的利益的干扰。

[定义 4-17]　有害干扰：危及无线电导航或其他安全业务的运行，或严重损害、阻碍、一再阻断按照《无线电规则》开展的无线电通信业务的干扰。

[定义 4-18]　协调区：与地面电台共用同一频段的地球站周围的地区，或与接收地球站共用相同双向划分频段的发射地球站周围的地区，用于确定是否需要协调，在该地区以外，干扰电平不会超过可允许干扰电平，因此不需要进行协调。

[定义 4-19]　协调距离：在给定方位上从与地面电台共用相同频段的地球站起算的距离，或从与接收地球站共用双向划分频段的发射地球站起算的距离，用于确定是否需要协调，在该距离以外，干扰电平不会超过可允许干扰电平，因此不需要进行协调。

2. 干扰模型

首先，将"施扰系统"和"受扰系统"等一些干扰模型中的基本概念定义如下。后面基于这些定义来描述干扰模型。

[定义 4-20]　施扰系统：施扰系统是指产生对其他系统电磁干扰的系统。

[定义 4-21]　受扰系统：受扰系统是指接收到其他系统电磁干扰的系统。

[定义 4-22]　工作链路：工作链路是指系统内部正常工作的无线电通信链路。

[定义 4-23]　干扰链路：干扰链路是指对其他系统产生电磁干扰的无线电通信链路。

[定义 4-24]　馈线链路：从一个设在给定位置上的地球站到一个空间电台，或反之，用于除卫星固定业务以外的空间无线电通信业务的信息传递的无线电链路。给定位置可以是一个指定的固定地点，也可以是指定地区内的任何一个固定地点。

本章重点关注卫星通信中的频率干扰问题，即由于地球站无线电通信业务的发射、接收特征所引发的系统间电磁干扰。本章所提信关站（定义 2-4）和用户站（定义 2-5），均特指两者的地球站部分，不涉及站内处理交换以及与地面网络连接。此外，在卫星通信系统中，馈线链路通常用于馈电链路，在某些场景下，两者可以混用。

卫星通信系统使用通信无线电信号来进行通信，随着卫星运动，施扰系统的通信信号可能在某些时刻进入受扰系统的接收机。这些来自其他系统的信号，会与本系统自身的信号混叠在一起。当不同卫星通信系统的无线电信号具有相同的频率、方向和极化方式等特征时，就会造成系统间的相互干扰。

对于上行链路，施扰系统 NGSO 地球站向施扰系统 NGSO 卫星发射信号时，不可避免地会将部分能量辐射至受扰系统 NGSO 卫星的接收端，从而对受扰系统卫星产生干扰。NGSO 卫星通信系统间上行链路干扰示意如图 4-1 所示。

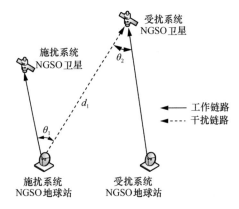

图 4-1　NGSO 卫星通信系统间上行链路干扰示意

上行链路干扰场景中，主要的变量有：干扰信号的传输距离（即施扰系统 NGSO 地球站和受扰系统 NGSO 卫星的距离）d_1、"施扰系统 NGSO 卫星–施扰系统 NGSO 地球站–受扰系统 NGSO 卫星"的链路夹角 θ_1、"施扰系统 NGSO 地球站–受扰系统 NGSO 卫星–受扰系统 NGSO 地球站"的链路夹角 θ_2、施扰系统 NGSO 地球站在重叠频带内的发射功率 $P'_{\mathrm{Es,T,1}}$。一般来说，卫星通信系统的发射功率可由国际电信联盟登记的数据库获取，$P'_{\mathrm{Es,T,1}}$ 根据功率谱密度和重叠频段计算得到，可视为卫星通信业务模块向干扰计算分析模块的输入。因此可以认为产生干扰的自变量为 $P'_{\mathrm{Es,T,1}}$、θ_1、θ_2 和 d_1，则上行链路干扰可表示为

$$I_{\mathrm{up}}\left(\theta_1,\theta_2,d_1\right)=P'_{\mathrm{Es,T,1}}G_{\mathrm{Es,T,1}}\left(\theta_1\right)G_{\mathrm{Sat,R,2}}\left(\theta_2\right)\left(\frac{\lambda}{4\pi d_1}\right)^2 \tag{4-1}$$

其中，$G_{\mathrm{Es,T,1}}(\theta_1)$ 为施扰系统 NGSO 地球站在受扰系统 NGSO 卫星方向上的天线发射增益，$G_{\mathrm{Sat,R,2}}(\theta_2)$ 为受扰系统 NGSO 卫星在施扰系统 NGSO 地球站方向上的天线接收增益，λ 为通信信号波长。

　　同样的道理，对于下行链路，施扰系统 NGSO 卫星向施扰系统 NGSO 地球站发送通信信号时，其能量会被受扰系统 NGSO 地球站接收，从而影响受扰系统 NGSO 地球站的正常工作。NGSO 卫星通信系统间下行链路干扰示意如图 4-2 所示。

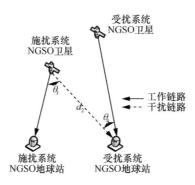

图 4-2　NGSO 卫星通信系统间下行链路干扰示意

　　下行链路干扰场景中，主要的变量有：干扰信号的传输距离（即施扰系统 NGSO 卫星和受扰系统 NGSO 地球站的距离）d_2、"施扰系统 NGSO 地球站–施扰系统 NGSO 卫星–受扰系统 NGSO 地球站"的链路夹角 θ_3、"施扰系统 NGSO 卫星–受扰系统 NGSO 地球站–受扰系统 NGSO 卫星"的链路夹角 θ_4、施扰系统卫星在重叠频带内的发射功率 $P'_{\mathrm{Sat,T,1}}$。同样地，卫星通信系统的发射功率可从国际电信联盟登记的数据库中获取，$P'_{\mathrm{Sat,T,1}}$ 根据功率谱密度和重叠频段计算得到，可视为卫星通信业务模块向干扰分析模块的输入。因此产生干扰的自变量为 $P'_{\mathrm{Sat,T,1}}$、θ_3、θ_4 和 d_2，则下行链路干扰可表示为

$$I_{\mathrm{down}}\left(\theta_3,\theta_4,d_2\right) = P'_{\mathrm{Sat,T,1}} G_{\mathrm{Sat,T,1}}\left(\theta_3\right) G_{\mathrm{Es,R,2}}\left(\theta_4\right)\left(\frac{\lambda}{4\pi d_2}\right)^2 \tag{4-2}$$

其中，$G_{\mathrm{Sat,T,1}}(\theta_3)$ 为施扰系统 NGSO 卫星在受扰系统 NGSO 地球站方向上的天线发射增益，$G_{\mathrm{Es,R,2}}(\theta_4)$ 为受扰系统 NGSO 地球站在施扰系统 NGSO 卫星方向上的天线接收增益，λ 为通信信号波长。

　　频率管理部门通过干扰分析可获得空间网络频率使用态势，获取频率管理的参考依据。卫星操作者在设计星座方案时，需要通过干扰分析得到卫星通信系统运行过程中干扰最恶劣情况的相关信息，并以此作为卫星通信系统间协调和评估己方卫星通信系统的参考依据。与第 2 章卫星通信系统容量分析不同，在干扰分析中，研

究人员通常按照施扰系统和受扰系统的地球站共址考虑最恶劣的干扰情形。

通常上行链路和下行链路的干扰均由多个变量共同决定，且由于 NGSO 卫星动态特性，在几何构型参数方面，链路夹角 θ_1、θ_2、θ_3、θ_4 和链路距离 d_1、d_2 均随时间快速变化。在通信参数方面，卫星端重叠带宽内发射功率 $P'_{\text{Sat,T,1}}$ 和地球站重叠带宽内发射功率 $P'_{\text{Es,T,1}}$ 也会对干扰值产生直观的影响。

将干扰值 I 与载波功率、噪声功率相结合可以得到常用的干扰评价指标，如干噪比（I/N）、载干比（C/I）、载干噪比[$C/(I+N)$]、噪声相对增量（$\Delta T/T$）、功率通量密度（Power Flux Density，PFD）、等效功率通量密度（Equivalent Power Flux Density，EPFD）等。

3. 干扰评价准则

国际上常用的 GSO 卫星系统和 NGSO 卫星系统间干扰保护标准和建议书见表 4-1。

表 4-1 国际上常用的 GSO 卫星系统和 NGSO 卫星系统间干扰保护标准和建议书

文件	干扰保护相关的主要内容
《无线电规则》	附录 8 关于等效噪声增量：$\Delta T/T \leqslant 6\%$　　$I/N \leqslant -12.2$ dB
	第 21 条的功率通量密度限值、第 22 条的等效功率通量密度限制：EPFD↓、EPFD↑、EPFDIS（与 EPFD 的累积分布相关）
ITU-R S.740 建议书	固定卫星业务（Fixed Satellite Service，FSS）和卫星系统间技术协调方法：基于干扰带宽与干扰功率密度，计算任何被干扰载波带宽下的干扰功率
ITU-R S.1323-2 建议书	30 GHz 以下 GSO 卫星系统 FSS 馈电链路、NGSO 卫星系统 FSS 馈电链路、NGSO 卫星系统移动卫星业务（Mobile Satellite Service，MSS）馈电链路之间干扰限值 • 同步保护门限：受保护系统受到集总干扰，其 C/N 应全时不小于系统同步所需的最低 C/N • 解调保护门限：受保护系统受到集总干扰，其 C/N 低于系统解调所需 C/N 的时长占比不得超过 $p\%$（全年尺度） • 长期保护门限：从长期尺度上，受保护系统所受集总干扰应低于系统总噪声功率的 $x\%$，超标时间占比不得超过 $y\%$（一般 $x=6$，$y=10$） 该建议书提出若干种根据系统工作参数确定保护门限的方法
ITU-R S.1324 建议书	评估 NGSO MSS 馈电链路和 GSO FSS 同频同方向的干扰分析方法： 在 11～14 GHz 上，以 $I/N=-12.2$ dB 作为系统最大可容忍状态，建议以 0.87% 的时间百分比作为保护标准
ITU-R S.1432-1 建议书	30 GHz 以下 FSS 最大容许累计干扰值 干扰容限对应的干扰噪声比 I/N 用系统噪声的百分数来表示 • $I/N=-6$ dB 对应卫星系统噪声 25%（用于没有频率复用的受扰 FSS 系统） • $I/N=-7$ dB 对应卫星系统噪声 20%（用于频率复用的受扰 FSS 系统） • $I/N=-12.2$ dB 对应卫星系统噪声 6%（其他具有共同主要地位的系统） • $I/N=-20$ dB 对应卫星系统噪声 1%（其他干扰源）

目前国际上没有明确适用于 NGSO 卫星通信系统间的干扰保护标准，通常由 NGSO 卫星操作者参照上述建议书自行协商确定。

4. NGSO 卫星通信系统间干扰分析特点与仿真分析流程

（1）干扰分析特点

与 GSO 卫星通信系统和 NGSO 卫星通信系统间干扰分析相比，NGSO 卫星通信系统间干扰分析的特点如下。

① 节点数量多，链路组合丰富

相比 GSO 卫星通信系统，NGSO 卫星通信系统空间段节点（卫星）和地面段节点（包括信关站和用户站）数量众多，并且卫星使用动态多波束，可同时连接多个地面段节点，地面段节点可配备多副天线，同时接入多颗卫星。因此，星地接入规划更为复杂，星地链路之间的干扰组合更加丰富。

② 链路动态变化

与静态的 GSO 卫星通信系统链路不同，NGSO 卫星通信系统链路是动态变化的。NGSO 系统的卫星和地球站的位置和指向不断变化，链路的功率、频率不断变化，使链路间干扰不断变化。在干扰分析中需要足够长的仿真时长、足够细的仿真粒度，才能保证覆盖到所有可能出现的干扰关系，因此，干扰分析的计算量大幅增加。

③ 需要综合时间、空间维度评估干扰程度

由于 NGSO 卫星通信系统链路是动态变化的，在时间维度上，需要长时仿真获得统计特性来评价系统间干扰程度；在空间维度上，不同于 GSO 卫星的零倾角轨道特性，大多数 NGSO 卫星星座的轨道倾角、轨道高度各不相同，各节点间的干扰也呈现不均匀、时变特性。因此，NGSO 卫星通信系统间的干扰强度是随时间、空间两个维度变化的，需要在全球大时空尺度下，综合时间、空间维度评估系统间的干扰程度。

（2）仿真分析流程

NGSO 卫星通信系统间干扰的仿真分析流程如图 4-3 所示。

具体步骤如下。

① 确定干扰场景

首先分析 NGSO 卫星通信系统间干扰关系，确定具体的干扰场景。根据 NGSO 卫星通信系统间的用频情况，划定具体需要干扰仿真分析的卫星网络资料，明确卫星通信系统之间的干扰关系，选择合适的干扰评价指标，确定基本的干扰场景。

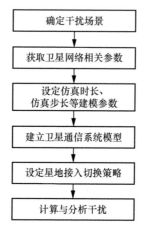

图 4-3   NGSO 卫星通信系统间干扰的仿真分析流程

② 获取卫星通信网络相关参数

通过 ITU 指定的专用数据查询软件、卫星通信系统官方网站等获取卫星通信系统相关参数，包含 NGSO 卫星通信系统轨道参数、工作特性、星地接入切换方法、地球站和卫星的天线参数、地球站分布模型等。

③ 设定仿真时长、仿真步长等建模参数

根据卫星通信系统的运行周期和仿真目标，设定合理的仿真时长、仿真步长等建模参数。

④ 建立卫星通信系统模型

基于 NGSO 卫星轨道基础参数，根据仿真时长、仿真步长等外推各时刻的 NGSO 卫星轨道位置。利用卫星轨道位置，结合卫星的天线参数、系统工作参数等，建立卫星通信系统空间模型。基于地球站天线参数、地球站分布模型等，建立卫星通信系统地面模型。

⑤ 设定星地接入切换策略

结合 NGSO 卫星通信系统工作方式、工作特性、星地接入切换方法，在 GSO 干扰保护约束下，设置合理的星地接入策略。较常见的经典策略有：最高仰角接入准则、最强信号准则、最长可视时间准则、负载均衡准则、最短传播距离准则等。在实际卫星通信系统中，不一定单独采用某种策略，而是综合使用多种策略，以获得全局最优的系统容量和通信质量。

⑥ 计算与分析干扰

根据卫星通信系统的通信参数，包括卫星通信系统发射功率、频率、带宽、天线方向图等，考虑规避对 GSO 卫星的干扰，得到各仿真时刻卫星通信系统各地球站、各卫星的通信特征。基于干扰链路构型、干扰链路功率等特征，通过仿真得到干扰评价指标，结合具体干扰评价指标评估系统间干扰程度。

实践中，随着卫星通信系统设计方案更迭、频率协调进展、干扰避免与优化等进程，卫星通信系统参数、仿真场景参数、干扰评价指标等都可能发生变化。相应地，NGSO 卫星通信系统间干扰仿真分析也需要多轮迭代，以准确反映 NGSO 卫星通信系统间的干扰特征，为卫星通信系统设计优化提供重要参考信息。

4.2.2　O3b 系统对 OneWeb 系统信关站的干扰分析

卫星通信系统在实际投入使用之前，为防止对已有系统造成有害干扰，需要开展频率协调，在 ITU 申报顺序靠前的卫星系统拥有更高的协调优先级。优先级低的系统应保护优先级高的系统不受到来自优先级低的系统的有害干扰。OneWeb 系统和 O3b 系统均为正在建设的典型 NGSO 卫星通信系统。根据 ITU 公布的卫星网络资料数据库可知，OneWeb 系统 L5 数据库（典型 18×40 星座构型）位于 BR IFIC 2942 期数据库，O3b 系统 O3B-C 数据库（零倾角轨道）位于 BR IFIC 2958 期数据库，OneWeb 系统需要保护 O3b 系统不受到来自 OneWeb 系统的有害干扰。在 OneWeb 系统方案设计阶段，要保证其对 O3b 系统不产生有害干扰。另一方面，由于高优先级的 O3b 系统对 OneWeb 系统没有干扰保护义务，OneWeb 系统应通过仿真掌握 O3b 系统既定部署方案对 OneWeb 系统可能产生的有害干扰，系统方案中需要预留充足的干扰恶化余量。因此，本小节关注 O3b 用户链路对 OneWeb 馈电链路的干扰，分析 O3b 系统用户站对 OneWeb 系统信关站的干扰情况。

空间段由 O3b 系统与 OneWeb 系统共同组成，O3b 系统下行用户业务采用 Ka 频段，OneWeb 系统下行馈电业务采用 Ka 频段，两者在同一频段。O3b 系统为零倾角轨道卫星通信系统，由 60 颗卫星组成，通过空域隔离方法减缓对 GSO 卫星的干扰。OneWeb 系统为典型 18×40 星座构型，可与波束范围内可视信关站建链通信，通过空域隔离方法减缓对 GSO 卫星系统的干扰。OneWeb 系统和 O3b 系统均没有明确的减缓 NGSO 卫星通信系统间干扰的措施。

　　地面段由 O3b 用户站和 OneWeb 信关站组成。O3b 系统用户站和 OneWeb 系统信关站均采用最高仰角接入准则接入卫星。分析 O3b 系统下行用户链路对 OneWeb 系统信关站的干扰，仿真参数见表 4-2。

表 4-2　O3b 系统与 OneWeb 系统仿真参数

参数	O3b 系统	OneWeb 系统
链路方向	下行	下行
工作频段	Ka	Ka
卫星轨道构型	60 星座构型	18×40 星座构型
轨道高度	8 062 km	1 200 km
轨道倾角	0°	87°
卫星发射 EIRP	62 dBw	—
卫星天线方向图	REC-1528	—
地球站天线口径	—	4.4 m
地球站波束张角	—	0.16°
地球站天线方向图	—	AP8
地球站天线最大增益	—	61.4 dBi

　　从 ITU 数据库中选取 9 个不同纬度的典型信关站作为 OneWeb 信关站。信关站位置见表 4-3。

表 4-3　OneWeb 信关站位置

OneWeb 信关站编号	经度/（°）	纬度/（°）
信关站 1	103.82	1.35
信关站 2	−0.2	5.56
信关站 3	42.59	11.83
信关站 4	114.18	22.32
信关站 5	104.11	30.58
信关站 6	4.46	40.46
信关站 7	9.92	50.12
信关站 8	−151.54	59.65
信关站 9	31.1	70.37

考虑 O3b 用户站在南北纬 54.2°范围内随机分布，以 22.5°经纬度间隔划分子区域，在每个子区域内根据该区域的通信活动实际密度模型等比例设置用户数量（1 000 个），随机设置用户位置，作为用户站的初始分布[16]。

进一步，考虑到实际情况，O3b 用户站除固定站外，存在动中通、陆基/天基/海基移动通信设备。因此，随机选取 25%的用户站作为移动站，对于移动站，改变其速度等参数。在仿真中随机为每个移动站选取一个初始速度方向，即移动站的初始运动方位角均匀分布于 0°～360°，在后续仿真中，该方位角以 10%概率发生改变。对于速度值的大小，其满足负指数分布，期望值为 10 m/s。

图 4-4 所示为 O3b 下行用户链路对 OneWeb 信关站的干扰情况。

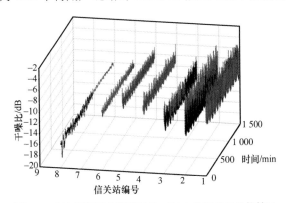

图 4-4　O3b 下行用户链路对 OneWeb 信关站的干扰情况

进一步，统计各信关站位置的干扰情况，O3b 用户链路对 OneWeb 信关站的干扰情况统计如图 4-5 所示，其中，横坐标为 OneWeb 信关站编号，纵坐标为干扰值（以干噪比的形式表示），方框代表 75%的干噪比值所在的范围，方框内横线代表干噪比平均值，虚线代表干噪比值的主要变化范围，加号图标表示因偏离程度过大被排除出统计范围的散点。

通过图 4-5，我们可以看出如下趋势。

- 参考 GSO 系统 I/N=−12.2 dB 的干扰保护门限，O3b 用户链路对 OneWeb 信关站 1～7 的干扰均存在超标的情况。
- 高纬度地区地球站受到的干扰较小，中、低纬度地区地球站受到的干扰较大，主要原因是 O3b 采用零倾角轨道构型，用户多分布在中低纬度地区。

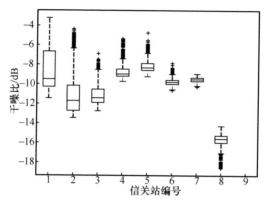

图 4-5　O3b 用户链路对 OneWeb 信关站的干扰情况统计

- 由于 O3b 系统在中、低纬度地区地面用户站分布不均匀，OneWeb 信关站受扰程度与 O3b 用户站密度相关程度较高，信关站 1、4、5、6、7 位于亚洲、欧洲等用户密集区域，信关站 2、3 位于非洲用户稀疏区域，相对来说，信关站 1、4、5、6、7 受干扰较严重。

上述 O3b 系统对 OneWeb 系统信关站的干扰的分析结果表明，O3b 用户链路对 OneWeb 信关站存在干扰超标的情况，O3b 系统卫星轨道倾角和 O3b 用户站分布密度都对干扰程度有着重要影响。仿真思路和结果可为其他星座之间的干扰分析提供参考。O3b 系统只有 60 颗卫星，规模较小，其对 OneWeb 系统信关站造成的干扰已经超标。这也进一步说明了卫星星座系统间干扰分析是星座设计过程中需要考虑的重要问题，采用必要方法来减缓干扰已成为必选项。

4.2.3　Starlink 系统对 OneWeb 系统用户站的干扰分析

Starlink 系统和 OneWeb 系统都是正在建设的典型大规模 NGSO 卫星通信系统，为防止系统间干扰，在系统正式使用之前必须要根据协调优先级开展干扰分析。根据 ITU 公布的卫星网络资料数据库可知，Starlink 系统主用的 Ku 频段 STEAM-1 数据库位于 BR IFIC 2942 期数据库，OneWeb 系统 L5 数据库也位于 BR IFIC 2942 期数据库。首批 Starlink 星座有 11 943 颗卫星，OneWeb 系统有 720 颗卫星（18×40 星座构型），两个星座系统规模都较大，全球接入的用户也会较多，为防止系统间干扰，有必要分析众多用户链路之间的干扰情况。本小节关注 NGSO 星座系统用户链路之间的干扰，以 Starlink 系统对 OneWeb 系统全球范围用户站的干扰为例分析 Starlink 系统和 OneWeb 系统之间的干扰情况。

空间段由 OneWeb 系统与 Starlink 系统共同组成：OneWeb 系统为典型 18×40 星座构型；Starlink 系统星座构型采用 SpaceX 公司于 2016 年 11 月 15 日提出的首批星座构型——"LEO+VLEO"星座构型，星座总卫星数为 11 943。OneWeb 系统通过渐进俯仰策略减缓对 GSO 卫星系统的干扰，Starlink 系统通过空域隔离方法减缓对 GSO 卫星系统的干扰，但双方均没有实施明确的减缓 NGSO 卫星通信系统间干扰的措施。

为简化分析，可根据轨道高度、轨道倾角将 Starlink 系统 LEO 子星座划分为两个子星座，分别为 LEO1 星座和 LEO2 星座；同理，将 VLEO 子星座也划分为两个子星座，分别为 VLEO1 星座和 VLEO2 星座，4 个子星座均为 Walker 星座。卫星波束垂直指向地心，波束范围内可视地球站均可建链通信。Starlink 星座系统子星座构型见表 4-4。

表 4-4　Starlink 星座系统子星座构型

子星座	轨道高度/km	倾角/(°)	轨道面数	卫星数/轨道面数
LEO1	1130	53.5	64	50
LEO2	1250	78	25	49
VLEO1	343	53.5	75	67
VLEO2	336	74	46	54

地面段假定由 1 000 个 OneWeb 系统用户站组成，包括 500 个小口径用户站和 500 个中口径用户站。OneWeb 系统用户站分布模型与 4.2.2 节所提及的用户站模型相似，用户分布范围扩展至全球范围内，以 22.5°经纬度间隔划分子区域，在每个子区域内根据通信活动实际密度模型设置用户数量，随机设置用户位置，作为用户站的初始分布。OneWeb 系统用户站采用最高仰角接入准则接入卫星。

分析 Starlink 系统对 OneWeb 用户站的干扰，两个系统的仿真参数见表 4-5。

表 4-5　Starlink 系统与 OneWeb 系统仿真参数

参数	Starlink 系统	OneWeb 系统
链路方向	下行	下行
工作频段	Ku	Ku
卫星轨道构型	LEO1、LEO2、VLEO1、VLEO2	—
VLEO2 子星座构型	18×40 星座构型	—
卫星天线方向图	REC-1528	—
卫星发射 EIRP	43.3 dBw	—
地球站接收机噪声温度	—	120 K
地球站波束张角	—	5.9°/17.7°
地球站天线方向图	—	AP8
地球站天线最大增益	—	29.4 dBi/19.9 dBi

仿真各地面位置的干噪比分布，通过干扰概率分布来对比不同地面位置的受扰情况，图 4-6 所示为[127.27°W，70.80°S]、[7.45°E，51.28°S]和[138.88°E，30.88°S]这 3 个典型 OneWeb 用户站位置的干扰概率分布。

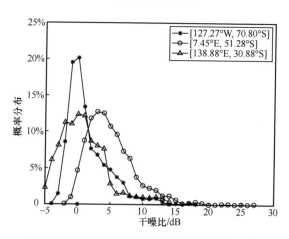

图 4-6　OneWeb 典型用户站位置的干扰概率分布

根据结果可以看出，根据−12.2 dB 的干噪比门限，Starlink 系统对 3 个典型 OneWeb 用户站产生有害干扰的概率为 100%，这将严重干扰 OneWeb 用户站的正常工作。

进一步，统计全部纬度位置 OneWeb 用户站的干噪比，得到 OneWeb 用户站干噪比最大值随纬度变化的情况，如图 4-7 所示。

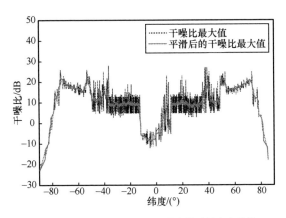

图 4-7 OneWeb 用户站干噪比最大值随纬度变化情况

可以得到如下结论。

- 按照 *I/N*=−12.2 dB 的干扰门限，Starlink 系统对于纬度范围 84°S~84°N 内的 OneWeb 用户站均会产生有害干扰。

- 地面位置干扰情况与卫星星座轨道构型存在相关性，干噪比值在纬度 53°、75° 左右存在峰值，而 Starlink 有 3 个子星座的轨道倾角为 53.5°、1 个子星座的轨道倾角为 74°，说明非极轨轨道倾角附近纬度干扰较大。

- 干扰情况在低、中、高纬度地区和极区分别呈现干扰较小、干扰较大、干扰很大、干扰较小的态势。在低纬度地区干扰较小，主要是因为 OneWeb 系统的渐进俯仰策略起了作用，中纬度、高纬度和极区的干扰情况主要受 Starlink 星座的轨道构型影响。

- 仿真分为中口径 OneWeb 用户站天线（波束张角为 5.9°、最大增益为 29.4 dBi、AP8 方向图、接收机噪声温度为 120 K）和小口径地球站（波束张角为 17.7°、最大增益为 19.9 dBi、AP8 方向图、接收机噪声温度为 120 K）。中口径天线干噪比平均值为 3.347 dB，小口径天线干噪比平均值为 3.596 dB。相比之下，小口径天线干扰情况更严重。

上述 Starlink 系统对 OneWeb 系统全球范围用户站干扰分析结果表明，Starlink

系统对全球范围大多数 OneWeb 系统用户站均存在干扰超标的情况，有害干扰具有普遍性。Starlink 系统星座轨道构型、OneWeb 的渐进俯仰策略以及地球站类型都对干扰程度有着重要影响，仿真思路和结果可为其他星座之间的干扰分析提供参考。考虑到 OneWeb 系统的工作参数和星座构型都具有代表性，Starlink 系统对类似星座系统造成的有害干扰具有普遍性和广泛性，相关干扰研究应成为卫星通信网络频率研究中需要考虑的重要问题。上述仿真思路和结果可为其他星座之间的干扰分析提供参考。

| 4.3　NGSO 卫星通信系统间干扰减缓方法 |

本节主要研究 NGSO 卫星通信系统间干扰减缓方法的效果和代价，首先梳理 GSO 与 NGSO 卫星通信系统间的主要干扰减缓方法，分析不同方法应用于 NGSO 卫星通信系统间干扰减缓的适用性。举例分析非合作与合作两类 NGSO 干扰减缓方法，特别是，以基于琴生不等式的功率和波束分配联合优化算法为例，介绍多星座合作干扰减缓方法。可以预见，不同星座间合作共存将成为 NGSO 卫星通信系统发展的方向。

4.3.1　非合作干扰减缓方法

NGSO 卫星通信系统数量众多，各系统操作者之间的直接沟通、协商机制还未建立，NGSO 卫星通信系统的星座规模大、链路动态变化特性导致 NGSO 卫星通信系统间的干扰复杂，干扰减缓方式亟待深入研究。

ITU-R S.1325、ITU-R S.1431 等建议书中提及的 NGSO 与 GSO 卫星系统间主要干扰减缓方法[17-18]如下。

- 空域隔离。主要分为两种：一种是基于禁区技术的空域隔离，另一种是基于链路分离角的空域隔离。此外，还可将两种形式结合起来。
- 切换卫星。当两链路指向相近时，地球站切换到其他的替代卫星以避免主波束耦合带来的干扰。

- 功率控制。降低发射功率，必要时关闭波束。
- 使用低旁瓣增益天线。通过提高天线指向性，减少旁瓣辐射。
- 频率通道化。通过频域隔离的方式减缓干扰。
- 极化隔离。通过不同的极化方式来减缓干扰。

现阶段，各大规模 NGSO 卫星互联网星座系统均基于自身轨道、频率、波束特性，选择合理干扰减缓方法减缓对 GSO 卫星通信系统的干扰，例如，O3b、OneWeb 星座分别利用轨道高度差和姿态机动来构建空域隔离区，规避对 GSO 卫星系统的干扰，但对于 NGSO 卫星通信系统之间的干扰，各方还没有统一的标准和方法，多个系统共存研究尚属起步阶段。

干噪比的基本表达式如图 4-8 所示，干扰主要受发射功率、天线增益、空域隔离角、通信频率的影响。传统的干扰减缓策略主要是从上述 4 项影响因素来入手。

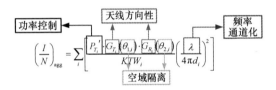

图 4-8　干噪比的基本表达式

1. 功率控制

对于 GSO 静态卫星通信链路，可通过功率控制的方法，降低系统间干扰程度。功率控制方法会导致系统容量降低，另外，对于复杂的、动态变化的 NGSO 卫星通信系统，如何控制功率、降低哪一条链路的功率、降低多少功率，需要实时计算，有一定实施难度。

2. 改变天线类型

改变天线类型是指，利用指向性较好的发射、接收天线，抑制旁瓣，以减缓系统间干扰。根据应用需要，卫星通信系统用户站包括手持、车载、机载、动中通等各种模式，不可避免地存在小口径天线、全向天线等天线样式，难以统一全部节点的天线指向性。

3. 空域隔离

通过空域隔离的策略减缓干扰，是 NGSO 卫星通信系统规避对 GSO 卫星系统干扰时常用的策略。在规避对 GSO 卫星系统干扰时，GSO 卫星是静态分布的。因此，干扰规避区也是静态的，即划分了特定的干扰规避区后，NGSO 卫星移动到干扰规避区以内，NGSO 卫星通信系统地球站不再接入该 NGSO 卫星。但是，对于大规模 NGSO 卫星通信系统间干扰的场景，施扰、受扰星座均动态变化，空域隔离区的位置、大小也是实时变化的，有一定实施难度。

4. 频率通道化

频率通道化是指将不同的通信频率划分给不同系统的不同链路，彼此形成频分复用，以规避系统间的干扰。在频率资源有限的背景下，该方法应用于大规模 NGSO 卫星通信系统间干扰规避时，操作者会面临一些现实困难。

大规模 NGSO 卫星通信系统与传统卫星通信系统间干扰相比，主要区别在于节点和接入关系的高动态性。其中节点包括地面段节点和空间段节点，接入关系主要涉及星地链路的接入方法和切换策略。基于此，本小节通过对 NGSO 卫星通信系统特性分析，介绍两种适用于 NGSO 卫星通信系统间非合作干扰减缓的方法。

4.3.1.1 基于节点位置的干扰减缓方法

NGSO 卫星通信系统地面段节点包括馈电链路的信关站和用户链路的用户站，空间段节点主要是 NGSO 卫星。基于节点位置的干扰减缓方法旨在通过评估各节点位置的施扰、受扰情况，在 NGSO 卫星节点选取、组网时考虑干扰程度这一因素，减缓系统间干扰。

用于馈电链路的地面信关站一般为大口径固定站，且当前大规模 NGSO 卫星互联网星座信关站大多配备多副天线，同时与多颗卫星建链。在选择与 NGSO 星座建立馈电链路时，可以优化信关站的位置、组合方式、天线配置以减缓系统间干扰。通过对两系统间的干扰场景建模，并在全时域仿真计算，得到每个信关站、每副天线的干扰时空分布情况。也可在时域上统计，将信关站与 NGSO 星座内的每颗卫星建链期间的干扰值，作为评估建链质量的依据。

相对于信关站，地面用户站具有天线口径小、可移动、分布密集等特点。用户站一般使用小口径天线或全向天线，其指向性较差，一般干扰较严重。可通过如下两个角度减缓对 NGSO 卫星通信系统用户站的干扰。

1. 基于 NGSO 卫星通信系统干扰分布特性

受轨道构型、服务区域的影响，一般来说，NGSO 卫星通信系统对全球不同区域的干扰强度存在差异，用户站可利用该差异，在不同区域，采取控制用户分布密度、控制不同位置用户站接入时间等方式减缓系统间的干扰。

2. 基于 NGSO 卫星用户站特性

NGSO 卫星用户站具有移动特性，在移动过程中，其可视卫星发生改变，接入策略也相应发生变化。分析 NGSO 卫星用户站施扰或受扰时，应在全时域尺度下，考虑单个 NGSO 卫星用户可能存在的区域、出现的频次等，合理规划星地路由选择，减缓系统间干扰。

NGSO 卫星位置主要由卫星星座构型来决定。NGSO 卫星轨道位置共有 6 个自由度，一般用轨道六根数来表示，常见的一组轨道六根数包括轨道倾角 i、近地点幅角 ω、平近点角 M、升交点赤经 Ω、偏心率 e 和轨道半长轴 r，在不同的使用场景下，某些参数还可能有其他的等价描述方式。其中，NGSO 卫星互联网星座一般采用圆轨道，非回归轨道的长仿真周期内可忽略升交点赤经 Ω、近地点幅角 ω 和平近点角 M 的影响，只需考虑轨道半长轴 r、轨道倾角 i 两个影响因素。可通过如下两个角度减缓对 NGSO 卫星通信系统卫星的干扰。

1. 轨道高度对星座系统间干扰程度的影响

在上述干扰分析方法中，可以看出，干扰值与干扰链路传输距离呈平方反比关系，对于单条干扰链路，卫星轨道高度越低，干扰越大。但是，考虑系统间集总干扰的时候，轨道高度越高，卫星可视范围越大，其受到的集总干扰也就越大。因此，我们无法直观地通过轨道高度判断系统间干扰情况，需结合轨道构型具体分析。

2. 轨道倾角对星座系统间干扰程度的影响

轨道倾角可以影响卫星星下点在不同区域的出现概率，进而影响不同地面区域的干扰情况。直观上，低倾角轨道对高纬度地区的干扰较小。

在星座轨道设计、优化时，应综合考虑空间节点轨道高度、轨道倾角对干扰程度的影响。下面，以 O3b 系统和 Starlink 系统之间的干扰为例，验证基于节点位置的干扰减缓方法的可行性。

空间段由 O3b 系统与 Starlink 系统共同组成，O3b 系统为零倾角轨道卫星通信系统，由 60 颗卫星组成。O3b 系统通过功率控制方法减缓对 GSO 卫星的干扰。Starlink 系统星座构型为"LEO+VLEO"星座构型，星座总卫星数为 11 943。Starlink

系统通过空域隔离方法减缓对 GSO 卫星的干扰。

Starlink 系统 LEO 子星座划分与 4.2.3 节相同。4 个子星座的特征为：LEO1 和 VLEO1 子星座仰角较低，LEO2 和 VLEO2 子星座相对仰角较高；LEO2 子星座卫星数量较少，其余 3 个子星座卫星数量较多；VLEO1 和 VLEO2 子星座的轨道高度较小，LEO1 和 LEO2 子星座的轨道高度较大。

地面段由 1 000 个 O3b 系统用户站组成，包括 500 个小口径用户站和 500 个中口径用户站。O3b 系统用户站和 OneWeb 系统信关站均采用最高仰角接入准则接入卫星。考虑 O3b 卫星通信系统上行用户链路对 Starlink 卫星的干扰，两个系统的仿真参数见表 4-6。

表 4-6　O3b 系统与 Starlink 系统的仿真参数

参数	O3b 系统	Starlink 系统
链路方向	上行	上行
工作频段	Q/V	Q/V
卫星轨道构型	60 星座构型(0°轨道倾角，8 062 km 轨道高度)	LEO1、LEO2、VLEO1、VLEO2 子星座构型
卫星天线最大增益	—	36.5 dBi
卫星天线方向图	—	REC-1528
卫星天线波束张角	—	2.1°
卫星接收机噪声温度	—	585 K
地球站天线口径	1 m/0.3 m	—
地球站波束张角	0.43°/1.45°	—
地球站天线方向图	AP8	—
地球站天线最大增益	51.6 dBi/41.1 dBi	—

以干噪比平均值为指标，统计上行干扰场景下 Starlink 各子星座的受扰情况，根据纬度特征得到结果，Starlink 各子星座在不同纬度空域的受扰情况如图 4-9 所示。

由图 4-9 可知，在低纬度地区，LEO1 和 LEO2 子星座受扰程度明显高于 VLEO1 和 VLEO2 子星座，这是因为 LEO1 和 LEO2 子星座的轨道高度较高，可视范围内 O3b 用户站较多，在 O3b 用户站集总干扰的场景下，轨道高度高的卫星受到的干扰更大。对比之下可以发现，LEO2 子星座所受干扰并没有明显减缓，因此，受扰星座规模对于上行干扰场景来说影响不大。

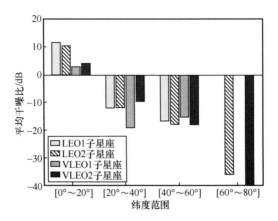

图 4-9　Starlink 各子星座在不同纬度空域的受扰情况

受轨道倾角限制，LEO1 和 VLEO1 子星座在高纬度子空域内没有受到干扰，但是 LEO2 和 VLEO2 子星座在高纬度地区受扰很小，因此，轨道倾角对于受扰情况影响较小。利用 NGSO 卫星星座空间节点位置减缓干扰时，受扰卫星高度（即可视范围内干扰链路数量）是较关键的影响因素。

综上，基于节点位置的干扰减缓方法可在一定程度上减缓干扰，该方法受轨道构型、服务区域、接入策略等多种因素的影响，在使用该方法时，我们需要综合考虑各种因素，选择具体参数。

4.3.1.2　基于接入策略的干扰减缓方法

对于 NGSO 卫星通信系统来说，由于系统卫星数目较多，每个地面位置均被重复覆盖，这也就意味着，各地球站均可见多颗 NGSO 卫星，可以有多个接入选择。对于施扰系统和受扰系统，可以通过选择不同区域的卫星接入，从而构造空域隔离角的方式规避互相的干扰。一般来说，可通过如下 3 种方式划分空域隔离角。

1. 根据仰角划分接入区

对于同一地面位置的可视空域，可以根据仰角划分不同的区域，为每个星座确定一个接入的仰角范围，当该星座卫星处于该仰角范围内时，再利用接入策略建链。图 4-10 所示为在地球站可视空域内根据仰角划分接入区域示意。

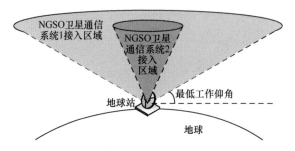

图 4-10　在地球站可视空域内根据仰角划分接入区域示意

对于通信系统来说，高仰角区域对应较少的遮挡和较短的传输距离（较小的传输衰减），因此 NGSO 卫星通信系统 2 的接入区域链路质量较好。但是，由于系统 2 的接入区域相对较小，需要频繁切换卫星。一般来说，低轨卫星的单次建链时间为分钟级，如果限定了高仰角区域，则建链时间更短。

2．根据方位角划分接入区

对于同一地面位置的可视空域，可以根据方位角划分不同的区域，为每个星座确定一个接入的方位角范围，当该星座卫星处于该方位角范围内时，才通过接入策略建链。图 4-11 所示为在地球站可视空域内根据方位角划分接入区域示意。

图 4-11 为按照 180°方位角划分的两个可接入区域。相对于根据仰角划分接入区域，根据方位角划分接入区域时，可保证系统 1、系统 2 均存在高仰角、低仰角的接入范围，可通过合理规划接入关系，保证建链时长不小于原有全空域建链时长的 1/2。此外，根据不同链路仰角等轨道构型，可以划分不同的方位角范围，有针对性地为各个系统选定接入区域。

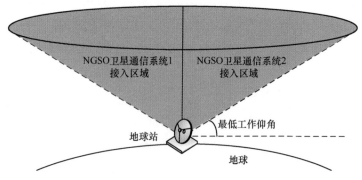

图 4-11　在地球站可视空域内根据方位角划分接入区域示意

此外，该方法的另一个优点在于，可以减少天线的转动。根据仰角划分接入区域时，低仰角区域方位角变化幅度大，高仰角区域方位角变化速度快，对天线伺服要求较高。根据方位角划分接入区域时，可保证同一接入区域内天线转动幅度、速度均较小，同时也可以减小切换卫星时天线转动造成的接入时间损失。

3. 根据特定区域划分接入区

根据特定区域划分接入区时，综合考虑方位角、仰角，为每个 NGSO 卫星通信系统划分特定形状、特定指向的接入区。当该星座卫星处于该方位角范围内时，再利用接入策略建链。图 4-12 所示为在地球站可视空域内根据特定区域划分接入区域示意。

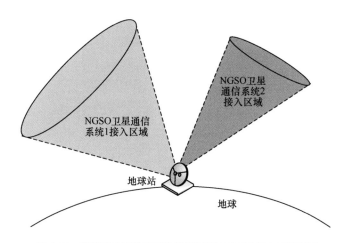

图 4-12　在地球站可视空域内根据特定区域划分接入区域示意

该方法的主要优点有两个：一是可以根据地面位置规避山川、楼房等遮蔽物，获取更好的链路质量；二是根据链路仰角、链路方位角划分接入区域时，仍存在子区域相连的情况，在子区域相连的位置，均可能造成一定的干扰，根据特定区域划分接入区可保证链路夹角最小值小于给定阈值。与上述分析类似，该方法对天线伺服要求较低，但切换频繁。

下面，以 O3b 系统和 OneWeb 系统间干扰为例，验证基于接入策略的干扰减缓方法的可行性。

空间段由 O3b 系统与 OneWeb 系统组成，O3b 系统下行用户业务采用 Ka 频段，OneWeb 系统下行馈电业务采用 Ka 频段，两者同频共存。O3b 系统为零倾角轨道卫星通信系统，由 60 颗卫星组成，OneWeb 系统为典型 18×40 星座构型，可与波束范围内可视信关站建链通信。地面段由 O3b 用户站和 1 个 OneWeb 信关站组成。考虑 O3b 卫星通信系统下行用户链路对 OneWeb 信关站的干扰，两个系统的仿真参数见表 4-7。

表 4-7　O3b 系统与 OneWeb 系统的仿真参数

参数	O3b 系统	OneWeb 系统
链路方向	下行	下行
工作频段	Ka	Ka
卫星轨道构型	60 星座构型	18×40 星座构型
轨道高度	8 062 km	1 200 km
轨道倾角	0°	87°
卫星发射 EIRP	62 dBw	—
卫星天线方向图	REC-1528	—
地球站天线口径	—	4.4 m
地球站波束张角	—	0.16°
地球站天线方向图	—	AP8
地球站天线最大增益	—	61.4 dBi

O3b 轨道具有零倾角特性，因此在某些场景构型下，可与 OneWeb 卫星链路形成天然的空域隔离。考虑单个 OneWeb 信关站和单个 O3b 系统用户站，当两站共址时，干扰最严重，共址位置为[42.59°E, 11.83°N]，当 O3b 卫星按照最长可视时长接入、OneWeb 卫星按照最高仰角接入准则接入时，O3b 卫星与 OneWeb 卫星通信系统共存场景如图 4-13 所示，此时 OneWeb 卫星通信系统仅画出一个轨道面。

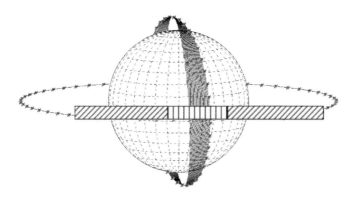

图 4-13　O3b 卫星与 OneWeb 卫星通信系统（一个轨道面）共存场景

可以看出，当 O3b 卫星位于斜线区域时，与 OneWeb 卫星的隔离角较大，当 O3b 卫星位于竖线区域时，与 OneWeb 卫星的隔离角相对较小，当 O3b 用户站以最长接入时间接入 O3b 卫星时，"地球站-O3b 卫星"链路将按顺序经过"斜线—竖线—斜线"，因此干扰情况也将呈现"干扰较小—干扰较大—干扰较小"的周期性变换特点。图 4-14 所示为 O3b 用户链路对 OneWeb 信关站的干扰随时间变化情况，可以看出，此结果符合上述特征。

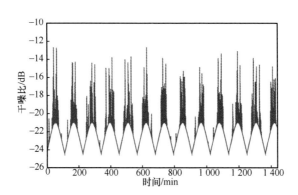

图 4-14　O3b 用户链路对 OneWeb 信关站的干扰随时间变化情况

进一步，考虑更改 O3b 系统的接入策略，使 O3b 系统不接入位于竖线区域的卫星，仅接入斜线区域的卫星，O3b 用户链路对 OneWeb 信关站的干扰随时间变化情况（采用特定接入策略）如图 4-15 所示，从图 4-15 可以看出，此时干扰值有了一定的降低，很多干噪比较大的值已被消除，更改后的接入策略整体上满足干噪比不大于−12.2 dB 的干扰保护标准。

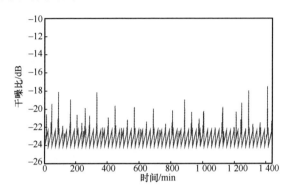

图 4-15　O3b 用户链路对 OneWeb 信关站的干扰随时间变化情况（采用特定接入策略）

根据仿真结果，通过 NGSO 卫星通信系统间特定的接入策略可减缓系统间干扰，特别是根据不同方位角划分接入区域时，效果较好。

但是，NGSO 卫星的运动特性使接入策略影响系统接入切换频率。同样以上述场景为例，采用最长时长接入卫星时，O3b 卫星链路平均每 120 min 切换一次；采用特定接入策略时，O3b 卫星链路平均每 26 min 切换一次。

综上，基于接入策略的干扰减缓方法可以在一定程度上减缓干扰，根据仰角/方位角/特定区域划分接入区的 3 种方法各有优点，也都存在一定的局限性，需要根据系统特征及需求设置具体策略。

4.3.2　多星座间合作干扰减缓方法

考虑到 NGSO 星座具有大规模的特点，系统间的干扰不可避免，通过合作实现共存是发展趋势，我们需要寻找更可行、成本适当的合作干扰减缓方法。基于此，本小节介绍一种多星座合作的干扰减缓方法——基于琴生不等式的功率和波束分配联合优化算法[19]。首先根据系统模型构造优化问题，接着转化优化问题并给出基于琴生不等式的优化求解方法，通过功率和波束分配来减缓干扰。

考虑两个 NGSO 卫星通信系统共存的场景，这里分别将在这两个系统命名为系统 1 和系统 2。系统 1、系统 2 地球站均配备多副天线，可同时与多颗 NGSO 卫星建链。当两者的地球站相距较近时，系统 1 的每一条星地链路，均会对系统 2 造成影响，系统 2 的每一条星地链路，也会对系统 1 造成影响。

每颗 NGSO 卫星天线扫描范围足够大，在满足系统最低工作仰角的限制后，NGSO 卫星即可与地球站建链，且可忽略切换时延。以下行链路干扰为例，NGSO 卫星与地球站建链示意如图 4-16 所示。

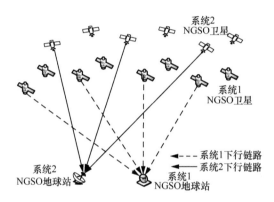

图 4-16　NGSO 卫星通信系统与地球站建链

设某一时刻，在满足系统最低工作仰角的约束后，系统 1 地球站可见系统 1 的卫星总数为 M，对于第 i 条星地链路，卫星下行发射功率为 $p_{1,i}$，其中 $i = 1, 2, \cdots, M$，系统 1 星上最大发射功率为 $P_{1,\max}$，即

$$0 \leqslant p_{1,i} \leqslant P_{1,\max} \qquad (4\text{-}3)$$

同样地，地球站可见系统 2 的卫星总数为 N，系统 2 第 j 条链路的下行发射功率为 $p_{2,j}$，其中 $j = 1, 2, \cdots, N$，系统 2 星上最大发射功率为 $P_{2,\max}$，即

$$0 \leqslant p_{2,j} \leqslant P_{2,\max} \qquad (4\text{-}4)$$

考虑系统 1 地球站配有 M_{th} 副天线，即同一时刻地球站接入卫星数为 $\min\{M, M_{\text{th}}\}$；系统 2 地球站配有 N_{th} 副天线，同一时刻星地链路数目为 $\min\{N, N_{\text{th}}\}$。进一步，定义 $v_{1,i} \in \{0,1\}$ 表示系统 1 的第 i 颗卫星是否接入系统 1 的地球站，1 代表接入，0 代表不接入；同理，$v_{2,j} \in \{0,1\}$ 代表系统 2 的第 j 颗卫星的接入情况。根据

地球站天线配置的约束，有

$$\sum_{i=1}^{M} v_{1,i} \leqslant M_{\text{th}} \tag{4-5}$$

$$\sum_{j=1}^{N} v_{2,j} \leqslant N_{\text{th}} \tag{4-6}$$

考虑系统间干扰，系统 1 的第 i 条链路对系统 2 的第 j 条链路造成的下行干扰为 $I_{1\to2,i,j}$，可以表示为

$$I_{1\to2,i,j} = p'_{1,i} G_{1t,i}(\theta_{1,i,j}) G_{2r,j}(\theta_{2,i,j}) \left(\frac{\lambda_{1,i}}{4\pi d_{1,i}}\right)^2 \tag{4-7}$$

其中，$p'_{1,i}$ 表示系统 1 第 i 条链路的发射功率 $p_{1,i}$ 折算到其与系统 2 第 j 条链路的重叠频段的等效发射功率，$G_{1t,i}(\theta_{1,i,j})$ 表示系统 1 第 i 颗卫星发射天线向系统 2 地球站方向的发射增益，$G_{2r,j}(\theta_{2,i,j})$ 为系统 2 地球站与第 j 颗卫星建链的天线在系统 1 第 i 颗卫星方向的接收增益，$\lambda_{1,i}$ 为系统 1 第 i 颗卫星下行链路通信信号的波长，$d_{1,i}$ 表示系统 1 第 i 颗卫星与地球站的距离。$\theta_{1,i,j}$ 和 $\theta_{2,i,j}$ 分别表示系统 1 的第 i 条链路与系统 2 的第 j 条链路之间发射端、接收端的夹角。NGSO 卫星通信系统间干扰场景示意如图 4-17 所示。

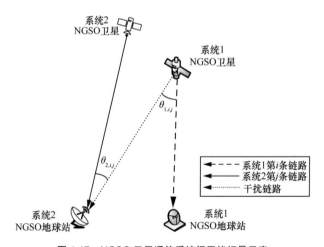

图 4-17　NGSO 卫星通信系统间干扰场景示意

$p'_{1,i}$ 可以表示为

$$p'_{1,i} = p_{i,j} \min\left(\frac{W_{2,j}}{W_{1,i}}, 1\right) \tag{4-8}$$

其中，$W_{1,i}$ 表示系统 1 第 i 条链路的带宽，$W_{2,j}$ 表示系统 2 的第 j 条链路的带宽。

综合上述分析，可以看出，$I_{1 \to 2,i,j}$ 可以由 $p_{1,i}$ 线性表示。

$$I_{1 \to 2,i,j} = a_{1,i,j} p_{1,i} \tag{4-9}$$

其中，$a_{1,i,j} = G_{1t,i}(\theta_{1,i,j}) G_{2r,j}(\theta_{2,i,j}) \left(\lambda_{1,i} / 4\pi d_{1,i}\right)^2 \min\left\{ W_{2,j} / W_{1,i}, 1 \right\}$。

为了满足系统的集总干扰不超过干扰限值，需要系统 1 的所有链路对系统 2 的任意一条链路的集总干扰不超过系统 2 的干扰阈值 $I_{2,\text{th}}$，设系统 1 对系统 2 的第 j 条链路的集总干扰为 $I_{1 \to 2,j}$，即

$$I_{1 \to 2,j} = \sum_{i=1}^{M} v_{1,i} v_{2,j} I_{1 \to 2,i,j} \leqslant I_{2,\text{th}}, \quad j = 1, 2, \cdots, N \tag{4-10}$$

同理，对于系统 2，有

$$I_{2 \to 1,i,j} = a_{2,i,j} p_{2,j} \tag{4-11}$$

$$a_{2,i,j} = G_{2t,j}(\theta_{3,i,j}) G_{1r,i}(\theta_{4,i,j}) \left(\frac{\lambda_{2,j}}{4\pi d_{2,j}}\right)^2 \min\left(\frac{W_{1,i}}{W_{2,j}}, 1\right) \tag{4-12}$$

$$I_{2 \to 1,i} = \sum_{j=1}^{N} v_{1,i} v_{2,j} I_{2 \to 1,i,j} \leqslant I_{1,\text{th}}, \quad i = 1, 2, \cdots, M \tag{4-13}$$

其中，$G_{2t,j}(\theta_{3,i,j})$ 表示系统 2 第 i 颗卫星发射天线向系统 1 地球站方向的发射增益，$G_{1r,i}(\theta_{4,i,j})$ 为系统 1 地球站与第 j 颗卫星建链的天线在系统 2 第 i 颗卫星方向上的接收增益，$\lambda_{2,i}$ 为系统 2 第 i 颗卫星下行链路通信信号的波长，$d_{2,i}$ 代表系统 2 第 i 颗卫星与地球站的距离。$\theta_{3,i,j}$ 和 $\theta_{4,i,j}$ 分别表示系统 2 的第 i 条链路与系统 1 的第 j 条链路之间发射端、接收端的夹角，$I_{1,\text{th}}$ 为系统 1 的干扰阈值。

假设系统 1 的各条链路是等效的，即其带宽和接收机噪声温度是相同的。此时，根据接收端 SINR 和香农公式，可将系统 1 各链路的通信速率总和 c_1 表示为

$$c_1 = \sum_{i=1}^{M} v_{1,i} W_1 \text{lb}\left(1 + \frac{p_{1,i} b_{1,i}}{k_B T_1 W_1 + I_{2 \to 1,i}}\right) \tag{4-14}$$

其中，$b_{1,i} = G_{1t,i}^{\max} G_{1r,i}^{\max} (\lambda_1 / 4\pi d_{1,i})^2$，$G_{1t,i}^{\max} = G_{1t,i}(0)$，$G_{1r,i}^{\max} = G_{1r,i}(0)$，$\lambda_1$ 为系统 1 下行链路通信信号的波长，W_1 为系统 1 下行通信带宽，k_B 为玻尔兹曼常数，T_1 为系统 1 接收端的等效噪声温度。

对于系统 2，同理可得

$$c_2 = \sum_{j=1}^{N} v_{2,j} W_2 \text{lb}\left(1 + \frac{p_{2,j} b_{2,j}}{k_B T_2 W_2 + I_{1\rightarrow 2,j}}\right) \tag{4-15}$$

其中，$b_{2,i} = G_{2t,i}^{\max} G_{2r,i}^{\max} (\lambda_2 / 4\pi d_{2,i})^2$，$G_{2t,i}^{\max} = G_{2t,i}(0)$，$G_{2r,i}^{\max} = G_{2r,i}(0)$，$\lambda_2$ 为系统 2 下行链路通信信号的波长，W_2 为系统 2 下行通信带宽，T_2 为系统 2 接收端的等效噪声温度。

需要最大化的是系统 1 和系统 2 的通信速率总和，即 $c_1 + c_2$。综上所述，针对这一问题，可以通过构造如下优化问题求解。

$$\max_{\{v_1, v_2, p_1, p_2\}} (c_1 + c_2)$$

$$\text{s.t. } C1: \sum_{i=1}^{M} v_{1,i} v_{2,j} a_{1,i,j} p_{1,i} \leq I_{2,\text{th}}, j = 1, 2, \cdots, N$$

$$C2: \sum_{j=1}^{N} v_{1,i} v_{2,j} a_{2,i,j} p_{2,j} \leq I_{1,\text{th}}, i = 1, 2, \cdots, M \tag{4-16}$$

$$C3: \sum_{i=1}^{M} v_{1,i} \leq M_{\text{th}}$$

$$C4: \sum_{j=1}^{N} v_{2,j} \leq N_{\text{th}}$$

$$C5: 0 \leq p_{1,i} \leq P_{1,\max}, i = 1, 2, \cdots, M$$

$$C6: 0 \leq p_{2,j} \leq P_{2,\max}, j = 1, 2, \cdots, N$$

$$C7: v_{1,i} \in \{0,1\}, i = 1, 2, \cdots, M$$

$$C8: v_{2,j} \in \{0,1\}, j = 1, 2, \cdots, N$$

针对上述优化问题，可以看出，该问题是混合整数型问题，包含连续变量和 0-1 变量，因此无法直接求解，需要转化该优化问题。

首先松弛地球站天线数量约束，仅考虑干扰约束，再根据天线数量约束和干扰约束的强弱关系加入天线数量约束。天线数量约束即地球站配有的天线数不小于地球站可视的卫星数，记为 $M \leq M_{\text{th}}$，$N \leq N_{\text{th}}$。松弛地球站天线数量约束可以消除 C3、C4 约束，对于 C7 和 C8 约束，$v_{1,i}$ 和 $v_{2,j}$ 均为 1，即，$\boldsymbol{v}_1 = [1]_{M \times 1}$，$\boldsymbol{v}_2 = [1]_{N \times 1}$。

固定 p_2 时，p_1 对目标函数的影响体现在 $\sum_{j=1}^{N} W_2 \mathrm{lb}\left(1 + \dfrac{p_{2,j} b_{2,j}}{k_{\mathrm{B}} T_2 W_2 + I_{1 \to 2, j}}\right)$ 中的 $I_{1 \to 2, j}$ 中，但是由于干扰保护限值要求其干扰值 $I_{1 \to 2, j}$ 不大于噪声值 $k_{\mathrm{B}} T_2 W_2$ 的 6%，因此 p_1 对目标函数中前一项的影响远大于后一项的影响，此时可近似为，仅考虑 p_1 对前一项的影响，可将优化问题分解为关于 p_1 和 p_2 的优化问题。

考虑馈电链路实际情况，信关站天线口径较大，指向性较强，两系统指向相近的链路达到干扰阈值时其他链路间的干扰较小。以系统 1 为例，其干扰权重矩阵为 $A_1 = [a_{1,i,j}]_{N \times M}$，在该矩阵中，当系统 1 的第 i 条链路和系统 2 的第 j 条链路指向相近时，$a_{1,i,j}$ 较大，否则该值非常小，因此起到干扰约束作用的主要是矩阵中的这些元素，即 A_1 的每行中至多有一个元素起主要作用。这里取干扰权重矩阵每一条链路的上界作为干扰系数，即

$$a'_{1,i} = \max\left\{a_{1,i,1}, a_{1,i,2}, \cdots, a_{1,i,N}\right\} \tag{4-17}$$

将 C1 约束转化为式（4-17）所示的链路上界的干扰约束，$I'_{2,\mathrm{th}}$ 由系统 2 的发射功率最优解 $\overline{p}_2$ 确定。

$$\sum_{i=1}^{M} a'_{1,i} p_{1,i} \geqslant I'_{2,\mathrm{th}} \tag{4-18}$$

此时，可将优化问题转化为如下问题。

$$\mathrm{P1'}: \quad \min_{p_1} -\sum_{i=1}^{M} W_1 \mathrm{lb}\left(1 + \frac{p_{1,i} b_{1,i}}{k_{\mathrm{B}} T_1 W_1 + I_{2 \to 1, i}}\right)$$

$$\mathrm{s.t.} \quad \mathrm{C1}: \sum_{i=1}^{M} a'_{1,i} p_{1,i} \leqslant I'_{2,\mathrm{th}} \tag{4-19}$$

$$\mathrm{C2}: p_{1,i} \geqslant 0, \ i = 1, 2, \cdots, M$$

$$\mathrm{C3}: P_{1,\max} - p_{1,i} \geqslant 0, \ i = 1, 2, \cdots, M$$

$$\mathrm{P2'}: \quad \min_{p_2} -\sum_{j=1}^{N} W_2 \mathrm{lb}\left(1 + \frac{p_{2,i} b_{2,i}}{k_{\mathrm{B}} T_2 W_2 + I_{1 \to 2, j}}\right)$$

$$\mathrm{s.t.} \quad \mathrm{C1}: \sum_{j=1}^{N} a'_{2,j} p_{2,j} \leqslant I'_{1,\mathrm{th}} \tag{4-20}$$

$$\mathrm{C2}: p_{2,j} \geqslant 0, \ j = 1, 2, \cdots, N$$

$$\mathrm{C3}: P_{2,\max} - p_{2,j} \geqslant 0, \ j = 1, 2, \cdots, N$$

P1′ 是关于 p_1 的优化问题，但其中参数 $I_{2\to1,i}$ 和 $I'_{2,\mathrm{th}}$ 由 p_1 和 p_2 确定。同理，P2′ 是关于 p_2 的优化问题，但其中参数 $I_{1\to2,j}$ 和 $I'_{1,\mathrm{th}}$ 也由 p_1 和 p_2 确定。

下面，以系统 1 为例，介绍如何在 $I_{2\to1,i}$ 和 $I'_{2,\mathrm{th}}$ 为定值的情况下求解优化问题 P1′。发射功率受到干扰阈值 $I'_{2,\mathrm{th}}$ 和最大发射功率 $P_{1,\max}$ 的双重约束，根据这两个约束的严苛程度，情况又可分为如下两种。

Case1：如果 $\sum\limits_{i=1}^{M} a'_{1,i} P_{1,\max} \leqslant I'_{2,\mathrm{th}}$，此时，所有可见链路以最大功率发射均不超过干扰限值，则

$$\overline{p}_{1,i} = P_{1,\max},\ i = 1, 2, \cdots, M \tag{4-21}$$

Case2：如果 $\sum\limits_{i=1}^{M} a'_{1,i} P_{1,\max} > I'_{2,\mathrm{th}}$，此时不能全部链路均以最大功率发射，这时需满足干扰约束，即 $\sum\limits_{i=1}^{M} a'_{1,i} p_{1,i} = I'_{2,\mathrm{th}}$，则此时式（4-19）中的 C1 约束变为等式约束。下面，基于琴生不等式的迭代算法来求解，琴生不等式表示出了积分的凸函数值和凸函数的积分值之间的关系，基本形式为：若 $f(x)$ 是区间 $[a,b]$ 上的下凸函数，则对于任意的 $x_1, x_2, \cdots, x_n \in [a,b]$，有

$$\frac{\sum\limits_{i=1}^{n} f(x_i)}{n} \geqslant f\left(\sum_{i=1}^{n} x_i \middle/ n\right) \tag{4-22}$$

对数函数为下凸函数，本算法利用对数形式的琴生不等式。

该算法分为外循环和内循环，第 k 次外循环为根据 $p_1^{(k)}$ 和 $p_2^{(k)}$ 更改 $I_{2\to1,i}$ 和 $I'_{2,\mathrm{th}}$，在第 k 次外循环中嵌套内循环，内循环为在 $I_{2\to1,i}$ 和 $I'_{2,\mathrm{th}}$ 为定值的情况下得到最优的功率值，结束循环后，得到最优的功率值 $p_1^{(k+1)}$ 和 $p_2^{(k+1)}$，然后开始第 $k+1$ 次外循环。式（4-19）中的目标函数可以表示为

$$-W_1 \mathrm{lb} \prod_{i=1}^{M}\left(1 + c_{1,i} p_{1,i}\right) \tag{4-23}$$

其中，$c_{1,i} = b_{1,i}\big/\left(k_{\mathrm{B}} T_1 W_1 + I_{2\to1,i}\right)$，式（3-18）中的约束条件 C1 可表示为

$$\sum_{i=1}^{M} \frac{a'_{1,i}}{c_{1,i}}\left(1 + c_{1,i} p_{1,i}\right) = I'_{2,\mathrm{th}} + \sum_{i=1}^{M} \frac{a'_{1,i}}{c_{1,i}} \tag{4-24}$$

根据以 $\left(1+c_{1,i}\,p_{1,i}\right)$ 为变量的琴生不等式，可知

$$\prod_{i=1}^{M}\left(1+c_{1,i}\,p_{1,i}\right) \leqslant \prod_{i=1}^{M}\left(\left(I'_{2,\text{th}}+\sum_{i=1}^{M}\frac{a'_{1,i}}{c_{1,i}}\right)\Big/\left(\frac{Ma'_{1,i}}{c_{1,i}}\right)\right) \tag{4-25}$$

通过式（4-24）中取等号的条件，即可得到式（4-19）中未考虑 C2、C3 功率约束情况下的最优解，将最优解记为 $\bar{\boldsymbol{p}}'_1$，可表示为

$$\bar{p}'_{1,i}=\frac{1}{a'_{1,i}}\left(\frac{I'_{2,\text{th}}}{M}+\frac{1}{M}\sum_{i=1}^{M}\frac{a'_{1,i}}{c_{1,i}}\right)-\frac{1}{c_{1,i}} \tag{4-26}$$

考虑到 C2、C3 功率约束为凸集，根据凸集的性质，加入约束后的最优解可在边缘处取得，即

$$\bar{p}_{1,i}=\begin{cases}0, & \bar{p}'_{1,i}<0 \\ \bar{p}'_{1,i}, & 0\leqslant\bar{p}'_{1,i}\leqslant P_{1,\max} \\ P_{1,\max}, & \bar{p}'_{1,i}>P_{1,\max}\end{cases} \tag{4-27}$$

但是，经过式（4-26）后，干扰约束 $I'_{2,\text{th}}$ 发生了改变，因此需要内循环，第 $l+1$ 次内循环迭代的干扰约束 $I'^{(l+1)}_{2,\text{th}}$ 为

$$I'^{(l+1)}_{2,\text{th}}=I'^{(l)}_{2,\text{th}}+\sum_{i=1}^{M}a'_{1,i}\left(\bar{p}'^{(l)}_{1,i}-\bar{p}^{(l)}_{1,i}\right) \tag{4-28}$$

其中，$\bar{p}'^{(l)}_{1,i}$ 为第 l 次迭代的结果，$\bar{p}^{(l)}_{1,i}$ 为第 l 次迭代后考虑了 C2、C3 功率约束的结果。此时，新的干扰约束下根据琴生不等式得到的功率可以表示为

$$\bar{p}'^{(l+1)}_{1,i}=\frac{1}{a_{1,i}}\left(\frac{I'^{(l+1)}_{2,\text{th}}}{M}+\frac{1}{M}\sum_{i=1}^{M}\frac{a_{1,i}}{c_{1,i}}\right)-\frac{1}{c_{1,i}} \tag{4-29}$$

可以得到第 $l+1$ 次的最优功率 $\bar{p}'^{(l+1)}_1$。$\bar{\boldsymbol{p}}'^{(l+1)}_1$ 和 $\bar{\boldsymbol{p}}^{(l+1)}_1$ 的关系式仍为式（4-27）。迭代停止的条件是 $\bar{\boldsymbol{p}}'^{(l)}_1$ 与 $\bar{\boldsymbol{p}}^{(l)}_1$ 相等。系统 2 同理。

至此，基于琴生不等式，通过内循环我们求出了 $I_{2\rightarrow1,i}$ 和 $I'_{2,\text{th}}$ 为定值的情况下最优解 $\bar{\boldsymbol{p}}_1$。同理，可以求出优化问题 P2′ 的最优解 $\bar{\boldsymbol{p}}_2$。在第 k 次外循环中，利用 $\bar{\boldsymbol{p}}^{(k)}_1$ 和 $\bar{\boldsymbol{p}}^{(k)}_2$ 确定 $I^{(k+1)}_{2\rightarrow1,i}$、$I^{(k+1)}_{1\rightarrow2,j}$、$I'^{(k+1)}_{1,\text{th}}$ 和 $I'^{(k+1)}_{2,\text{th}}$ 的方法如下。

$$I^{(k+1)}_{1\rightarrow2,j}=\sum_{i=1}^{M}a_{1,i,j}\,\bar{p}^{(k)}_{1,i} \tag{4-30}$$

$$I^{(k+1)}_{2\rightarrow1,i}=\sum_{j=1}^{N}a_{2,i,j}\,\bar{p}^{(k)}_{2,j} \tag{4-31}$$

$$I_{1,\text{th}}'^{(k+1)} = I_{1,\text{th}}'^{(k)} + \min_i \left\{ I_{1,\text{th}} - I_{2 \to 1,i}^{(k+1)} \right\} \tag{4-32}$$

$$I_{2,\text{th}}'^{(k+1)} = I_{2,\text{th}}'^{(k)} + \min_j \left\{ I_{2,\text{th}} - I_{1 \to 2,j}^{(k+1)} \right\} \tag{4-33}$$

至此，我们求出了放松天线约束后的最优解 $\{\bar{p}_1, \bar{p}_2\}$，在得到此最优解之后，设此时 $\bar{p}_1$ 中不为 0 的元素的个数为 M_0，$\bar{p}_2$ 中不为 0 的元素的个数为 N_0。考虑加入天线约束，根据天线约束和干扰约束的关系获得最优解，将最优解记为 $\{p_1^*, p_2^*\}$。以系统 1 为例，情况可分为如下两种。

Case1：如果 $M_0 \leqslant M_{\text{th}}$，此时天线数量大于接入链路数量，则上述迭代得到的解即为最优解，即

$$p_1^* = \bar{p}_1 \tag{4-34}$$

Case2：如果 $M_0 > M_{\text{th}}$，此时天线数量小于接入链路数量，将各链路按照 $c_{1,i}\bar{p}_{1,i}$ 降序排列，有

$$c_{1,1}\bar{p}_{1,1} \geqslant c_{1,2}\bar{p}_{1,2} \geqslant \cdots \geqslant c_{1,M_0}\bar{p}_{1,M_0} \tag{4-35}$$

由多至少选择 M_{th} 条链路接入，此时天线数量约束比干扰约束更严格，具体涉及两种情况。

Case2.1：如果 $\bar{p}_{1,M_{\text{th}}} = P_{1,\max}$，则此时选取的 M_{th} 条链路均已经达到最大功率，干扰约束无法取到等号，则最优解为

$$p_{1,i}^* = \begin{cases} P_{1,\max}, & i = 1, 2, \cdots, M_{\text{th}} \\ 0, & i = M_{\text{th}} + 1, M_{\text{th}} + 2, \cdots, M \end{cases} \tag{4-36}$$

Case2.2：如果 $\bar{p}_{1,M_{\text{th}}} < P_{1,\max}$，则接入前 M_{th} 条链路后，未达到干扰约束，可以进一步提升功率。此时优化变量变为 $\bar{p}_1 = [\bar{p}_{1,1}, \bar{p}_{1,2}, \cdots, \bar{p}_{1,M_{\text{th}}}]^{\text{T}}$，在之前 k 次外循环的基础上，开始第 $k+1$ 次外循环，此时约束条件的初始值为

$$I_{2,\text{th}}'^{(k+1)} = I_{2,\text{th}}'^{(k)} + \sum_{i=M_{\text{th}}+1}^{M_0} a_{1,i}' \bar{p}_{1,i}'^{(k)} \tag{4-37}$$

重新开始迭代，迭代步骤与上述方法相同。基于琴生不等式的快速迭代算法见算法 4-1。

上述求解过程，系统 2 同理。

经证明，基于琴生不等式的快速迭代算法类似于内点法，迭代始终在可行域内进行，每一次的结果都是可行解，算法可收敛。流程如下所示。

算法 4-1　基于琴生不等式的快速迭代算法

Step1：除去原问题的天线约束，将其转换为问题 P1'和 P2'，初始化 $I_{2\to1,i}=0$，$I_{1\to2,j}=0$，$I'_{1,\text{th}}=I_{1,\text{th}}$，$I'_{2,\text{th}}=I_{2,\text{th}}$

Step2：对于问题 P1'和 P2'，通过式（4-24）～式（4-27）所示算法迭代得到最优解 $\{\bar{\boldsymbol{p}}_1,\bar{\boldsymbol{p}}_2\}$，根据式（4-30）～式（4-33）和 $\{\bar{\boldsymbol{p}}_1,\bar{\boldsymbol{p}}_2\}$，更新 P1' 和 P2'中的参数 $I_{2\to1,i}$、$I_{1\to2,j}$、$I'_{1,\text{th}}$ 和 $I'_{2,\text{th}}$

Step3：重复 Step2，直至 $\{\bar{\boldsymbol{p}}_1,\bar{\boldsymbol{p}}_2\}$ 收敛

Step4：根据 $\{\bar{\boldsymbol{p}}_1,\bar{\boldsymbol{p}}_2\}$ 中非零元素个数和 M_{th}、N_{th} 的关系，根据式（4-34）～式（4-37）分别选取 M_{th}、N_{th} 个元素作为系统 1、系统 2 的接入链路

Step5：根据 $\bar{p}_{1,M_{\text{th}}}$ 和 $P_{1,\max}$、$\bar{p}_{2,N_{\text{th}}}$ 和 $P_{2,\max}$ 的关系，确定是否可进一步提升干扰约束

Step6：如果 $\bar{p}_{1,M_{\text{th}}}=P_{1,\max}$，则 Step4 所选链路和功率即为最优解

如果未达到干扰约束，则根据式（4-37）确定干扰约束值，重新回到 Step2 迭代得到最优解

下面，以 OneWeb 系统和 Starlink 系统间干扰为例，验证迭代算法的可行性。

以 OneWeb 系统和 Starlink 第一阶段子星座作为仿真对象，OneWeb 系统选择斯坦尼斯航天中心（Stennis Space Center，SSC）的 Clewiston 地球站（代码 CLE），Starlink 系统选取美国国家航空航天局（National Aeronautics and Space Administration，NASA）的 Florida Ground Station 地球站（代码 FGS），两站相距 270 km，OneWeb 系统和 Starlink 系统仿真参数[20-22]见表 4-8。

表 4-8　OneWeb 系统和 Starlink 系统仿真参数

参数	OneWeb 系统	Starlink 系统
卫星轨道高度	1 200 km	550 km
卫星轨道构型	18×40 星座构型	24×66 星座构型
卫星轨道倾角	87.9°	53°
卫星天线最大增益	31.2 dBi	28.3 dBi
卫星天线方向图	S.1528	S.1528
卫星天线最大发射功率	18.9 dBw	17.0 dBw

（续表）

参数	OneWeb 系统	Starlink 系统
地球站位置	[82.03°E, 26.73°N]	[81.00°E, 29.00°N]
地球站最大增益	61.4 dBi	46 dBi
地球站接收机噪声温度	120 K	347 K
地球站天线方向图	AP8	AP8
地球站波束张角	0.16°	0.8°
系统最低工作仰角	10°	20°
系统通信带宽	100 MHz	250 MHz
下行通信频点	18.85 GHz	18.925 GHz
仿真时长	24 h	24 h

OneWeb 卫星和 Starlink 卫星频谱共存场景示意如图 4-18 所示。

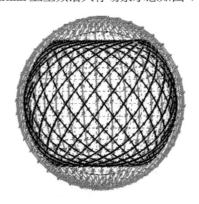

图 4-18　OneWeb 卫星和 Starlink 卫星频谱共存场景示意

以下行链路为例，以 OneWeb 系统对 Starlink 系统的集总干噪比 I/N=−12.2 dB 作为干噪比门限。对比方法为系统间减缓干扰时常用的"最高仰角+随机功率"接入模式，当一个系统对另一系统的干噪比超标时，通过降低本系统功率的方式，将干噪比控制在门限值以下。系统间平均干噪比随天线数变化趋势如图 4-19 所示，基于琴生不等式的功率和波束分配联合优化算法与功率控制方法的系统间平均干噪比（均选取干扰最恶劣链路）均在保护门限值以下，用户所使用的天线数量越少，基于琴生不等式的功率和波束分配联合优化算法的优势越显著。

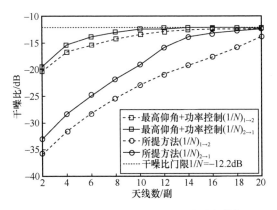

图 4-19　系统间平均干噪比随天线数变化趋势

系统总容量随天线数（$M_{th} = N_{th}$）变化情况如图 4-20 所示，可以看出，随着天线数量的增加，系统总容量逐渐增加，并且运用基于琴生不等式的功率和波束分配联合优化算法，相对于运用对比算法，可以获得更大的系统容量。可以看出，相比之下，系统 1 的对比效果明显，系统 2 的对比效果不明显，这是因为系统 1 的噪声值较小，这使得系统 1 的所受干扰阈值 $I_{1,th}$ 较小，因此，在子问题 2 中，$\boldsymbol{p}_2$ 的可调整的空间不大，制约了所提方法对系统容量的改善效果。

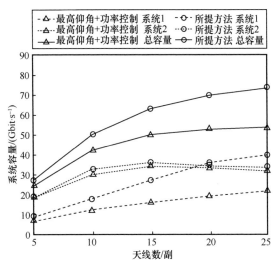

图 4-20　系统总容量随天线数变化情况

针对上述优化问题，我们还可通过 Zoutendijk 可行方向法得到最优解，对比本算法与最优解，两者差别不大，但可行方向法每次迭代需要求解两个优化问题（线性规划问题和一维搜索问题），每个问题涉及 $M+N$ 个变量，计算量非常大，收敛速度非常慢。本迭代算法的内外循环均可直接求解，不需在迭代中求解优化问题，且对变量个数不敏感，运算速度大幅提高。

综上，仿真结果表明基于琴生不等式的多星座间合作干扰减缓方法，可在减缓系统间干扰的同时，提升系统整体的通信容量，并大幅降低计算复杂度。该方法及其应用实例可推广到其他 NGSO 卫星通信系统间干扰减缓分析与设计中。

| 4.4　本章小结 |

本章全面介绍了 NGSO 卫星通信系统间干扰分析方法，包括干扰分析的基本术语和定义、国际干扰评价准则、NGSO 卫星通信系统间干扰分析特点与仿真分析流程等。采用两个仿真实例分析了 NGSO 卫星通信系统间干扰的分析方法和干扰特性，一个是 O3b 系统（60 颗卫星）对 OneWeb 系统信关站的干扰，另一个是 Starlink 系统（11 943 颗卫星）对 OneWeb 系统全球范围用户站的干扰。仿真表明，典型 NGSO 卫星通信系统间存在着严重干扰，星座构型以及地球站的选址会对干扰产生重要影响，需要在 NGSO 卫星通信系统设计和建设过程中重点考虑卫星通信系统间的干扰影响和干扰减缓策略。本章所介绍的干扰分析方法也可为其他 NGSO 卫星通信系统之间的干扰分析提供技术参考。

本章还介绍了两类 NGSO 卫星通信系统间干扰减缓方法。一类是非合作干扰减缓方法，包括基于节点位置的干扰减缓和基于接入策略的干扰减缓方法，分析了方法的适用性和局限性。另一类是多星座合作干扰减缓方法，以基于琴生不等式的功率和波束分配联合优化算法为例，给出了合作干扰减缓处理的策略。仿真结果表明，基于琴生不等式的功率和波束分配联合优化可减少干扰，提升系统容量，并大幅降低计算复杂度。合作共存是 NGSO 卫星通信系统发展的方向，相关干扰减缓处理方法还需要进一步深入研究。

| 参考文献 |

[1]　刘畅, 魏文康, 李伟. 对地静止轨道卫星网络间的频率干扰分析计算问题[J]. 天地一体化信息网络, 2021, 2(1): 52-59.

[2]　ITU-R S.1255. Use of adaptive uplink power control to mitigate codirectional interference between geostationary satellite orbit/fixed-satellite service (GSO/FSS) networks and feeder links of non-geostationary satellite orbit/mobile satellite service (non-GSO/MSS) networks and between GSO/FSS networks and non-GSO/FSS networks[S]. Geneva: ITU, 1997: 1-2.

[3]　DORTCH M H. O3b market access grant[EB].

[4]　LINDSAY M, WYLER G T. Communication-satellite system that causes reduced interference[EB].

[5]　Attachment Narrative App. SAT-MOD-20200417-00037[R]. Washington D. C.: FCC, 2020.

[6]　ZHANG C, JIN J, ZHANG H, et al. Spectral coexistence between LEO and GEO satellites by optimizing direction normal of phased array antennas[J]. China Communications, 2018, 15(6): 18-27.

[7]　LI T, JIN J, LI W, et al. Research on interference avoidance effect of OneWeb satellite constellation's progressive pitch strategy[J]. International Journal of Satellite Communication and Networking. 2021, 39: 524-538.

[8]　LI T, JIN J, YAN J, et al. Resource allocation in NGSO satellite constellation network constrained by interference protection to GEO satellite network[C]//70th International Astronautical Congress. Washington D. C.: IAC, 2019.

[9]　REN Z X, LI W, JIN J, et al. A GEO satellite position and beam features estimation method based on beam edge positions[J]. Journal of Communications and Information Networks, 2019, 4(4): 87-94.

[10]　靳瑾, 李娅强, 张晨, 等. 全球动态场景下非静止轨道通信星座干扰发生概率和系统可用性[J]. 清华大学学报 (自然科学版), 2018, 58(9): 833-840.

[11]　LIN Z Q, JIN J, YAN J, et al. A method for calculating the probability distribution of interference involving mega-constellations[J]. Advances in Astronautics Science and Technology, 2021, 4(1): 107-117.

[12]　LIN Z Q, JIN J, YAN J, et al. Fast calculation of the probability distribution of interference involving multiple mega-constellations[C]//Space Information Network - 5th International Conference. Shenzhen: Communications in Computer and Information Science, 2021: 18-34.

[13]　ITU-R. Radio Regulations[S]. Geneva: ITU, 2020.

[14]　中国政府法制信息网. 中华人民共和国无线电频率划分规定[EB].

[15]　政策法规司. 中华人民共和国工业和信息化部令[EB].

[16] Organisation for Economic Cooperation and Development. OECD digital economy outlook 2015[M]. Paris: OECD Publishing, 2015.

[17] ITU-R S.1325. Simulation methodologies for determining statistics of short-term interference between co-frequency, codirectional non-geostationary-satellite orbit fixed satellite service systems in circular orbits and other non-geostationary fixed-satellite service systems in circular orbits or geostationary-satellite orbit fixed satellite service networks[S]. Geneva: ITU, 2003: 1-49.

[18] ITU-R S.1431. Methods to enhance sharing between NGSO FSS systems (except MSS feeder links) in the frequency bands between 10-30 GHz[S]. Geneva: ITU, 2003: 1-4.

[19] REN Z X, LI W, JIN J, et al. Radio resource allocation for multi-antenna gateway stations of diverse NGSO constellation networks[J]. IET Communications, 2022, 16, 734-744.

[20] ITU-R. Space network list database[EB].

[21] ITU-R. Coordination of the L5 satellite network in BR IFIC 2910[EB].

[22] ITU-R. Coordination of the STEAM-2 satellite network in BR IFIC 2884[EB].

第 5 章

面向按需服务的卫星通信跳波束技术

考虑用户需求的不确定性和卫星广域业务的时空非均匀特性，根据时空变化的用户业务需求动态调配通信资源，可以极大提高卫星通信资源的利用率。利用卫星跳波束技术充分挖掘通信资源的时、空、频多域自由度，并通过灵活的多域资源调度服务用户，是实现按需服务的重要手段。

本章以卫星通信网络下行链路跳波束通信系统为例，介绍卫星跳波束系统架构以及实现方法，并给出两个跳波束系统案例：一是针对多点波束高通量卫星，通过单星多智能体合作决策提高动态跳波束的实时性；二是针对低轨高密度星座，通过多星多波束联合优化实现网络负载均衡和同址规避。研究表明，跳波束技术的应用将为卫星通信网络实现高效按需服务提供最直接和可行的途径。

| 5.1 引言 |

卫星多波束系统已被广泛应用于新一代卫星通信系统。越来越多的卫星多波束系统具备灵活调配功率资源的能力，即把卫星功率分配给不同波束以满足不同用户需求。据报道，Inmarsat-4 卫星利用多端口放大器在波束间灵活调配功率[1]。但受频率复用等因素影响，现有高通量卫星的带宽动态调配能力仍是有限的。

跳波束作为一种动态分配系统带宽和功率的波束使用模式，能够根据实际业务需求自适应地调整或赋形各个波束，通过为用户分配不同数量的时隙来动态调整用户速率，可作为实现卫星可用容量与用户业务需求有效匹配的主要方案。因其具备较高的灵活性，跳波束适用于多种应用场景，如按需广播、交互式数据 IP 服务和移动用户服务等。Inmarsat 新一代卫星、休斯（Hughes）的 Spaceway3 卫星、Eutelsat Quantum 卫星等系统对跳波束通信开展了技术探索和工程实现。非静止轨道卫星也在逐步采用跳波束技术。例如，Starlink 卫星配备同时生成多个点波束的相控阵天线，根据不同地理位置的用户需求，通过跳波束接力服务不同用户。利用卫星跳波束实现按需服务是当前卫星通信网络研究的热点，同时也面临平衡业务公平性和差异性、平衡系统实现的灵活性和复杂度等主要技术挑战。

5.2 节对卫星跳波束的系统架构以及实现方法进行总结,给出跳波束系统的一般模型。特别是,按照跳波束调度处理方式和调度算法执行位置的两个维度,将跳波束实现架构分成 4 种典型模式,并以 DVB-S2X 支持的跳波束超帧结构为例,简要介绍跳波束物理层设计挑战。5.3 节首先介绍一种单星业务驱动跳波束资源调度方法,这种方法基于多智能体合作决策的思想,在保证业务吞吐量和公平性的同时,可提高跳波束调度的实时性。之后介绍面向多星的跳波束资源调度方法,具体地,以低轨高密度星座多星负载均衡、规避同小区服务和规避对同步轨道卫星地球站干扰为例,介绍一种多星预先规划跳波束资源调度方法,供读者参考。上述方法的研究表明,通过构造卫星波束的时、空、频多域自由度并加以灵活调配,可将有限的卫星资源与非均匀业务需求相匹配,为卫星通信系统高效按需服务提供重要的技术手段。

| 5.2　卫星跳波束系统架构与实现方法 |

5.2.1　卫星跳波束系统模型

如第 2 章所述,根据业务在卫星、信关站以及地面用户之间的流向,可将卫星链路分为前向链路(信关站到用户站)和反向链路(用户站到信关站)。从信关站到卫星的馈电链路通常是一对一的单链路系统,因此一般研究较多的是卫星前向链路中卫星到地面用户之间的一对多下行链路。反向链路的多对一上行链路波束使用方式可以与下行链路波束管理方案一致或独立设计。本书以前向链路模型为例,介绍跳波束系统架构,卫星前向链路跳波束系统模型如图 5-1 所示。

卫星天线波束辐射能量主瓣到达地面所覆盖的区域通常被称为小区(或波位)。使用固定赋形波束天线的非静止轨道卫星(如 Iridium 卫星、OneWeb 卫星),卫星足迹下的小区随着卫星运动而运动。在使用可移动点波束的静止或非静止轨道卫星通信系统时,小区通常根据地理位置或用户位置进行划分。小区的大小取决于点波束宽度、卫星轨道高度等系统设计参数。

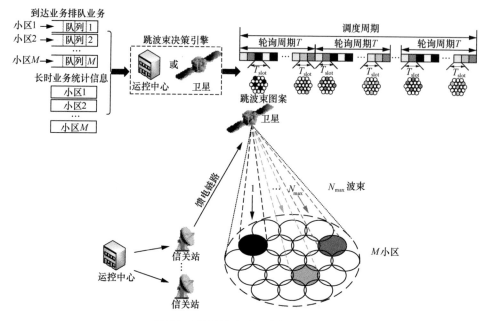

图 5-1 卫星前向链路跳波束系统模型

在跳波束卫星通信系统中，卫星点波束数量通常小于小区数量，即该系统能够利用较少的点波束资源分时指向预定小区，满足地面覆盖广，但疏密不均匀的用户业务需求。点波束指向的中心可以是地面确定地理位置，也可以是用户。特别是，在满足时延等用户服务质量要求的情况下，可以借助星载相控阵天线波束快速切转的特点，按照用户位置进行轮询式覆盖，达到类似无小区（Cell-free）的服务效果。

跳波束卫星通信系统中主要术语的定义如下。

[定义 5-1] 时隙：特定跳波束图案保持的最小时间，也是波束在一个小区的最短驻留时间。

[定义 5-2] 跳波束图案：一个时隙内的所有波束指向。

[定义 5-3] 跳波束时隙计划：由若干个时隙的跳波束图案构成。最小时隙计划为单个时隙的跳波束图案。

[定义 5-4] 小区业务需求：可以是实时到达信关站或卫星的业务队列信息，也可以是长时间的业务统计信息。

[定义 5-5] 跳波束调度周期：更新跳波束时隙计划的时间间隔，每次跳波束调

度结果为一个新的跳波束时隙计划。在一个跳波束调度周期内，跳波束时隙计划进行周期性重复。跳波束调度周期最小可等于单个时隙长度，调度周期等于单个时隙长度时，调度过程为逐时隙调度。

[定义 5-6]　跳波束轮询周期：一个跳波束时隙计划的持续时间，也是跳波束时隙计划的重复周期。跳波束轮询周期小于等于跳波束调度周期。逐时隙调度时，轮询周期等于调度周期。

[定义 5-7]　轮询周期时隙个数：一个跳波束时隙计划所包含的时隙数量，等于跳波束轮询周期除以时隙长度。

[定义 5-8]　跳波束时隙计划重复次数：跳波束时隙计划在一个跳波束调度周期中的重复次数。该重复次数大于或等于 1，等于跳波束调度周期除以跳波束轮询周期。

[定义 5-9]　跳波束决策引擎：执行跳波束调度算法的单元，位于运控中心或者卫星上。

根据跳波束时隙计划，卫星以时分方式提供多个波束，通过跳波束下行链路将业务数据传送给地面用户。在任意时刻，卫星同时有多个波束被激活，从而使卫星功率和带宽能够被投放到需要的地方。跳波束时隙越小，卫星波束资源的粒度越细，可调配的自由度增加。在一个跳波束时隙内，仍然可以按照频分方式，如采取正交频分复用等方式细化资源粒度。受峰均功率比的影响，这种细化需要进行更为详细的评估。

相关参数定义如表 5-1 所示。

表 5-1　参数定义

参数	符号	参数	符号
卫星总功率	P_{tot}	卫星提供给小区 i 的容量	R_i
卫星总带宽	B_{tot}	小区 i 的容量需求	$\hat{R}_i$
跳波束轮询周期	T	卫星提供的总容量	R_{tot_off}
时隙长度	T_{slot}	卫星有效容量	R_{used}
轮询周期时隙个数	W	卫星未满足容量（失配容量）	R_{unmet}
各时隙内激活的最大波束数	N_{max}	卫星浪费容量	R_{unused}
小区总数	M	小区 i 的业务满足度	β_i
小区编号	i		

由此可得，轮询周期时隙个数 $W = T / T_{\text{slot}}$，卫星提供的总容量 $R_{\text{tot\_off}} = \sum_{i=1}^{M} R_i$，卫星有效容量 $R_{\text{used}} = \sum_{i=1}^{M} \min(R_i, \hat{R}_i)$，卫星未满足容量（失配容量）$R_{\text{unmet}} = \sum_{i=1}^{M} \hat{R}_i - R_{\text{used}}$，卫星浪费容量 $R_{\text{unused}} = R_{\text{tot\_off}} - R_{\text{used}}$，小区 i 的业务满足度 $\beta_i = \dfrac{\min(R_i, \hat{R}_i)}{\hat{R}_i}$。

在时隙 j 内，波束 i 的 SINR 可表示为

$$\text{SINR}_i^j = \frac{A_i P_{i,j}}{N_0 + \sum_{r \in \phi_{\text{cc}}^{i,j}} A_r P_{r,j}} \qquad (5\text{-}1)$$

其中，A_i 为波束 i 的信道衰减系数，$P_{i,j}$ 为波束 i 在时隙 j 内分配到的功率，N_0 为噪声功率，$\phi_{\text{cc}}^{i,j}$ 为在时隙 j 内除了波束 i 之外的其他处于工作状态的波束集合。

卫星给各小区提供的容量为 R_i，可表示为

$$R_i = \frac{B_{\text{tot}}}{W} \sum_{j=1}^{W} T_{i,j} \text{lb}\left(1 + \text{SINR}_i^j\right) \qquad (5\text{-}2)$$

其中，$T_{i,j} = 1$ 表示波束 i 在时隙 j 内被激活即处于工作状态，$T_{i,j} = 0$ 表示波束 i 在时隙 j 内未被激活即处于非工作状态。

DVB-S2 及 DVB-S2X 标准给出了不同调制编码方案对应的频谱效率函数，如图 5-2 所示[2]。

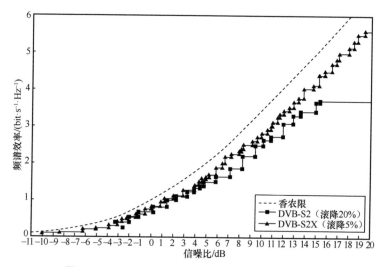

图 5-2　DVB-S2 和 DVB-S2X 标准给出的频谱效率函数

由此，容量公式（5-2）可被改写为

$$R_i = \frac{B_{\text{tot}}}{W} \sum_{j=1}^{W} T_{i,j} f_{\text{DVB}} \left(1 + \text{SINR}_i^j\right) \qquad (5\text{-}3)$$

其中，f_{DVB} 为 DVB-S2 或 DVB-S2X 标准给出的频谱效率函数。

因此，跳波束的基本思想是时分复用（Time-Division Multiplexing，TDM）技术，它将波束资源在时隙这一时间粒度上进行细分并灵活调度，使得卫星资源能够通过多个点波束实现共享。在跳波束工作模式中，在任意时刻，所有波束和部分小区形成按需匹配关系，可实现在时间、空间、频率等多域资源分配，实现卫星有效容量最大化、小区业务满足度最大化、卫星失配容量和浪费容量最小化。

DVB-S2X 标准给出跳波束的技术优势包括：容量提升 15%，资源浪费减少20%，波束间容量分配更灵活以及静态功耗降低 50%[2]。图 5-3 和图 5-4 分别所示为非跳波束系统和跳波束系统中各波束的容量供需对比实例（70 个波束）[2]。显然，与非跳波束系统的均匀容量分配相比，跳波束系统能更好地满足非均匀的业务需求。

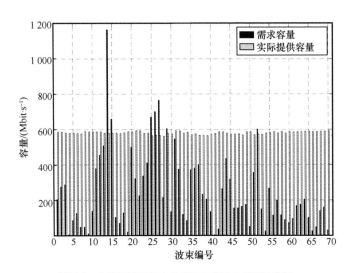

图 5-3　非跳波束系统中各波束的容量供需对比实例

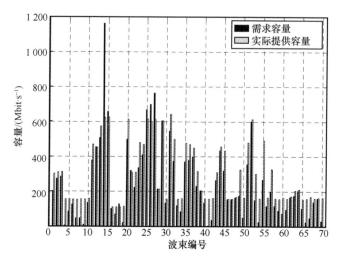

图 5-4 跳波束系统中各波束的容量供需对比实例

5.2.2 卫星跳波束实现架构与超帧格式

5.2.2.1 实现架构

基于 5.2.1 节中的跳波束系统模型，卫星或地面运控中心通过处理各小区的长时或实时业务需求，决策出跳波束时隙计划以服务地面用户。根据业务需求的两种不同处理方式，即按照长时间的业务统计信息处理和按照实时到达的业务队列处理，我们可将跳波束调度分为预先规划跳波束调度和业务驱动跳波束调度。对应于业务需求处理和跳波束时隙计划决策的两个不同地点，调度算法执行的地点可分为星上处理和地面处理。

根据上述跳波束调度处理方式以及调度算法执行位置这两个维度，我们可将卫星跳波束系统架构分为 4 类，如图 5-5 所示，分别为：星上处理预先规划跳波束架构、地面处理预先规划跳波束架构、星上处理业务驱动跳波束架构和地面处理业务驱动跳波束架构。下面进一步说明这两个分类维度对应的不同系统架构的特点。

分类维度一：跳波束调度处理方式

根据跳波束调度处理方式，卫星跳波束系统架构可分为预先规划跳波束架构和业务驱动跳波束架构。

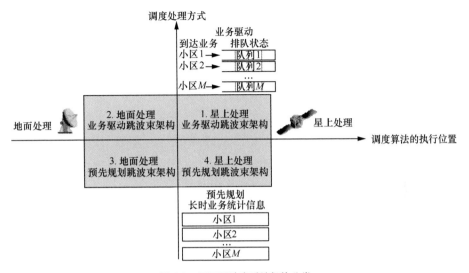

图 5-5　卫星跳波束系统架构分类

1. 预先规划跳波束架构

在预先规划跳波束架构中，根据一定时间的业务统计信息，卫星或运控中心一次性规划整个跳波束时隙计划内的跳波束图案，并对该图案进行周期性重复（轮询），直到下一次执行新的跳波束时隙计划为止。当业务统计需求发生变化时，跳波束时隙计划可对应进行修改。根据跳波束图案，用户周期性地在所分配的时隙上接收或发送数据，直到跳波束时隙计划被再次更新。

预先规划跳波束的轮询周期一般包含几十到几百个时隙，在毫秒或秒量级。预先规划跳波束的调度周期较长，通常在分钟、小时，甚至是天量级，因此调度规划可在较长的周期上进行调整。例如，DVB-S2X 标准中提到的预先规划跳波束调度周期在分钟至小时量级。

预先规划跳波束的轮询周期需要考虑业务的时延需求。对于时延敏感业务，如VoIP、视频会议等业务，跳波束轮询周期在几十到百毫秒量级，以满足此类业务的时延需求。对于尽力而为业务，如短信、邮件、文件传输等业务，跳波束轮询周期可以更长，以保证有业务需求的小区在轮询周期内均能被服务到。

预先规划跳波束的系统架构依赖于操作者对业务需求分布的先验知识，跳波束时隙计划需要随着需求的大时间尺度变化进行相应修改。值得注意的是，在预先规划跳波束系统中，由于调度周期较长，如果业务发生变化，会出现部分小区没有业务但仍被固定分配时隙资源而导致的资源浪费，或新小区迟迟得不到服务而导致的响应不及时。

因此，预先规划跳波束更适用于业务需求变化较小的场景，如同步轨道高通量卫星通信系统，其小区覆盖面积较大（直径达几百千米）且各小区的需求变化相对较小时，可以采用预先规划跳波束。又如 Starlink 这样的大规模低轨星座，小区覆盖面积很小（直径只有几十千米）且用户预先登记，根据各卫星轨迹与地面用户分布，提前规划好每颗卫星在不同时刻的跳波束图案，保证地面小区被不同卫星的波束提供不间断的服务，此类情形也可视为预先规划跳波束。

2. **业务驱动跳波束架构**

业务驱动跳波束属于逐时隙调度，根据实时到达的业务队列，卫星或运控中心在每个时隙对跳波束图案进行实时规划，因此业务驱动跳波束调度周期和轮询周期都等于一个时隙长度，通常在秒、毫秒，甚至微秒量级。例如 DVB-S2X 标准中的业务驱动跳波束，其常规的超帧长度为毫秒量级，每个超帧进行一次波束调度。相比于预先规划跳波束，业务驱动跳波束调度周期短，跳波束时隙计划频繁更新，以匹配实时到达的业务。

业务驱动跳波束系统能缩短队列时延，当数据包到达系统时就能立刻被发送，以保持较低的排队时延。并且，由于逐时隙调整跳波束图案，跳波束调度更加灵活，各小区的波束照射时间是实时可变的，可以有效提高资源利用率。业务驱动跳波束架构包含的策略如下。

- 固定传输时间间隔策略：每个小区到达的数据包在各自队列中排队，在每个时隙，服务队列最长的小区。如果某一小区的未被服务时间达到预设阈值，则在当前时隙服务该小区，避免该小区用户与卫星之间丢失同步。
- 恒定传输数据包大小策略：每个小区到达的数据包在各自队列中排队，当某一小区队列中的数据包数量满足预先设置的传输数据包大小，则立即服务该小区。同样，如果某一小区的未被服务时间达到预设阈值，则在当前时隙服务该小区，避免该小区用户与卫星之间丢失同步。

业务驱动跳波束的实施还受到波束跳转时间和路由信息等因素的约束。与预先规划跳波束架构相比，业务驱动跳波束架构适用于业务突发性或波动性较为频繁的场景。但是，由于业务驱动跳波束调度频率高，会带来计算复杂度问题。例如，低轨通信卫星使用业务驱动跳波束可有效提高资源使用效率，但是，受到计算复杂度和地面信关站可见卫星数目有限的约束，导致业务驱动跳波束实施难度大，系统复杂化。

无论是预先规划跳波束还是业务驱动跳波束，在安排跳波束图案时，都可能出现卫星的多个波束使用相同频率照射同一小区或相邻小区的情况，特别是来自相同或接近方向的同频波束信号会导致严重的同频干扰。因此在调度方案设计上，我们必须考虑避免小区间干扰，即避免同一小区或相邻小区收到相同或接近方向的同频率照射。此外，在多颗卫星同时提供服务时，我们还需要考虑区域业务负载均衡等问题。本章 5.3 节结合两个案例，重点讨论上述问题，可供研究参考。

分类维度二：调度算法执行位置

根据调度算法执行位置的不同，卫星跳波束系统架构可分为星上处理跳波束架构和地面处理跳波束架构。

1. 星上处理跳波束架构

在星上处理跳波束架构中，卫星处理各小区的业务需求并决策出跳波束时隙计划，直接由卫星执行跳波束数据传输，卫星是跳波束调度决策者和执行者。星上处理跳波束架构依赖基于再生处理转发和配备星上调度计算单元的卫星通信系统。当 NGSO 卫星位于地面信关站不可见区域时，星上处理跳波束可降低返回信关站处理的时延和链路开销，但它对星上处理能力和低复杂度调度算法的要求高。此外，多颗 NGSO 卫星自主决策会出现决策结果"打架"问题，需要考虑多星协同。在星上处理跳波束架构中，星上再生处理载荷需要为所有波束（小区）业务提供交换转发、排队和缓冲功能。

2. 地面处理跳波束架构

在地面处理跳波束中，地面运控中心处理各小区的业务需求并决策出跳波束时隙计划，并将资源调度方案以及相应的业务数据注入卫星，由卫星执行跳波束数据传输。运控中心是调度决策者，卫星是跳波束的执行者。地面处理跳波束架构利用地面运控中心的数据处理能力，可实现复杂的跳波束资源分配算法。地面处理跳波束适用于透明转发式卫星通信系统，运控中心和卫星之间需要进行跳波束决策方案与相应业务数据流的严格同步传输。地面处理跳波束也适用于再生处理转发卫星通信系统，在这种情况下，运控中心发送的业务数据流与跳波束决策方案不需要严格同步，卫星载荷在收到跳波束决策方案后，根据跳波束时隙计划选择对应的小区业务进行传输。

下面对图 5-5 中的 4 类跳波束系统架构分别进行说明。

1. 星上处理业务驱动跳波束架构

星上处理业务驱动跳波束架构如图 5-6 所示。卫星通过处理各小区实时到达的业务队列逐时隙决策出跳波束图案，卫星据此执行跳波束数据传输以服务地面用户。

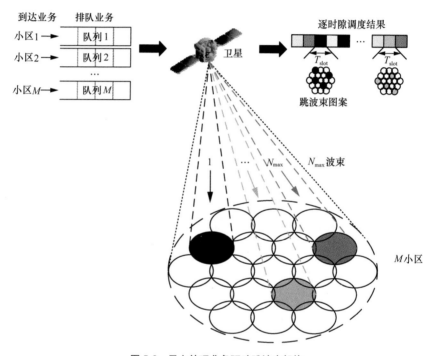

图 5-6　星上处理业务驱动跳波束架构

星上处理业务驱动跳波束架构需要实时地规划波束调度，逐时隙决策出跳波束图案，按用户或小区队列长度和优先级指配当前时隙波束指向，且依赖于具有星上处理能力的卫星。

2. 地面处理业务驱动跳波束架构

地面处理业务驱动跳波束架构如图 5-7 所示。地面运控中心通过处理各小区实时到达的业务队列逐时隙决策出跳波束图案，并将其传输至卫星，再由卫星据此执行跳波束数据传输以服务地面用户。

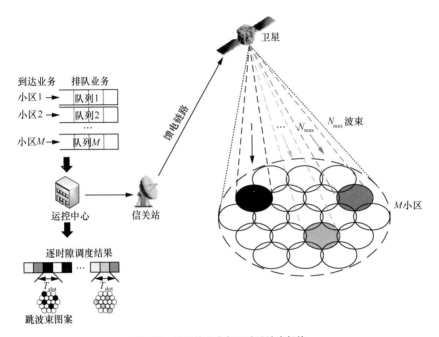

图 5-7　地面处理业务驱动跳波束架构

地面处理业务驱动跳波束架构需要实时地规划波束调度，逐时隙决策出跳波束图案，按用户或小区队列长度和优先级指配当前时隙波束指向，且数据处理地点位于地面运控中心。

3. 地面处理预先规划跳波束架构

地面处理预先规划跳波束架构如图 5-8 所示。地面运控中心通过处理各小区一定时间的业务统计信息决策出跳波束时隙计划，并将其传输至卫星，再由卫星据此执行跳波束数据传输以服务地面用户。

地面处理预先规划跳波束架构在一段时间内执行预先规划的跳波束调度，调度周期持续一段时间，该架构按小区业务统计信息和优先级安排跳波束时隙计划，且数据处理地点位于地面运控中心。例如，目前 Starlink 星座网络的服务模式是用户提前注册位置，地面运控中心根据卫星轨迹与地面用户位置，预先规划卫星在不同时刻的跳波束图案，实现不同卫星波束对不同小区的分时服务。

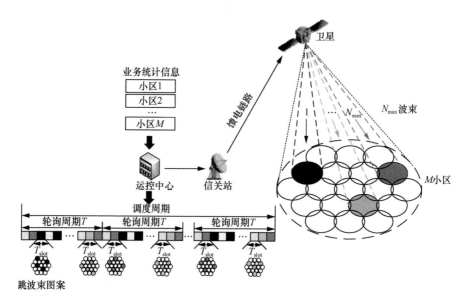

图 5-8　地面处理预先规划跳波束架构

4. 星上处理预先规划跳波束架构

星上处理预先规划跳波束架构如图 5-9 所示，卫星通过处理各小区长时间的业务统计信息决策出跳波束时隙计划，卫星据此执行跳波束数据传输以服务地面用户。

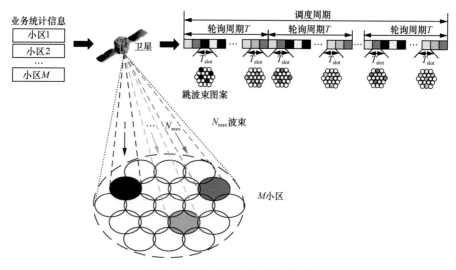

图 5-9　星上处理预先规划跳波束架构

星上处理预先规划跳波束架构在一段时间内执行预先规划的波束调度，调度周期持续一段时间，该架构按小区业务统计信息和优先级安排跳波束时隙计划，且依赖于具有星上处理能力的卫星。

5.2.2.2　超帧格式

DVB-S2X 作为扩展版新一代数字卫星广播标准，对跳波束的物理实施给出了参考标准[2]。在 DVB-S2X 中，一个超帧长度为一个时隙，因此超帧长度决定了最小时间颗粒度。以 100 Msym/s 符号率为例，其常规的超帧长度约为 6.1 ms，即最小时间颗粒度为 6.1 ms，相当于最小资源块不超过 610 000 个符号（其中包括帧头、导频等开销）。通过调度每个超帧照射区域，可实现跳波束按需服务。资源块越小，调度匹配越灵活，但所需帧头、导频等开销占比增加，功率效率会有所下降。除参考 DVB-S2X 外，我们可以根据系统特点和用户需求另行设计跳波束物理层体制。

以 DVB-S2X 为例，为实现对波束的按需调度，该标准对卫星到用户的物理层波形设计提出了一些具体要求。

- 规则的帧结构。规则的帧边界与波束切换周期对齐，大大简化了信关站调制器设计，有助于最小化保护时间内的虚拟数据开销。
- 保护时间。为避免在波束切换过程中损坏用户数据，在保护时间内传输无效的虚拟数据或不传输数据。
- 锚定训练序列。锚定训练序列使得用户能够快速可靠地实现重新同步。

基于上述原则，DVB-S2X 标准给出了几种适用于卫星跳波束系统的超帧（Super Frame，SF）结构，其中超帧格式 5 支持预先规划跳波束，超帧格式 6 和超帧格式 7 支持业务驱动跳波束。其中，预先规划跳波束的调度周期一般为分钟至小时量级，跳波束轮询周期一般为毫秒至秒量级。业务驱动跳波束帧格式支持逐帧调度跳波束图案。以下简要介绍。

1. 预先规划跳波束的超帧结构

超帧格式 5 支持超低信噪比（Very Low - Signal to Noise Ratio，VL-SNR）和分片的预先规划跳波束，同时该格式也可用于连续传输场景，其结构如图 5-10 和图 5-11 所示[2]。

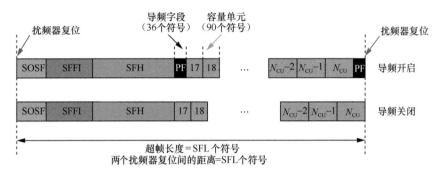

SOSF+SFFI：8 个CU或720 个符号　　　SOSF：Start of Super Frame，超帧起始
SFH：8 个CU或720 个符号　　　　　　SFFI：Super Frame Format Indicator，超帧格式指示符
每个超帧的导频开启/关闭都可以切换　　SFH：Super Frame Header，超帧头
超帧中的容量单元数N_{CU}：16n　　　　PF：Pilot Frequency，导频
　　　　　　　　　　　　　　　　　　CU：Capacity Unit，容量单元
　　　　　　　　　　　　　　　　　　SFL：Super Frame Length，超帧长度

图 5-10　超帧格式 5 结构（除了波束驻留时间内的最后一个超帧）

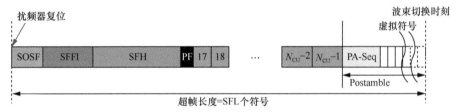

SOSF+SFFI：8 个CU或720 个符号　　　PA-Seq：Postamble Sequence，后码序列
SFH：8 个CU或720 个符号
导频始终开启
超帧中的容量单元数N_{CU}：可变
后码长度：可变

图 5-11　超帧格式 5 结构（波束驻留时间内的最后一个超帧）

这一格式具有以下特点。

- 灵活设置的超帧长度，以应对不同驻留时间的跳波束时隙计划。

- 对超帧头字段采用面向比特的扩展。

- 将超帧头修改为 720 个符号，并删去超帧头尾部字段。

- 调制编码分配不同，用于提取超帧结束/或波束照射结束的信令。

- 跳波束场景中，导频始终开启。

- 连续传输场景中，导频可以开启或关闭，每个超帧单独设置。

2. 业务驱动跳波束的超帧结构

超帧格式 6 支持 VL-SNR 的业务驱动跳波束，其结构如图 5-12 和图 5-13 所示[2]，其格式基于格式 5 稍作修改，具体特点如下。

- 将超帧头修改为扩展头字段以及保护等级指示符，总共 720 个符号。
- 超帧之间没有物理层帧的分片。

图 5-12　超帧格式 6 结构（除了波束驻留时间内的最后一个超帧）

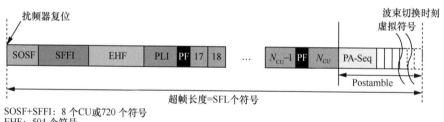

图 5-13　超帧格式 6 结构（波束驻留时间内的最后一个超帧）

超帧格式 7 不支持 VL-SNR 模式，其结构如图 5-14 和图 5-15 所示[2]。格式 7 适用于工作 SNR 高于−3 dB 的业务驱动跳波束场景，其格式基于格式 6 稍作修改，具体特点如下。

- 无超帧头和超帧头尾部。
- 无 VL-SNR 突发模式操作。
- 固定的物理层头保护等级。

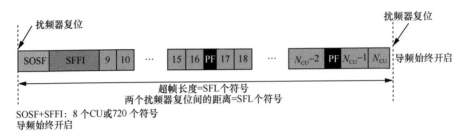

图 5-14 超帧格式 7 结构（除了波束驻留时间内的最后一个超帧）

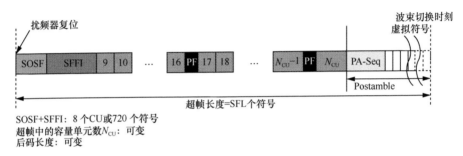

图 5-15 超帧格式 7 结构（波束驻留时间内的最后一个超帧）

综上所述，超帧格式 5 支持预先规划跳波束，超帧格式 6、超帧格式 7 支持业务驱动跳波束。关于超帧格式的更多细节，可参考 DVB-S2X 标准[2]。具有不同特点的超帧格式适用于不同特征的场景，在实际应用中应根据需求适当选择。除了DVB-S2X 跳波束帧结构标准外，支持更细资源粒度分割、功率效率和频谱效率更高的新型物理层体制也是未来重要的研究方向。

| 5.3　卫星跳波束资源调度方法 |

5.3.1　单星跳波束系统与资源调度方法

本节首先综述了单星跳波束资源调度算法，具体包括凸优化算法、启发式算法、迭代算法以及深度强化学习算法，并简要分析其特点。之后，介绍一种基于多智能体合作决策的方法，在保证调度实时性的情况下，实现最大化业务吞吐量和时延公平性的单星业务驱动跳波束图案与带宽分配。

5.3.1.1　单星跳波束资源调度算法分类

跳波束调度是一个 NP 困难问题，通常采用凸优化算法、启发式算法、迭代算法以及深度强化学习算法来求解，如表 5-2 所示。下面简要介绍各类算法。

表 5-2　跳波束资源调度算法分类

算法类型	优点	缺点
凸优化算法	可求出性能上界/下界	需要强假设，凸近似
启发式算法	简单	收敛慢
迭代算法	简单	性能略差
深度强化学习算法	适应动态业务	复杂度高

1. 凸优化算法

若不考虑波束间的同频干扰，根据特定的目标函数，可以将跳波束调度问题转换为凸优化问题。下面考虑两种特定的优化目标，采用凸优化算法求出闭式解[3]。

（1）最小化 n 阶失配容量

优化问题可以表示为

$$\min \sum_{i=1}^{M} \left| R_i - \hat{R}_i \right|^n$$
$$\text{s. t.} \sum_{i=1}^{M} N_i \leqslant N_{\max} W \tag{5-4}$$

其中，N_i 代表分配给第 i 个波束的时隙数量。

各波束的容量

$$R_i = \frac{N_i}{W} B_{\text{tot}} \, \text{lb}(1 + \text{SNR}_i) \tag{5-5}$$

其中，SNR_i 是波束 i 的信噪比。通过构造拉格朗日函数

$$L(N_i, \lambda) = \sum_{i=1}^{M} \left| R_i, \hat{R}_i \right|^n + \lambda \left(\sum_{i=1}^{M} N_i - N_{\max} W \right) \tag{5-6}$$

对各个变量求导等于 0，可求得时隙分配结果。

$$N_i = \frac{\hat{R}_i W}{B_{\text{tot}} \, \text{lb}(1+\text{SNR}_i)} - \frac{\sum_{k=1}^{M} \frac{\hat{R}_k W}{B_{\text{tot}} \, \text{lb}(1+\text{SNR}_k)} - N_{\max} W}{\sum_{k=1}^{M} \left(\frac{\text{lb}(1+\text{SNR}_i)}{\text{lb}(1+\text{SNR}_k)} \right)^{\frac{n}{n-1}}} \tag{5-7}$$

（2）最大化业务满足度

优化问题可以表示为

$$\max \prod_{i=1}^{M} \left(\frac{R_i}{\hat{R}_i} \right)^{w_i} \tag{5-8}$$

$$\text{s. t.} \sum_{i=1}^{M} N_i \leqslant N_{\max} W$$

其中，w_i 代表第 i 个小区权重。通过将优化目标进行对数变换，再构造拉格朗日函数

$$L(N_i, \lambda) = -\sum_{i=1}^{M} \omega \text{lb}\left(\frac{R_i}{\hat{R}_i} \right) + \lambda \left(\sum_{i=1}^{M} N_i - N_{\max} W \right) \tag{5-9}$$

对各个变量求导等于 0，可求得时隙分配结果。

$$N_i = \frac{\omega_i \hat{R}_i W}{\text{lb}(1+\text{SNR}_i)} \cdot \frac{N_{\max} W}{\sum_{k=1}^{M} \frac{\omega_k \hat{R}_k W}{\text{lb}(1+\text{SNR}_k)}} \tag{5-10}$$

2. 启发式算法

由于同频干扰将导致优化问题非凸，凸优化方法将不再适用，因此以遗传算法为代表的启发式算法[4]被应用到跳波束资源调度中。在遗传算法中，优化目标函数被设置为适应度函数，每条染色体代表一种时、空、频多域资源分配方案。经过染色体的交叉、变异和遗传，最终进化出较好的分配结果。

遗传算法的优点是能克服目标函数的非线性、非凸特性，并能实现时、空、频多域资源调度。然而，为了在解空间中搜索到较好的结果，算法的种群规模将会随着自由度增加而急剧增加，这大大延长了搜索时间。

3. 迭代算法

启发式算法复杂度较高，无法适配快变业务。在跳波束系统中，由于多个波束之间可能采用相同频段，会产生同频干扰使得通信容量下降。因此，在跳波束资源

调度算法中，抑制同频干扰是重要考虑因素。而迭代算法通过快速迭代、减小波束间干扰或提高波束的 SINR，从而尽可能满足业务需求。常见的迭代算法包括最小化同频干扰和最大化波束 SINR 两种算法[5-6]。

（1）最小化同频干扰

最小化同频干扰的思路在于使每个时隙同时工作的波束尽可能相隔较远，从而降低波束间干扰。具体步骤如下。

步骤 1：获取各小区服务容量 R_i，对业务满足度小于 1 的小区（$R_i / \widehat{R_i} \leqslant 1$）进行升序排列，构建集合 B。

步骤 2：当集合 B 非空，且总功率和总时隙资源数未达到限制时，对集合 B 中的小区 i 依次进行循环，若时隙 j 满足以下两个条件，则将时隙 j 分配给小区 i。如果集合 B 为空集或者总功率和总时隙约束被打破，算法结束。

• 条件 1：在时隙 j 中，被激活工作波束数目小于最大波束数限制。

• 条件 2：时隙 j 能保证小区 i 在所有时隙中的同频干扰最小。

步骤 3：更新各小区服务容量 R_i，重复上述步骤。

（2）最大化波束 SINR

最大化波束 SINR 的思路在于使每个时隙的波束 SINR 达到最大限度以满足业务需求。具体步骤如下。

步骤 1：获取各小区服务容量 R_i，对业务满足度小于 1 的小区（$R_i / \widehat{R_i} \leqslant 1$）进行升序排列，构建集合 B。

步骤 2：当集合 B 非空，且总功率和总时隙资源数未达到限制时，对集合 B 中的小区 i 依次进行循环，若时隙 j 满足以下两个条件，则将时隙 j 分配给小区 i。若集合 B 为空集或者总功率和总时隙约束被打破时，算法结束。

• 条件 1：在时隙 j 中，被激活工作波束数目小于最大波束数限制。

• 条件 2：时隙 j 能保证小区 i 在所有时隙中的 SINR 最大。

步骤 3：更新各小区服务容量 R_i，重复上述步骤。

4. 深度强化学习算法

由于跳波束调度问题是一个序贯决策问题，因此可以将跳波束传输建模为一个马尔可夫决策过程（Markov Decision Process，MDP），并采用深度强化学习算法来求解 MDP[7-8]。

在跳波束传输过程中，当前时隙总业务取决于前一个时隙总业务、当前时隙传走的业务以及当前时隙新达到的业务，因此各时隙业务满足马尔可夫（Markov）性。在 MDP 中，需要定义状态、动作和奖励，在跳波束调度中，这三者的定义如下。

- 状态：业务队列长度、时延等。
- 动作：波束的指向、带宽、功率、大小等。
- 奖励：各类优化目标函数。

为了获得较好的行为策略，可以采用深度强化学习算法进行求解，如深度 Q 网络（Deep Q-Learning Network，DQN）、深度确定性策略梯度（Deep Deterministic Policy Gradient，DDPG）、柔性动作–评价（Soft Actor-Critic，SAC）等。

综上所述，凸优化算法虽然能求出闭式解，但忽略了同频干扰，不适用于全频率复用的跳波束系统。而以遗传算法为代表的启发式算法和迭代算法复杂度较高，无法适应快变业务场景。尽管学习算法能够适应动态变化业务，但随着波束数目增加，智能体决策空间指数爆炸，学习算法难以实施。因此，本章在 5.3.1.2 节具体介绍一种基于多智能体合作决策的单星业务驱动跳波束调度策略，采用分而治之的思想，实现快速且多自由度的跳波束资源调度。

5.3.1.2　基于多智能体合作决策的单星业务驱动跳波束调度策略

基于多智能体合作决策的单星业务驱动跳波束调度方法采用分而治之的思想，将跳波束决策等效为多智能体合作模型[7]，在不损失吞吐量和时延公平性的前提下，实现快速单星业务驱动跳波束图案与带宽分配。研究创新点如下。

- 一种快速单星业务驱动跳波束图案与带宽分匹配策略，将跳波束问题转化为 MDP 问题，并采用深度强化学习算法，通过离线学习、在线部署的方式，最大化系统吞吐量和时延公平性。
- 一种合作式的多智能体强化学习架构，每个智能体负责单个波束的照射方向决策或带宽分配决策，有效缩小了智能体的决策空间，实现了低复杂度的快速跳波束调度。

1. 系统模型与问题描述

卫星的前向链路如图 5-16 所示，卫星覆盖区域中一共有 N 个小区，多波束卫星以时分复用方式提供 K 个波束。由于用户的非均匀分布特性和时变特性，每个小区的业务需求是具有差异性以及时变性的。假设卫星或者地面运控中心拥有 N 个业务队列，每个队列存有每个小区到达的业务量，且最多只缓存最近 T_{ttl} 个时隙的业务量。定义在第 t 个时隙，到达小区 n 的业务到达量为 ρ_t^n，其服从到达率为 λ_t^n 的泊松分布。第 t 个时隙缓存在队列 n 中的总业务量定义为 d_t^n，则根据业务在队列里缓存的时间，可以将 d_t^n 分解为 $d_t^n = \{\phi_{t,1}^n, \phi_{t,2}^n, \cdots, \phi_{t,l}^n, \cdots, \phi_{t,T_{\text{ttl}}}^n\}$，其中，$\phi_{t,l}^n$ 代表在队列 n 中已经等待了 l 个时隙的业务数据量。

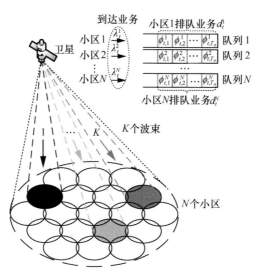

图 5-16　卫星的前向链路

为了满足每个小区的业务需求，卫星需要决策 K 个波束的照射位置。照射变量 x_t^n 代表第 t 个时隙小区 n 是否被波束服务。假设整个卫星通信系统的带宽为 B_{tot}，并且整个带宽被划分为 M 个带宽相等的频率块。为了提高卫星的功率效率，假设每个波束只能选择连续频率块的带宽分配方式。图 5-17 所示为 4 个频率块的带宽分配方式，共有 1+2+3+4=10 种分配方式。因此，M 个频率块对应了 $1+2+3+\cdots+M=\dfrac{M(M+1)}{2}$ 种带宽分配方式。带宽决策变量 $B_t^k = 1, 2, \cdots, \dfrac{M(M+1)}{2}$ 代表第 t 个时隙的波束 k 选择的带宽分配方式。

图 5-17　4 个频率块的带宽分配方式

如果小区 n 被波束 k 照射，则波束 k 到小区 n 的信道参数可以定义为 $h_{n,k}$，小区 n 的 SINR 为：$\mathrm{SINR}_t^n = \dfrac{P_b h_{n,k}}{N_0 \mid B_t^k \mid B_{\mathrm{ch}} + \sum\limits_{n' \in N, n' \neq n, x_t^{n'} = 1} \alpha_t^{i,k} h_{n',i} P_b}$，其中 N_0 代表噪声功率谱密度，P_b 代表波束功率，$\mid B_t^k \mid$ 代表分配给波束 k 的频率块个数，B_{ch} 代表一个频率块的带宽。$\alpha_t^{i,k} = \dfrac{B_t^i \bigcap B_t^k}{\mid B_t^i \mid}$ 代表波束 k 与波束 i 的频谱重叠因子，$B_t^i \bigcap B_t^k$ 表示波束 k 与波束 i 重叠的带宽块数目。根据香农公式，可以计算小区 n 的信道容量 $C_t^n = x_t^n \mid B_t^k \mid B_{\mathrm{ch}} \mathrm{lb}(1 + \mathrm{SINR}_t^n)$。因此，第 t 个时隙小区 n 的吞吐量 $\mathrm{Th}_t^n = \min\{C_t^n, d_t^n\}$。

由于地面业务需求的时空非均匀性，业务驱动跳波束的目标是最大化长期系统吞吐量和小区间的时延公平性。长期吞吐量 $\mathrm{Th}_{\mathrm{total}} = \sum\limits_{t=1}^{T} \sum\limits_{n=1}^{N} \mathrm{Th}_t^n$，时延公平性 $F = \sum\limits_{t=1}^{T} \left(\max\limits_{n \in N}\{\tau_t^n\} - \min\limits_{n \in N}\{\tau_t^n\} \right)$，代表各小区队列时延的差距，其值越小，说明小区间越公平，其中 τ_t^n 代表第 t 个时隙小区 n 的业务平均排队时延。为了平衡长期系统吞吐量和小区间的时延公平性，在此，我们构建多目标优化问题

$$\text{opt. max} \qquad \mathcal{P} = \alpha \frac{\mathrm{Th}_{\mathrm{total}}}{\mathrm{Th}_{\max}} - (1-\alpha)\frac{F}{F_{\max}}, \alpha \in [0,1]$$

$$\text{s.t.} \qquad \mathrm{C1} : \sum_{i=1}^{K} P_b < P_{\mathrm{tot}}$$

$$\mathrm{C2} : \mid B_t^k \mid B_{\mathrm{ch}} \leqslant B_{\mathrm{tot}}, \forall k \in K, t = 1, 2, \cdots, T$$

（5-11）

其中，$\mathcal{P}$ 代表优化目标，α 为吞吐量和时延公平性的权重，$\mathrm{Th}_{\max}$ 和 $F_{\max}$ 为两个归一化常数，约束 C1 代表卫星总功率约束，约束 C2 限制了每个波束的带宽不超过系统总带宽。

由于上述优化问题是一个 NP 困难问题，直接求解较为困难。我们将上述跳波

束问题建模为一个序列性决策问题，因为当前时隙总业务量取决于上一个时隙总业务量以及上一个时隙波束传输容量，业务量满足马尔可夫性。另外，所要优化的目标可以看作是一个最大化长时累计回报的过程，因此上述跳波束问题可以转换为MDP。在 MDP 中，主要包含状态、动作以及奖励等元素。在业务驱动跳波束问题中，上述元素定义如下。

- 状态 s_t：在多波束卫星通信系统环境下，状态被定义为每个小区队列中的业务量。
- 动作 a_t：卫星或者地面运控中心作为智能体进行跳波束决策，动作被定义为波束照射方向和波束带宽分配方式。
- 奖励 $r_t(s_t, a_t)$：为了评估状态 s_t 下动作 a_t 的有效性，将优化目标作为奖励函数，即 $r_t(s_t, a_t) = \alpha \dfrac{\sum\limits_{n=1}^{N} \mathrm{Th}_t^n}{\mathrm{Th}_{\max}} - (1-\alpha) \dfrac{\max\limits_{n\in N}\{\tau_t^n\} - \min\limits_{n\in N}\{\tau_t^n\}}{F_{\max}}$。

2. 多智能体深度强化学习模型

由于业务驱动跳波束满足 MDP 特性，所以我们考虑采用深度强化学习算法来求解MDP。传统的深度强化学习算法基于单智能体跳波束架构，如图 5-18 所示。智能体从环境中获取业务状态信息，利用神经网络进行决策，然后跳转到下一个状态。神经网络参数通过探索–利用以及经验回放机制进行训练，直到智能体学到一个良好的策略。

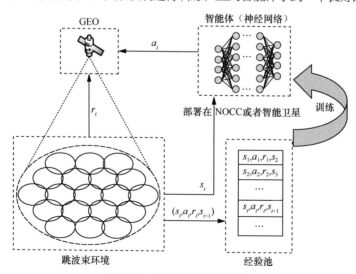

图 5-18　单智能体跳波束架构

然而，单个智能体需要决策所有波束的照射方向以及带宽分配方式，意味着随着波束数量的增加，智能体的决策空间将会呈现指数级扩大的趋势。对于资源受限的卫星通信系统而言，巨大的模型复杂度以及训练的开销是难以承受的。

为了缩小智能体的决策空间，本节介绍一种合作式的多智能体深度强化学习架构（Multi-Agent Reinforcement Learning Beam Hopping，MARL-BH），如图 5-19 所示。在该架构中，每个波束对应两个智能体，一个智能体负责每个时隙波束的照射方向，另一个智能体负责每个时隙波束的带宽分配，每个智能体的决策空间大小仅仅与波束数量呈线性关系。智能体可以共享全局状态和奖励，从而促进它们达成合作。

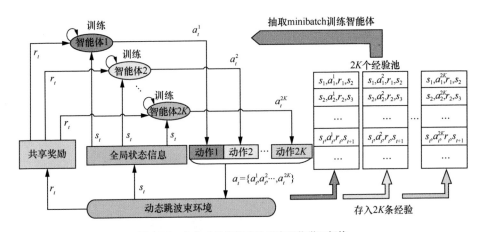

图 5-19　合作式的多智能体深度强化学习架构

考虑到跳波束环境的动态性难以进行确定性建模，MARL-BH 采用基于 model-free 的深度强化学习方法。具体而言，每个智能体采用 DDQN 的方式进行训练学习，即每个智能体各自拥有两个神经网络，其中一个为 Q 网络，另一个为 Target-Q 网络，两者结构相同且均为 3 层全连接网络，每层神经元数目为 128。为了避免智能体陷入局部最优，智能体采用 ε 贪婪策略进行决策，即智能体以概率 $1-\varepsilon$ 执行 Q 值最大的动作，以概率 ε 在动作空间中随机执行动作。在每个状态 s_t 执行动作之后，智能体将收到全局奖励 r_t，并跳转到新的状态 s_{t+1}，并将经验值 $\{s_t, a_t^k, r_t, s_{t+1}\}$ 存入各自的经验池中。在每经过一次固定时隙后，智能体从经验池中随机抽取经验计算均方误差，然后进行梯度传播并更新神经网络参数。

完整的训练流程如下。

算法 5-1　多智能体训练流程

Step1：初始化 $2K$ 个神经网络参数以及 $2K$ 个经验池；初始化每个小区的业务到达率；将环境初始状态设置为第一个时隙每个地面小区的业务大小；将贪婪系数 ε 设置为 1。

Step2：开始执行循环过程。循环包括 M 次大循环，每经过 1 次大循环，重新设置每个小区的业务到达率，并初始化环境状态。每个大循环包含 t 次小循环。第 t 次小循环过程为 Step3 至 Step7。

Step3：每个智能体观测全局状态，定义 $s_t = (d_t^1, d_t^2, \cdots, d_t^N)$，其中 d_t^n 表示第 n 个小区在第 t 个时隙的总业务大小。

Step4：将全局状态 s_t 输入到每个智能体的 Q 网络，第 k 个智能体根据 ε 贪婪策略做出决策 a_t^k，该决策是指波束的照射位置或者带宽资源块个数。

Step5：根据每个智能体的决策以及链路预算，计算每个波束的传输容量，然后对第 t 个时隙所照射小区的业务进行传输，并更新第 $t+1$ 个时隙的每个小区的业务量，得到环境状态变量 s_{t+1}。

Step6：根据第 t 个时隙的数据传输情况，计算第 t 个时隙的业务吞吐量 Th_t 和小区间时延公平性 F_t，然后得到奖励函数 $r_t = \beta \mathrm{Th}_t - (1-\beta)F_t$，其中 β 是一个 0~1 之间的数，平衡吞吐量和时延公平性之间的权重。

Step7：每个智能体将第 t 个时隙的经验 $(s_t, a_t^k, r_t, s_{t+1})$ 存入经验池。

每个智能体从各自经验池中随机抽取 M 条经验，计算均方误差，并利用 Adam 算法[9]进行各自 Q 网络参数的训练。

Step8：每经过 C 次小循环，智能体将各自的 Q 网络参数复制给 Target-Q 网络。

Step9：每经过 1 次大循环，减小贪婪系数 ε。

3. 仿真结果与分析

• 仿真参数

本节基于 Ka 波段的 GSO 多波束卫星通信系统进行仿真，具体仿真参数见表 5-3。

表 5-3　仿真参数

多波束系统参数	参数值
卫星高度	36 000 km
通信频率	20 GHz
小区数	19
波束数	4
系统带宽	500 MHz
频率复用系数	4
卫星单波束发射 EIRP	67.3 dBw
半功率波束张角	1.5°
路径损耗	209.8 dB
用户站接收天线最大增益	31.6 dBi
噪声功率谱密度	−171.6 dBm/Hz
业务到达率	服从（50 MHz，150 MHz）均匀分布
单个时隙持续时间	2 ms　（参考 DVB-S2X）
队列最大存活时间	40 个时隙
DQN 训练参数	参数值
训练轮数	10 000
每轮时隙数	200
学习率	10^{-5}
每个智能体经验池大小	100 000
网络训练频率	每 20 时隙训练一次
Target-Q 网络更新频率	每 200 时隙更新一次
折扣因子	0.95
初始探索率	1
最终探索率	0

• 性能分析

（1）不同优化目标权重下的性能

优化权重 α 代表了吞吐量和时延公平性之间的折中。本节在不同 α 情况下，对训练好的模型进行了测试，小区间的业务需求在（50 MHz，150 MHz）内变化。测试结果如图 5-20 所示，系统吞吐量和小区时延公平性随着 α 的变化而变化。当 α 由 0 增加到 1 时，系统吞吐量逐渐增加而时延公平性会降低。这是由于 α 越大，系统更倾向于提高吞吐量，反之更倾向于提高公平性。为了较好地权衡二者，本节决定采用 $\alpha = 0.5$，并与以下 6 种算法进行对比。

① P-BH：周期轮询跳波束，即波束在小区间进行轮询服务。每个波束的带宽为 250 MHz，实现频率 2 色复用。

② R-BH：随机跳波束，即波束随机选择部分小区进行服务。每个波束的带宽为 250 MHz，实现频率 2 色复用。

③ G-BH：基于业务贪婪的跳波束，即每个时隙选择业务队列最长的 K 个小区进行服务。每个波束的带宽为 250 MHz，实现频率 2 色复用。

④ GA-BH：基于遗传算法的跳波束，即采用遗传算法对整个优化空间进行搜索，获得每个时隙的跳波束图案和带宽分配方式，遗传算法中的种群数目 P 设置为 200，遗传代数 G 设置为 20。

⑤ DF-BH：时延公平的跳波束。第一步，根据每个小区的业务情况分配每个小区的时隙资源；第二步，每个时隙选择小区队列时延最大的 K 个小区服务。每个波束的带宽为 250 MHz，实现频率 2 色复用。

⑥ CKLCQ-BH：最大队列时延的跳波束，即每个时隙选择小区队列时延最大的 K 个小区服务。每个波束的带宽为 250 MHz，实现频率 2 色复用。

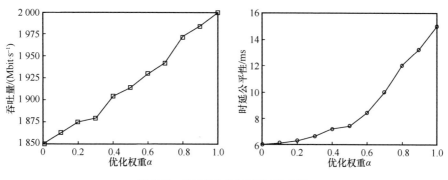

图 5-20　不同优化目标权重下的性能

（2）系统吞吐量性能

为了验证 MARL-BH 有效性，在 500 个业务场景下进行了测试，每个业务场景中的小区业务需求在（50 MHz，300 MHz）内变化。将 500 次测试结果的统计平均值作为最终性能评价指标。

图 5-21 所示为系统吞吐量随总业务需求变化关系。总业务需求为所有小区的业务需求之和。由图 5-21 可见，MARL-BH 算法在性能上优于其他算法。特别是，当总需求小于 1 500 Mbit/s 时，所有的算法几乎具有相同的吞吐量，这是因为单个波束的通信容量远远大于每个小区的业务需求。随着总业务需求的上升，MARL-BH 算法能够更加灵活有效地将有限的波束资源与业务需求相匹配，因此在系统吞吐量上有 5.6%～30%的提升。虽然遗传算法也表现出不错的性能，但是它消耗的迭代次数较多，导致计算开销较大，难以实现实时跳波束调度。另外，当总业务需求大于 2 500 Mbit/s 时，G-BH、DF-BH、CKLCQ-BH 表现出相同的吞吐量性能，这是因为卫星波束容量受限，卫星自身能力成为瓶颈，无法满足用户业务需求。

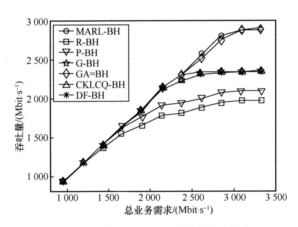

图 5-21　系统吞吐量随总业务需求变化关系

（3）时延公平性能

为了验证算法的时延公平性，同样在 500 个不同业务场景下对算法进行测试，每个场景下的小区业务需求在（50 MHz，300 MHz）内变化。图 5-22 所示为不同小区的业务需求，可见小区间的业务需求差距达到了 200 Mbit/s。因此，很有必要设计一个合适的算法以确保小区间的时延公平性，即业务需求小的小区也需要被有效服务，来减少小区间的时延差距。

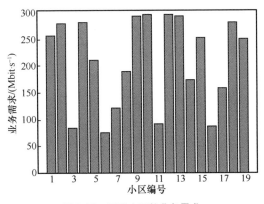

图 5-22　不同小区的业务需求

图 5-23 所示为不同算法下时延公平性随总业务需求的关系。随着总业务需求的增加，所有算法的时延差距都在增加，这是由于有限的波束资源难以满足过多的业务需求，从而导致队列拥塞，业务排队时延增加。当总业务需求小于 1 500 Mbit/s 时，P-BH具有非常好的时延公平性，因为它对每个小区采取轮询服务的方式，保证各小区被公平地服务。CKLCQ-BH 和 DF-BH 在不同总业务需求下均展现出不错的公平性，原因是它们都选择排队时延最大的小区进行服务。MARL-BH 算法的时延公平性适中，当总业务需求超过 2 000 Mbit/s 时，该算法性能优于 R-BH、P-BH、G-BH 性能 53%、51.9%、31.2%。尽管 MARL-BH 算法在时延公平性上略差于 GA-BH、CKLCQ-BH 和 DF-BH，但是其时延差距最差情况保持在 14 ms，这对于卫星通信系统来说是可以承受的。

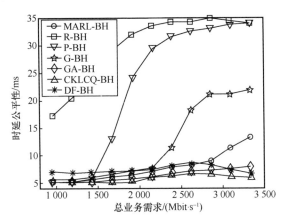

图 5-23　不同算法下时延公平性随总业务需求的关系

（4）多智能体与单智能体决策的性能对比

本节对比多智能体与单智能体决策的性能。仿真小区数为 7，波束数为 2，频率块数为 2，其余参数与表 5-3 一致。

图 5-24 所示为多智能体和单智能体决策的吞吐量及小区时延公平性。多智能体决策在吞吐量上略有 4% 损失，在时延公平性上有 1 ms 损失，这是因为单智能体具有全局视角，容易搜索到最优策略，而多智能体之间需要进行协作，可能陷入局部最优。尽管多智能体决策相比单智能体决策有一定的性能损失，但该架构有效解决了动作空间维度爆炸问题，可实现快速跳波束调度。

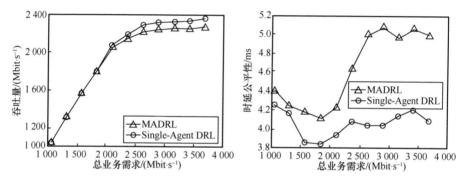

图 5-24　多智能体与单智能体决策的吞吐量及小区时延公平性

（5）复杂度分析

假设两个 k 位信号的乘法和除法需要 k^2 次基本运算，两个 k 位信号的加法和减法需要 k 次基本运算。由于业务驱动跳波束问题是一个序列性决策问题，为了简化分析，本节只计算每个时隙独立决策的计算复杂度。

MARL-BH 算法的复杂度主要取决于神经网络运算。由于每个智能体只拥有一个 3 层全连接网络，且并行执行决策，因此该算法所需要的时间复杂度为 $O(\sum_{l=1}^{3} W_{l-1} \times W_l \times k^2)$，其中 W_l 代表第 l 层网络神经元个数。

通过实际测试，我们发现 MARL-BH 算法与其他 6 种算法的计算复杂度以及执行时间如表 5-4 所示。MARL-BH 算法执行时间大约为 500 μs，远远小于一个时隙的持续时间，因此该算法可以实现实时跳波束调度。尽管 GA-BH 在吞吐量和时延公平性上具有不错的性能，但是由于其需要复杂的迭代搜索过程，消耗大量的计算时间，因此其无法满足实时调度的需求。

表 5-4 不同算法的计算复杂度与执行时间

算法	计算复杂度	执行时间
P-BH	$O(1)$	13 μs
R-BH	$O(2K)$	48 μs
G-BH	$O((NT_{ttl} + NlbN)k)$	64 μs
GA-BH	$o\left(PG\left(Kk^3 + (K^2 + NT_{ttl})k^2\right)\right)$	3.2 s
DF-BH	$O\left(N(T_{ttl} + 2)k^2 + (NlbN + K)k\right)$	206 μs
CKLCQ-BH	$O\left(N(T_{ttl} + 1)k^2\right)$	148 μs
MARL-BH	$O\left(\sum_{l=1}^{L} W_{l-1} \times W_l \times k^2\right)$	508 μs

5.3.2 多星跳波束系统与资源调度方法

多重覆盖是 NGSO 星座的典型特征，用户同时可视卫星多，可被不同卫星分时服务。以 Starlink 第一阶段的 4 408 颗卫星为例，地面用户仰角 40°以上空域，同时可视卫星数可达 4~9 颗甚至更多，这也是 Starlink 系统为规避对 GSO 地球站干扰、实现高仰角服务的基本方法。但是，如第 3 章所述，数十颗卫星不会同时服务某一小区，而是通过合理波束分配实现均衡服务并避免可能的干扰。同时，卫星在选择小区进行服务时，还需要避免对 GSO 地球站产生干扰。因此，需要在一定的波束指向约束下设计合理的卫星多波束指向策略。另一方面，由于每颗卫星可视范围内的业务负载差异较大，如何将非均匀业务与各颗卫星的容量相匹配，是多星跳波束系统面临的一个关键问题。

5.3.2.1 多星跳波束资源调度算法分类

目前，针对多星跳波束的研究比较少，本节列出几类可用于多星跳波束调度的算法，并给出相应的优缺点，见表 5-5。

表 5-5　可用于多星跳波束资源调度的算法

算法类型	优点	缺点
单星算法	直接移植到多星系统	多颗卫星可能指向同一小区
贪婪算法	复杂度低	小区间公平性未满足
遗传算法	考虑多星联合优化	复杂度高
学习算法	考虑多星联合优化	决策复杂度高

综上可知,传统单星算法将每颗卫星视为独立的个体,可能出现多颗卫星指向同一小区的情况;贪婪算法虽然复杂度较低,但是对低业务量的小区考虑不足,不能保证小区间公平性;遗传算法虽然能实现多星联合优化,但是随着卫星数增加,复杂度将指数级增长;学习算法同样也面临维数爆炸的风险。

在多星跳波束系统中,不仅需要规避星内、星间的同频波束干扰以及对 GSO 地球站的干扰,也要考虑公平服务的约束,例如,避免同址服务,或者尽可能均衡卫星间负载,保证每颗卫星的业务承载相当,提升系统的资源利用效率。综合以上两点,5.3.2.2 节将介绍一种联合负载均衡与同址规避的多星预先规划跳波束资源调度方法。

5.3.2.2　联合负载均衡与同址规避的多星预先规划跳波束资源调度

负载均衡和同址规避的多星预先规划跳波束调度方法（Load Balancing and Cell Avoidance Beam Hopping,LB-CA-BH）可在 NGSO 多重覆盖情况下,在达成负载均衡目标以及满足 GSO 地球站干扰约束的同时,形成空间隔离跳波束图案实现星内波束间干扰规避和星间同址规避,研究创新点如下。

- 提出低复杂度的多星预先规划跳波束方法,将复杂的多星联合优化问题分解为多星负载均衡和单星跳波束图案设计两个问题。
- 针对多星负载均衡问题,考虑 NGSO 星座多重覆盖特点,通过优选小区与卫星之间的服务关系,在满足 GSO 地球站不被干扰的同时,既保证每颗卫星的业务需求尽可能相当,又避免多颗卫星同时服务一个小区。
- 针对单星跳波束图案设计问题,通过优选空间隔离的跳波束图案来降低星内波束间干扰,同时最大化小区业务满足度。

1. 系统模型与问题描述

本节以多波束 NGSO 卫星通信系统的前向链路为例,如图 5-25 所示,假设有 N_s

颗卫星覆盖某一特定区域，该区域可以被划分为 N_c 个小区，而每颗卫星可以覆盖其中 N 个小区。另外，假设有 N_{gs} 个 GSO 地球站分布在不同小区，NGSO 卫星与 NGSO 地球站的通信不能对 GSO 卫星与 GSO 地球站的通信产生干扰。值得注意的是，卫星之间的覆盖区域有较多重叠，即具有典型的多重覆盖特征。

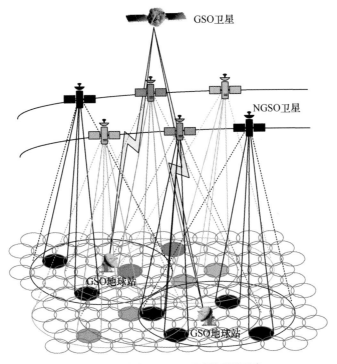

图 5-25　多波束 NGSO 卫星通信系统示意

由于地面用户的非均匀分布特性以及时变特性，因此每个小区的业务需求差异较大。本节定义 d_n 为第 n 个小区的业务需求大小，主要由小区包含的用户数目决定。

在跳波束系统中，每颗 NGSO 卫星在每个时隙最多能产生 K 个波束，以时分复用的方式服务所有小区。考虑采用预先规划跳波束模式，每个时隙的波束指向由提前规划好的跳波束时隙计划（也称为跳波束图案）来控制，如图 5-26 所示。通常来说，一个跳波束轮询周期 T 包含 W 个跳波束时隙，每个时隙的长度 $T_{slot} = T / W$ 代表了波束的最短驻留时间。

跳波束轮询周期

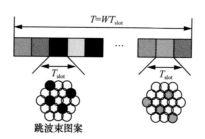

图 5-26 卫星跳波束时隙计划示意

为了满足不同小区的业务需求，运控中心需要确定合理的跳波束图案，假设第 i 颗 NGSO 卫星的跳波束时隙计划表示如下。

$$\boldsymbol{X}_i = [\boldsymbol{x}_i^1, \boldsymbol{x}_i^2, \cdots, \boldsymbol{x}_i^t, \cdots, \boldsymbol{x}_i^W] \tag{5-12}$$

其中，$\boldsymbol{x}_i^t$ 代表第 i 颗 NGSO 卫星在第 t 个时隙的图案，$\boldsymbol{x}_i^t$ 可以进一步表示为 $\boldsymbol{x}_i^t = [x_{i,1}^t, x_{i,2}^t, \cdots, x_{i,n}^t, \cdots, x_{i,N}^t]^\mathrm{T}$。$x_{i,n}^t \in \{0,1\}$ 表示第 n 个小区是否在第 t 个时隙被卫星 i 服务。为了提升频谱效率，假设卫星的所有波束共用一个带宽 B_{tot}，因此波束间的同频干扰不容忽视。

在本系统中，每颗 NGSO 卫星最多可以产生 K 个波束服务不同小区的用户，则 N_s 颗卫星最多产生 $N_s K$ 个波束。假设每个用户只有一根天线，定义第 k 个（$k = 1, 2, \cdots, N_s K$）波束服务的用户为用户 k，以该用户为例，其将接收到来自 N_s 颗卫星的总共 $N_s K$ 个信号，该用户与 $N_s K$ 个波束之间的信道参数为 $[h_{k,1}, h_{k,2}, \cdots, h_{k,l}, \cdots, h_{k,N_s K}] \in \mathbb{C}^{N_s K \times 1}$，其中 $h_{k,l}$ 表示第 k 个用户与第 l 个（$l = 1, 2, \cdots, N_s K$）波束之间的信道参数。假设由于卫星运动引起的多普勒频偏可以被补偿且不考虑天气因素造成的雨衰影响，则该用户与第 l 个（$l = 1, 2, \cdots, N_s K$）波束之间的信道参数可以进一步表示为

$$h_{k,l} = \frac{\sqrt{G_t\left(\theta_{k,l}\right) G_r\left(\theta_{k,S(l)}\right)}}{4\pi \dfrac{d_{k,l}}{\lambda}} \tag{5-13}$$

其中，$G_t(\theta_{k,l})$ 表示第 l 个波束到第 k 个用户的发射天线增益，与用户 k 到波束 l 主瓣的夹角 $\theta_{k,l}$ 有关。$G_r(\theta_{k,S(l)})$ 代表第 k 个用户的接收天线增益，与用户 k 的天线主

瓣到产生波束 l 的卫星夹角 $\theta_{k,S(l)}$ 有关。$S(l)$ 表示产生波束 l 的卫星，$d_{k,l}$ 代表第 k 个用户到波束 l 的距离，λ 表示电磁波长。

因此，第 k 个用户的接收 SINR 可以表示为

$$\mathrm{SINR}_t^k = \frac{P_k \mid h_{k,k} \mid^2}{k_{\mathrm{B}}T_{\mathrm{rx}}B_{\mathrm{tot}} + \underbrace{\sum_{l \neq k, S(l)=S(k)} P_l \mid h_{k,l} \mid^2}_{\text{Intra-Satellite Interference}} + \underbrace{\sum_{l \neq k, S(l) \neq S(k)} P_l \mid h_{k,l} \mid^2}_{\text{Inter-Satellite Interference}}} \quad (5\text{-}14)$$

其中，k_{B} 表示玻尔兹曼常数，T_{rx} 表示接收机噪声温度，P_k 表示第 k 个波束的发射功率，并假设每颗卫星的波束功率均分卫星总功率。需要注意的是，同频干扰包括两个部分，一部分是星内波束间干扰（Intra-Satellite Interference），另一部分是星间波束间干扰（Inter-Satellite Interference）。

在第 t 个时隙，如果小区 n 被波束 k 服务，则小区 n 的服务容量可以表示为

$$r_{n,k}^t = B_{\mathrm{tot}}\mathrm{lb}\left(1 + \mathrm{SINR}_t^k\right) \quad (5\text{-}15)$$

反之，小区 n 在时隙 t 未被服务，则 $r_{n,k}^t = 0$。在跳波束系统中，小区 n 在一个跳波束轮询周期 T_{H} 中的业务需求 $D_n = d_n \times T_{\mathrm{H}}$。另外，小区 n 在时隙 t 所接收到的容量 $C_n^t = \sum_{k=1}^{N_s K} r_{n,k}^t \times T_{\mathrm{slot}}$，则小区 n 在一个轮询周期中接收到的总容量 $R_n = \sum_{t=1}^{W} C_n^t$。

对于第 j 个 GSO 地球站，其在第 t 个时隙总共会受到 $N_s K$ 个 NGSO 卫星波束的干扰。总干扰可以表示为

$$I_j^t = \sum_{l=1}^{N_s K} P_l \mid h_{j,l} \mid^2 \quad (5\text{-}16)$$

GSO 地球站所受干扰功率不能超过干扰上限 I_{th}。

多星跳波束的优化目标是最大化最小业务供需比 R_n / D_n，这保证了每个小区都会被服务到，否则目标函数会下降，也就保证了小区间的公平性。优化问题可以表示为

$$\mathrm{P0}: \max_{x_1, x_2, \cdots, x_{N_s}} \min_n \left\{ \frac{R_n}{D_n} \right\}$$

$$\mathrm{s.t.} \quad \mathrm{C1}: \sum_{n=1}^{N} x_{i,n}^t \leqslant K, t = 1, \cdots, W; i = 1, \cdots, N_s \quad (5\text{-}17)$$

$$\mathrm{C2}: x_{i,n}^t \in \{0,1\}, i = 1, \cdots, N_s; n = 1, \cdots, N$$

$$\mathrm{C3}: I_j^t \leqslant I_{\mathrm{th}}, j = 1, \cdots, N_{\mathrm{gs}}$$

其中，$X_1, X_2, \cdots, X_{N_s}$ 是 0-1 优化变量，在式（5-12）中定义，代表每颗 NGSO 卫星的跳波束时隙计划。X_i 的大小为 $N \times N_{\text{slot}}$。C1 表示每颗 NGSO 卫星在每个时隙最多产生 K 个波束。C2 约束了优化变量为 0-1 变量，C3 约束了每个 GSO 地球站受到的干扰功率不超过干扰上限 I_{th}。

2. 问题分解与求解

由于 SINR 的非凸性以及优化变量的整数特性，P0 是一个 NP 困难问题。因此，为了便于问题求解，可将上述问题分解为两个子问题。

（1）多星负载均衡问题

NGSO 卫星覆盖下的非均匀业务分布示意如图 5-27 所示，由于 NGSO 卫星通信系统工作仰角高，多重覆盖率高，小区（波束）大小远小于单星覆盖大小，在相近区域内的多个小区，使用哪些卫星提供服务是一个优化问题。如果多个热点小区由一颗卫星服务，必然导致该卫星负载过大，而另一些卫星轻载的情况。另一方面，如果多颗卫星都将波束指向业务最密集的区域进行服务，就有可能出现多颗卫星同频服务同一小区的情况，导致资源浪费以及邻星干扰。因此，如果将热点区域的小区分配给不同的卫星进行服务，既规避了多星同小区服务的情况，又可以减轻单颗卫星的服务压力。

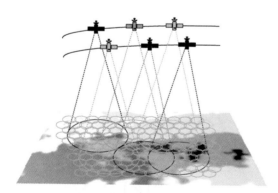

图 5-27　NGSO 卫星覆盖下的非均匀业务分布示意

另外，在将小区与卫星进行分配时，还需要考虑 NGSO 卫星对 GSO 地球站的干扰影响。NGSO 卫星对 GSO 地球站干扰如图 5-28 所示，假设某 GSO 地球站在第 n 个小区，NGSO 卫星服务该小区的用户，并定义 θ 表示 GSO 地球站与 GSO 卫星和 NSGO 卫星连线的夹角。如果 θ 小于某一阈值 θ_{th}（该阈值可根据干扰规避策略确定，见第 4 章），则认为 NGSO 卫星会对 GSO 地球站产生较强的干扰，因此该 NGSO 卫星不能服务小区 n。反之，该卫星可以服务小区 n。

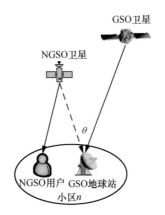

图 5-28　NGSO 卫星对 GSO 地球站干扰

可以将多星负载均衡问题描述为最小化卫星间的业务差异的问题，具体如下。

$$\text{P1}: \quad \min_{\boldsymbol{u}_1,\boldsymbol{u}_2,\cdots,\boldsymbol{u}_{N_s}} \left\{ \max_i\{D_i\} - \min_i\{D_i\} \right\}$$

$$\text{s.t.} \quad \text{C1}: D_i = \boldsymbol{D}^T\boldsymbol{u}_i = \sum_n d_n u_{i,n}, i=1\cdots,N_s$$

$$\text{C2}: u_{i,n}=0, \forall n \notin V_i; i=1,\cdots,N_s$$

$$\text{C3}: \sum_i u_{i,n}=1, n=1,\cdots,N_c \qquad (5\text{-}18)$$

$$\text{C4}: u_{i,n}=0, \forall n \in V_{\text{gs}} \text{ and } \forall i \in G(n)$$

$$\text{C5}: u_{i,n} \in \{0,1\}, i=1,\cdots,N_s; n=1,\cdots,N_c$$

其中，向量 $\boldsymbol{u}_1,\boldsymbol{u}_2,\cdots,\boldsymbol{u}_{N_s}$ 为 $N_c\times1$ 的二进制变量，为小区-卫星分配向量。$u_{i,n}$ 代表向量 $\boldsymbol{u}_i$ 的第 n 个元素，如果 $u_{i,n}=1$，说明小区 n 在整个跳波束周期内被分配给卫星 i。V_i 代表卫星 i 覆盖的小区集合。C1 定义了每颗卫星的总需求，C2 表示每个小区只能被分配给它们可视范围内的卫星。C3 要求每个小区只被分配给一颗卫星（在有更高业务需求和邻星干扰可控的条件下，该约束也可以被设置为"有限数量的卫星"）。C4 考虑了 GSO 干扰约束，限制部分卫星不能服务 GSO 地球站所在小区，其中 V_{gs} 表示 GSO 地球站所在小区集合，$G(n)$ 表示不能服务小区 n 的 NGSO 卫星集合。C5 限制优化变量是 0-1 变量。

如果忽视优化变量的整数限制，显然 P1 是一个凸问题，可以采用 CVX 工具箱求解。

（2）单星按需跳波束问题

在求解问题 P1 后，可以得到每颗卫星需要服务的小区。每颗卫星需要设计合适的跳波束图案来满足不同小区的业务需求。假设有 N_i 个小区分配给卫星 i，有可能会出现 N_i 接近 K 或者小于 K 的情况。一方面，如果 N_i 接近 K，小区分配示意如图 5-29 所示（$N=19$，$N_i=7$，$K=4$），则会导致 K 个波束指向十分靠近，造成严重的同频干扰。另一方面，如果 N_i 小于 K，那么卫星每个时隙激活的波束数目需要小于 K，否则会造成波束资源浪费。

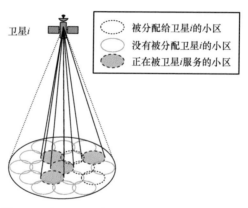

图 5-29　小区分配示意（$N=19$，$N_i=7$，$K=4$）

因此，为了降低同频干扰，同时避免资源浪费，卫星激活波束数目 M_i 需要小于 N_i。另外，M_i 不能远小于 N_i，因为这样会导致所有小区不能被有效服务。综上考虑，设置 M_i 为 N_i 的 $\frac{1}{4}$，具体规则如下。

$$M_i = \begin{cases} K, & N_i \geqslant 4K \\ \dfrac{N_i}{4}, & N_i < 4K \end{cases} \qquad (5-19)$$

为了便于分析，以卫星 i 的跳波束图案设计为例进行讨论，其他卫星与之类似。在每个时隙，一共有 $C_{N_i}^{M_i}$ 种跳波束图案，但并不是所有图案都满足空间隔离条件（波束照射的小区两两不相邻）。为了找到满足空间隔离的图案，首先定义小区间邻接

矩阵 A，其元素可以表示为

$$a_{ij} = \begin{cases} 0, & i = j \\ 1, & i \neq j, \mathrm{dist}(i,j) \leqslant 2R \\ 0, & i \neq j, \mathrm{dist}(i,j) > 2R \end{cases} \qquad (5\text{-}20)$$

其中，$\mathrm{dist}(i,j)$ 表示小区 i 和小区 j 的中心距离，R 代表小区半径。

这里定义一个二进制向量 z 来表示一个跳波束图案，向量中元素为 1 的位置代表被波束服务的小区，因此向量中 1 的数目必须等于 M_i。根据图论可知，跳波束图案 z 满足空间隔离的充分必要条件为

$$z^{\mathrm{T}} A z = 0 \qquad (5\text{-}21)$$

定义满足空间隔离条件的图案数目为 N_{v}。显然，N_{v} 远小于 $C_{N_i}^{M_i}$。对于每个空间隔离图案，可以计算其服务的每个小区的容量。以第 i 个满足空间隔离图案 z_i 为例，相应的小区容量 c_i 可以表示为

$$c_{ij} = \begin{cases} 0, & z_{ij} = 0 \\ r_j \times T_{\mathrm{slot}}, & z_{ij} = 1 \end{cases} \qquad (5\text{-}22)$$

其中，z_{ij} 和 c_{ij} 分别代表 z_i 和 c_i 的第 j 个元素，r_j 代表第 j 个小区的容量。

在每个跳波束时隙，卫星选择某一个空间隔离图案进行服务。在一个跳波束周期中选择的空间隔离图案组成了跳波束时隙计划，定义 ϕ_i 为第 i 种空间隔离图案被选择的次数。为了尽可能满足不同小区的业务需求，希望尽可能提高供需匹配能力，最大化最小业务供需比。因此单星按需跳波束问题可以表示为

$$\mathrm{P2}: \quad \max_{\phi_1, \phi_2, \cdots, \phi_{N_{\mathrm{v}}}} \min_n \frac{R_n}{D_n}$$

$$\text{s. t.} \quad \mathrm{C1}: \sum_{i=1}^{N_{\mathrm{v}}} \phi_i = W$$

$$\mathrm{C2}: R_n = \sum_{j=1}^{N_{\mathrm{v}}} c_{nj} \phi_j, n = 1, \cdots, N_i \qquad (5\text{-}23)$$

$$\mathrm{C3}: \phi_i \in N, i = 1 \cdots, N_{\mathrm{v}}$$

为了更好地求解 P2，引入辅助变量 $\xi \triangleq \min\limits_n \dfrac{R_n}{D_n}$，那么 P2 可以重新表示为

$$P3: \max_{\phi_1,\phi_2,\cdots,\phi_{N_v},\xi} \xi$$

$$s.t. \quad C1: \sum_{i=1}^{N_v}\phi_i = W$$

$$C2: R_n = \sum_{j=1}^{N_v}c_{nj}\phi_j, n=1,\cdots,N_i \qquad (5\text{-}24)$$

$$C3: \frac{R_n}{D_n} \geqslant \xi, n=1,\cdots,N_i$$

$$C4: \phi_i \in N, i=1,\cdots,N_v$$

P3 是一个整数线性规划问题，可通过 CVX 或者 MATLAB 相应工具箱快速求解。

3. 仿真结果与分析

（1）仿真参数

从用户视角出发，其在每个局部区域给定时刻看到的卫星的数量是有限的，所以我们只需要求解可视卫星的跳波束图案，将不同时间快照的调度结果组合，便可得到当前区域完整的波束分配策略。因此，本节以一个特定区域为例，对特定时间快照下的卫星波束分配进行仿真，分析负载均衡与业务满足度等性能，仿真参数见表 5-6。

表 5-6　仿真参数

系统参数	参数值
NGSO 卫星数目	9
NGSO 卫星高度	550 km
NGSO 卫星经度范围	[100° E，105° E]
NGSO 卫星纬度范围	[−1.5° S，1.5° N]
GSO 卫星经度	103° E
通信频率	20 GHz
GSO 地球站个数	10
卫星覆盖小区数	171
小区半径	15.4 km
每颗 NGSO 卫星最大波束数	4
NGSO 卫星单波束发射 EIRP	39.3 dBw

（续表）

系统参数	参数值
用户接收天线最大增益	37.2 dBi
接收机噪声温度	500 K
单个时隙持续时间	2 ms　（参考 DVB-S2X）
跳波束周期	64 时隙

假设赤道上某个特定区域有 171 个小区，经度为[100° E, 105° E]，纬度为[−1.5° S, 1.5° N]，在给定时间快照被 9 颗 NGSO 卫星同时覆盖。NGSO 卫星轨道高度设置为 550 km。另假设有 10 个 GSO 地球站分布在该 171 个小区中的 10 个小区，GSO 卫星经度为 103° E。每颗 NGSO 卫星单波束发射 EIRP 为 39.3 dBw，最多产生 4 个波束。一个跳波束周期包含 64 个时隙，每个时隙为 2 ms。每个小区的业务按人口数量比例模拟设置，图 5-30 所示为 171 个小区的业务情况。

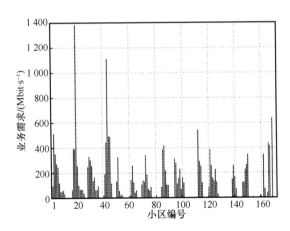

图 5-30　171 个小区的业务需求

其他 5 种跳波束算法的特点如下。

① 随机跳波束（R-BH）

每颗卫星在每个时隙随机选择 171 个小区中的 4 个小区进行服务。

② 周期轮询跳波束（P-BH）

9 颗卫星共 36 个波束周期轮询服务所覆盖的 171 个小区，轮询周期大约是 171/36≈5 个时隙。

③ 贪婪跳波束（G-BH）

小区按最高仰角接入卫星，每颗卫星在每个时隙选择业务需求最多的 4 个小区服务。

④ 负载均衡+贪婪跳波束（LB-G-BH）

首先进行卫星间负载均衡，然后每颗卫星在每个时隙选择业务需求最多的 4 个小区服务。

⑤ 单星独立跳波束（SA-BH）

小区按最高仰角接入卫星，每颗卫星求解子问题 2，生成跳波束时隙计划对小区进行服务。

（2）性能分析

① 负载均衡性能分析

假设负载均衡前，小区按最高仰角接入准则接入卫星。图 5-31 所示为负载均衡前后的 9 颗卫星归一化负载情况，归一化负载定义为 $\hat{D}_i = D_i / \sum_{i=1}^{9} D_i$，$D_i$ 代表第 i 颗卫星的负载。可见负载均衡后，卫星之间的负载差异从 0.337 8 减小到 0.000 28，说明距离业务稀疏地区中心最近的卫星（例如卫星 1、卫星 3、卫星 6、卫星 9）被分配了更多的小区，而距离业务密集地区中心最近的卫星（例如卫星 2、卫星 4、卫星 7）则被分配了少量小区，每颗卫星的业务负载尽可能达到均衡，卫星的资源利用率有效提升，尽可能减少卫星资源过剩或者不足的情况。

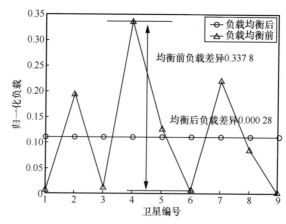

图 5-31 负载均衡前后的 9 颗卫星归一化负载情况

② 业务满足度性能分析

为了评价业务的按需服务性能，首先定义小区业务满足度指标 $\beta_n = \overline{R}_n / D_n$，其中 $\overline{R}_n = \min(R_n, D_n)$ 表示实际提供小区 n 的业务量，D_n 表示小区 n 的业务需求量。显然业务满足度小于等于 1，该值越大，说明提供给小区 n 的业务越多。为了便于结果的可视化，这里定义每颗卫星的平均业务满足度 $\beta_i = \sum_{n=1}^{N_i} \beta_n / N_i$，它表示卫星所服务小区的平均业务满足度。

图 5-32 所示为不同算法对应的平均业务满足度，可见 LB-CA-BH 算法比其他算法性能好，因为该算法不仅考虑了每颗卫星按需传输，还考虑了星间负载均衡与同址规避。此外，有的卫星业务满足度为 1，说明其服务的小区的业务需求被完全满足。由于 P-BH 和 R-BH 并不能做到按需传输，因此业务满足度小于 1。虽然 G-BH 选择高业务需求的小区进行传输，但是它没有考虑低业务需求的小区，导致低业务小区的业务满足度为 0。SA-BH 中的每颗卫星独立按需服务，但没有考虑卫星间负载均衡，因此部分卫星过载或轻载，这导致性能差于所提算法。值得注意的是，当考虑负载均衡后，G-BH 性能有所提升，因为负载均衡后，每颗卫星的负载相当，避免了资源浪费，同时负载均衡保证了每颗卫星服务的小区不会重叠。

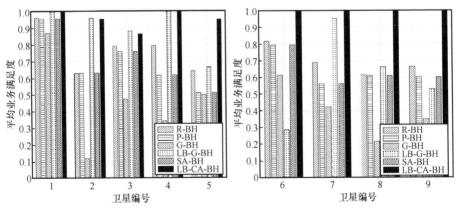

图 5-32　不同算法对应的平均业务满足度

表 5-7 总结了不同算法的浪费容量（实际提供比需求多出的容量）、失配容量（需求比实际提供多出的容量）以及平均业务满足度。LB-CA-BH 算法的失配容量最

低，与其他 5 种算法相比，降低了约 75%～92%，说明该算法尽可能地满足了非均匀业务需求，提升了整个系统的资源利用率。另外，该算法的业务满足度最高，平均业务满足度达到了 97.5%，说明各小区业务几乎完全被满足。

表 5-7　不同算法的浪费容量、失配容量以及平均业务满足度

算法	浪费容量/（Mbit·s^{-1}）	失配容量/（Mbit·s^{-1}）	平均业务满足度
R-BH	15 938	11 102	73.4%
P-BH	9 400	12 555	67.2%
G-BH	3 833	13 428	43.4%
LB-G-BH	3 046	4 105	77.1%
SA-BH	8 837	9 011	67.2%
LB-CA-BH	5 603	1 038	97.5%

|5.4　本章小结|

本章首先介绍了卫星跳波束的系统模型，并指出其具有覆盖灵活、资源利用率高的性能优势，然后根据跳波束调度处理方式以及调度算法执行位置给出了 4 种跳波束架构，并列举了 3 种 DVB-S2X 所支持的跳波束超帧结构。为了使读者全面了解跳波束通信技术，本章从单星、多星两个场景介绍跳波束通信系统设计案例。一是针对多点波束高通量卫星的业务驱动实时跳波束应用，介绍基于多智能体合作决策的单星业务驱动跳波束策略。二是针对低轨高密度星座多重覆盖下的预先规划跳波束应用，介绍联合负载均衡和同址规避的多星预先规划跳波束资源调度方法。

本章阐述的跳波束实现架构、单星及多星跳波束调度算法可以为卫星通信网络资源按需分配提供直接和可行的技术路径。在实际应用中，我们需要综合考虑卫星通信网络总体架构、通信载荷处理能力、天线载荷控制能力、系统功率效率、同步复杂度等各种工程约束，结合设计需求选择合适的卫星跳波束系统架构和技术方案。

参考文献

[1] ANGELETTI P, LISI M. Noordwijk. Multiport power amplifiers for flexible satellite antennas and payloads[J]. Microwave Journal, 2010, 53(5): 96-110.

[2] ETSI. Digital Video Broadcasting (DVB); Second generation framing structure, channel coding and modulation systems for Broadcasting, Interactive Services, News Gathering and other broadband satellite applications; Part 2: DVB-S2 Extensions (DVB-S2X): ETSI EN 302 307-2 V1.3.1(2021-07)[S]. Nice: ETSI, 2021.

[3] LEI J, VAZQUEZ-CASTRO M A. Multibeam satellite frequency/time duality study and capacity optimization[J]. Journal of Communications and Networks, 2011,13(5): 472-480.

[4] ARAVANIS A I, SHANKAR B, ARAPOGLOU P D, et al. Power allocation in multibeam satellite systems: a two-stage multi-objective optimization [J]. IEEE Transactions on Wireless Communications, 2015, 14(6): 3171-3182.

[5] ALBERTI X, CEBRIAN J M, BIANCO A D, et al. System capacity optimization in time and frequency for multibeam multi-media satellite systems[C]//2010 5th Advanced Satellite Multimedia Systems Conference and the 11th Signal Processing for Space Communications Workshop. Piscataway: IEEE Press, 2010: 226-233.

[6] ALEGRE G R, ALAGHA N, VAZQUEZ-CASTRO M A. Offered capacity optimization mechanisms for multi-beam satellite systems[C]//2012 IEEE International Conference on Communications (ICC). Piscataway: IEEE Press, 2012: 3180-3184.

[7] LIN Z, NI Z, KUANG L, JIANG C, et al. Dynamic beam pattern and bandwidth allocation based on multi-agent deep reinforcement learning for beam hopping satellite systems[J]. IEEE Transactions on Vehicular Technology, 2022, 71(4): 3917-3930.

[8] HU X, ZHANG Y, LIAO X, et al. Dynamic beam hopping method based on multi-objective deep reinforcement learning for next generation satellite broadband systems[J]. IEEE Transactions on Broadcasting, 2020, 66(3): 630-646.

[9] KINGMA D P, BA J. Adam: A Method for Stochastic Optimization[J]. arXiv: Learning, 2014.

第 6 章

面向按需服务的卫星通信网络上行资源管理

卫星通信网络上行链路是频率资源受限的系统。为适应未来大范围、多业务类型、海量用户接入的需求，除使用跳波束技术提供按需服务能力外，预测区域业务的动态变化，并根据预测结果进行高效的频率和时隙资源分配，也是提升上行系统用户满足度的有效措施。

本章重点探讨基于业务预测的卫星通信网络上行链路资源管理方法：首先，讨论业务的时空分布特征和业务预测模型；其次，介绍常用的资源管理架构及关键技术；最后，基于卫星通信网络上行链路通信系统 3 个典型应用场景，讨论基于业务预测的上行链路资源管理方法。

|6.1 引言 |

对于上行链路系统，不仅需要实现如第 5 章所述波束的高效利用，还要实现波束内时隙和频率资源的精细化利用。在全球范围内，卫星广域业务需求的强度和密度呈现极度不均匀的特征。同时，NGSO 卫星相对于地面具有天然运动特征，覆盖区域不断变化，导致星下业务需求呈现较强的动态性及多样性。在这种情况下，传统单一、静态的时频资源预先分配方式因较少考虑区域业务的动态变化对用户上行接入和数据传输的影响，降低了上行系统受限资源的利用率。

按需高效的上行资源管理的重点是对变化的用户需求进行实时跟踪、预测，之后针对业务预测结果执行高效的资源管理方法。现有的上行资源管理方法一般从媒体接入控制（Media Access Control，MAC）层协议、接入控制、资源分配等角度入手开展研究。本章重点探讨基于业务预测实现按需服务的卫星通信网络上行链路资源管理方法。

| 6.2　卫星通信网络业务分析 |

6.2.1　时空非均匀业务的预测及资源管理流程

如 2.3.2 节所述，卫星通信网络业务在空间及时间上均呈现非均匀特性。从空间角度考虑，在人口、船舶、飞机等因素的影响下，卫星通信网络用户在全球范围内分布极度不均匀。从时间角度考虑，业务强度随着时间变化呈现动态变化的特性。此外，由于 NGSO 卫星相对于地面天然处于运动状态，以卫星视角对星下业务进行预测及资源管理较为困难。

考虑到业务特性与地理位置相关，如本书第 5 章提出通过转换视角来设计资源管理方案，即将卫星运动状态与业务特性解耦，根据地理位置和用户分布特征在地面划分小区，然后根据 NGSO 卫星运行规律进行小区和卫星的匹配。同理，在卫星通信网络上行链路通信系统中，可以预先划分小区，小区的大小取决于卫星波束大小和运营商对业务强度的预先估计，通过历史业务信息对小区业务预测和资源管理方案进行更新，实现对卫星上行链路资源的动态管理。具体而言，首先，根据卫星波束覆盖大小将地球表面划分为小区；将时间划分为切片，结合卫星运行切换时间和业务变化周期，设计切片周期，在每个切片内预测当前小区的业务。其次，网络侧处理各小区资源管理方案，并根据 NGSO 卫星运行时间表，可以将各小区及其资源管理结果匹配至相应的接力卫星或卫星波束。

一种典型的具体流程如下所示。

① 根据卫星点波束覆盖大小将地球表面划分成若干小区，假设小区内用户均匀分布，且通过指定卫星波束与当前卫星进行通信。

② 卫星将数据转发至地面站进行处理，网络侧针对每个小区独立执行资源管理方法，获得资源管理方案。

③ 地面站根据 NGSO 卫星运行时间表，将更新后的小区资源管理方案反馈至接力卫星，在下一个时间切片内通过指定卫星波束将该方案广播至用户。

④ 用户按照新的资源管理方案，通过指定卫星波束与接力卫星进行通信。

6.2.2 业务预测模型

高效的资源管理建立在准确的业务预测基础上，因此本小节重点介绍两类预测方法——传统估计方法和时间序列预测方法。传统估计方法将当前时刻估计的用户数作为后一时刻的用户数；时间序列预测方法则利用若干历史数据建模来预测未来的用户数。

1. 传统估计方法

这里所说的传统方法包括矩量法（Methods of Moments，MOM）和最大似然估计（Maximum Likelihood Estimate，MLE）方法。使用传统估计方法，人们通过观测随机接入中的每个时间–频率资源块，即随机接入机会（Random Access Opportunity，RAO）的成功、空闲、碰撞数，对当前时刻的用户数进行估计，并将其作为下一时刻的预测值。

2. 时间序列预测方法

不同于传统估计方法，时间序列预测方法利用历史观测数据，对下一时刻的用户数进行预测，这里重点介绍差分自回归移动平均（Autoregressive Integrated Moving Average，ARIMA）模型和长短期记忆（Long Short-Term Memory，LSTM）网络方法。

ARIMA 模型可表示为 ARIMA（p_a, d_a, q_a），其中 p_a 为自回归项数，d_a 为使之成为平稳序列所做的差分次数，q_a 为滑动平均项数，一般采用赤池信息量准则（Akaike Information Criterion，AIC）确定这 3 个参数。LSTM 网络方法采用神经网络对数据进行预测，其结构如图 6-1 所示，其中 T_0 为记忆容量。时间序列预测方法可以较好地利用历史信息，对未来业务进行预测，因此，该方法应用范围较广。

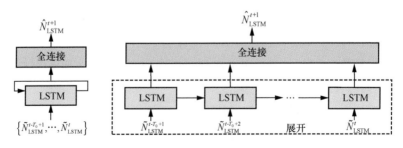

图 6-1　LSTM 网络方法结构示意

| 6.3　卫星通信网络上行资源管理架构与关键技术 |

6.3.1　资源管理架构

高效、按需的卫星通信网络上行链路通信系统资源管理方案可提升上行资源利用率。上行链路通信资源包括波束、时隙、频率等。在第 5 章波束分配及本章业务预测的基础上，本节重点介绍卫星波束分配后的时隙、频率资源的按需服务管理，包括随机接入协议、接入控制、资源分配等内容。

资源管理体系的基本框架与业务上行链路数据传输方式密切相关。对于短报文、物联网数据采集等业务，系统往往采用随机接入的方式传输数据，无须向卫星请求特定的上行传输资源，资源管理架构较为简单，如图 6-2 所示。一般而言，用户产生数据包传输请求，并根据接入策略决定何时以何种方式尝试发送信息，其中用户接入策略可以是预先设定的，或者由网络侧（卫星、地面站或运行控制中心）下发。而动态调整下发的用户接入控制策略，以适配不同覆盖区域内的不同业务强度和密度，对提高卫星资源利用率、降低用户碰撞概率和减少功率开销有利。

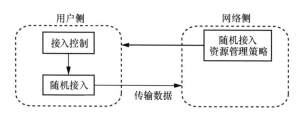

图 6-2　随机接入类业务上行接入资源管理架构

对于语音、视频等有服务质量要求或数据传输量较大的业务，通常卫星需要划分出特定的传输资源以保证信息传输的时效性和可靠性，因此，一般用户通过预约接入的方式请求卫星资源。具体而言，用户通过随机接入请求卫星时频资源，网络侧根据请求分配上行资源，然后用户通过网络侧分配的上行资源传输数据，相应的资源管理架构如图 6-3 所示。此类用户在与卫星建立连接后通过随机接入向网络侧申请资源，网络侧下发资源管理策略，根据用户请求对数据传输（Data Transmission，DT）资源进行分配。在该过程中，动态调整网络侧下发的资源管理策略，按需适配不同区域的不同业务需求，有助于提高网络服务效益。

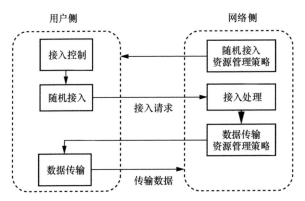

图 6-3　预约接入类业务上行接入资源管理架构

6.3.2　上行链路资源管理关键技术

随机接入协议、接入控制和资源分配为资源管理架构的重要组成部分，以下进行简要介绍。

1. 随机接入协议

随机接入（Random Access，RA）协议给定了用户随机接入时发送数据包的方式。目前常用的 RA 协议如下。

- 纯 ALOHA（Pura ALOHA，PA）协议：PA 协议于 1970 年被提出[1]，其核心思想是用户不进行时隙同步而是直接发送数据来尝试接入网络，若用户没有与其他用户发生碰撞，则接入成功，其吞吐量最大为 0.184。
- 时隙 ALOHA（Slotted ALOHA，SA）协议：由于 PA 协议未考虑用户时隙同步，碰撞概率较大，因此，SA 协议被提出[2]，其将时间片划分成若干帧，每个帧内包含若干时隙，通过用户间时隙同步，可降低碰撞概率，将接入吞吐量提升至 0.368。

- 竞争解决分集时隙 ALOHA（Contention-based Resolution Diversity Slotted ALOHA，CRDSA）协议：为了进一步优化接入吞吐量，CRDSA 协议采用了发送端分集和接收端串行干扰消除技术[3]。具体而言，用户选择两个时隙传输相同的数据（副本），接收端利用未碰撞的副本对已碰撞的时隙进行迭代消除，从而获得更高的接入成功率，结果表明，CRDSA 协议对应的吞吐量可以达到 0.55。该方案已被列入 DVB-RCS 建议中。

- 非规则重复时隙 ALOHA（Irregular Repetition Slotted ALOHA，IRSA）协议：考虑到 CRDSA 协议中所有用户发送副本的数目是固定的，而优化副本数目可降低一定程度的碰撞概率，Liva 设计了基于度函数的非规则重复时隙 ALOHA 协议，其中用户发送副本数目的概率服从一定的分布，将吞吐量提升至 0.8[4]。

针对不同业务的特点，RA 协议考虑的重点不同。一般而言，物联网数据采集等 RA 类业务侧重于通过优化 RA 协议，增加接入用户数、降低用户功率消耗；对于通信和数据传输等预约接入类业务，更多考虑的是接入成功概率的提升和数据传输资源的有效利用。

2. 接入控制

在预约接入类业务的 RA 过程中，若大量用户尝试接入则会导致接入碰撞概率大幅提升，使得接入成功率下降，影响系统数据传输吞吐量。通常可采用接入控制的方式，对尝试 RA 的用户数进行控制，以保证较高的 RA 效率。例如，对于尝试 RA 的用户，系统给定一个 0~1 的接入控制参数，用户在发送 RA 信息时，需要生成一个 0~1 的随机数，若随机数小于或等于接入控制参数，则用户可以尝试接入，否则，用户将被禁止接入。

3. 资源分配

对预约接入类业务，通过自适应分配 RA 和传输资源，可以进一步提升资源与用户需求的匹配程度，进而提高资源利用率。具体而言，一方面，运控中心可以动态调整 RA 资源的分配，以适应 RA 用户强度的变化。另一方面，运控中心可以动态调整时频资源的划分方式，根据每个用户具体需求进行资源分配，以提升用户上行通信整体性能。

| 6.4 基于业务预测的上行链路资源管理 |

6.4.1 冗余优化的重复时隙 ALOHA 协议

本节重点讨论 RA 类业务的 RA 过程，对应图 6-2 所示架构。介绍一种冗余优化的重复时隙 ALOHA（Redundancy Optimized Repetition Slotted ALOHA，RORSA）协议，即通过业务负载的动态预测，反馈用户调整接入策略，提升用户 RA 的能量效率。

6.4.1.1 系统模型

本小节以 IRSA 协议[4]和 RORSA 协议[5]为例，探讨自适应调整接入策略的机制。相比于 IRSA 协议，RORSA 协议增加了负载估计和发送概率调整这两个步骤，以优化用户发包数目概率分布，降低能量消耗。本小节介绍 RA 协议中的一些基本概念，并给出协议架构。

1. 基本概念

RORSA 协议与 IRSA 协议均采用重复时隙发包机制，协议中每个帧包含 n 个时隙，帧结构示意如图 6-4 所示，且有 m 个用户尝试接入，归一化负载 $G = m / n$ 代表每个时隙平均接入的用户数。用户在 RA 时，随机选择帧内若干时隙发送同一个数据包的多个副本，并在接收端采用串行干扰消除（Successive Interference Cancellation，SIC）技术对碰撞的数据包进行恢复，串行干扰消除如图 6-5 所示，在 SIC 的过程中，接收机不断寻找当前帧内没有碰撞的时隙中的副本，并消除其他相同副本，直至无法消除。

图 6-4 帧结构示意

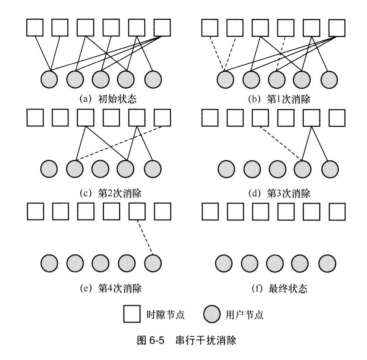

(a) 初始状态　　　　　　　　(b) 第1次消除

(c) 第2次消除　　　　　　　　(d) 第3次消除

(e) 第4次消除　　　　　　　　(f) 最终状态

□ 时隙节点　　　⬤ 用户节点

图 6-5　串行干扰消除

在协议中，用户发送副本数目的概率是不同的，假设用户发送副本数目为 l 时的概率为 Λ_l，则用户副本数概率函数，即用户发包数目度分布（Degree Distribution，DD）可被定义为[4]

$$\Lambda(x) = \sum_l \Lambda_l x^l \qquad (6\text{-}1)$$

假设一个时隙内有 l 个用户传输副本的概率为 Ψ_l，则时隙 DD 可被定义为

$$\Psi(x) = \sum_l \Psi_l x^l \qquad (6\text{-}2)$$

显然，用户平均发送副本数量和时隙内平均副本数量分别为

$$\Lambda'(1) = \sum_l l\Lambda_l \qquad (6\text{-}3)$$

$$\Psi'(1) = \sum_l l\Psi_l \qquad (6\text{-}4)$$

因此，归一化负载也可表示为

$$G = \frac{m}{n} = \frac{\Lambda'(1)}{\Psi'(1)} \tag{6-5}$$

对于 RA 协议，定义其吞吐量 T 为每时隙成功接入的用户数，丢包率 PLR 为用户所有副本没有成功译码的概率，二者的关系为

$$T = G(1 - \text{PLR}) \tag{6-6}$$

根据上式，可定义 RA 的用户能量效率 η 为吞吐量除以平均发包数，即

$$\eta = \frac{T}{\Lambda'(1)} \tag{6-7}$$

2. RORSA 协议框架

如图 6-6 所示，地面站需要执行两个步骤：负载预测及冗余控制。负载预测是根据历史观测数据，对下一时刻的网络负载进行预测；冗余控制则是根据预测负载计算用户发包数目的冗余度，给出发包数目的最优度分布 $\overline{\Lambda}^{\text{op},k}$。最后，地面站将 $\overline{\Lambda}^{\text{op},k}$ 视为下一时刻的发包数度分布 Λ^{k+1}，并反馈至用户。这里定义第 k 个调整周期的度分布矩阵为

$$\Lambda^k = \left[\Lambda_1^k, \Lambda_2^k, \cdots, \Lambda_L^k \right]^{\text{T}} \tag{6-8}$$

式中，L 为最大发包数，Λ_l^k 为在第 k 个周期发送 l 个副本的概率。

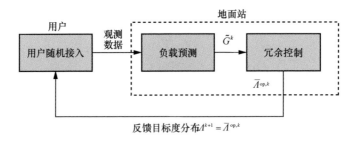

图 6-6　RORSA 协议框架

6.4.1.2　负载预测

由于接收端无法准确获知当前负载，所以需要对其进行估计。本节利用 MOM 方法对 RORSA 接入用户数 m^k 进行估计[6]。

在模型中，每帧包含 n 个时隙，即 n 个 RAO，接收端可以对这 n 个 RAO 进行观测，并统计其处于空闲状态、只有一个用户选择的状态、两个及以上用户选择的状态的数目分别为 Y_1、Y_2 和 Y_3。定义在第 k 个周期处于这些状态的 RAO 的数目为

$$O^k = \{Y_1^k, Y_2^k, Y_3^k\} \tag{6-9}$$

由概率论计算，根据式（6-3），一个时隙内有 l 个副本的概率为

$$p_l = \binom{m}{l}\left(\frac{\Lambda'(1)}{n}\right)^l \left(1 - \frac{\Lambda'(1)}{n}\right)^{m-l} \tag{6-10}$$

因此，一个时隙内没有副本（空闲）、只有一个副本发送的概率 p_0 和 p_1 分别可表示为

$$p_0 = \binom{m}{0}\left(\frac{\Lambda'(1)}{n}\right)^0 \left(1 - \frac{\Lambda'(1)}{n}\right)^m = \left(1 - \frac{\Lambda'(1)}{n}\right)^m \tag{6-11}$$

$$p_1 = \binom{m}{1}\left(\frac{\Lambda'(1)}{n}\right)\left(1 - \frac{\Lambda'(1)}{n}\right)^{m-1} = G\Lambda'(1)\left(1 - \frac{\Lambda'(1)}{n}\right)^{m-1} \tag{6-12}$$

若第 k 个周期用户数为 e，Y_1^k 的期望为总时隙数乘以空闲概率，即

$$E[Y_1^k \mid m^k = e] = np_0 = n\left(1 - \frac{\Lambda^{tk}(1)}{n}\right)^e \tag{6-13}$$

Y_2^k 的期望为总副本数乘以所有副本不与其他副本碰撞的概率，即

$$E[Y_2^k \mid m^k = e] = np_1 = m\Lambda^{tk}(1)\left(1 - \frac{\Lambda^{tk}(1)}{n}\right)^{e-1} \tag{6-14}$$

显然，两个及以上用户选择某时隙的期望为

$$E[Y_3^k \mid m^k = e] = n - E[Y_2^k \mid m^k = e] - E[Y_1^k \mid m^k = e] \tag{6-15}$$

根据文献[6]，利用 MOM 方法估计当前用户数

$$\tilde{m}^k = \arg\min_{e \geq 0, e \in \mathbf{Z}} \sum_{q=1}^{3} | E[Y_q^k \mid m^k = e] - Y_q^1 | \tag{6-16}$$

所以，当前负载的估计值可以表示为

$$\tilde{G}^k = \frac{\tilde{m}^k}{n} \tag{6-17}$$

综上，获得当前负载的估计值后，将其视为下一个周期 $k+1$ 的负载，针对副本的冗余进行优化。

6.4.1.3　冗余控制

在得到当前负载后，接收端可以根据负载确定副本的冗余程度，进而调整用户发包的度分布，从而达到减少能量消耗的目的。

首先对副本冗余进行定义，考虑到 RORSA 协议在接收端采用 SIC 技术，若同一个用户存在两个及以上的副本且不与其他副本碰撞，则对 SIC 而言，这多个副本的作用一致，即副本存在冗余。因此，对于用户 i ，可将其副本冗余度（Replica Redundancy，RR）r_i 表示为

$$r_i = \begin{cases} u_i - 1, & u_i \geqslant 2 \\ 0, & u_i < 2 \end{cases} \tag{6-18}$$

其中，u_i 表示不与其他用户副本碰撞的副本数目。以图 6-3 为例，用户 1 的副本冗余度为 1，因为时隙 1 和时隙 2 的副本均没有发生碰撞且携带相同信息。因此，对于用户 i ，其优化后的副本发送数目为

$$l_i^{\mathrm{op}} = \begin{cases} l_i - r_i, & l_i > 2, l_i - r_i \geqslant 2 \\ 2, & \text{其他} \end{cases} \tag{6-19}$$

其中，限制 l_i^{op} 大于 1 以获得发送分集带来的增益，l_i 为这次发送的副本数目。

下面，通过概率计算的方法使副本冗余度最小，根据式（6-11）及式（6-12），一个时隙内有副本发送且只有一个副本发送的概率为

$$p_1^{\mathrm{only}} = \frac{p_1}{1 - p_0} \tag{6-20}$$

所以，对一个用户发送 l 个副本，有 u 个无碰撞副本的概率为

$$q_l^u = \binom{l}{u} \left(p_1^{\mathrm{only}} \right)^u \left(1 - p_1^{\mathrm{only}} \right)^{l-u} \tag{6-21}$$

显然

$$\sum_{u=0}^{l} q_l^u = 1 \tag{6-22}$$

所以，可以得到优化冗余后每个用户发送的副本数目

$$l^{\mathrm{op}} = \begin{cases} l-u+1, & l \geqslant 2, u \geqslant 2, l-u \geqslant 1 \\ l, & l \geqslant 2, u < 2 \\ 2, & \text{其他} \end{cases} \tag{6-23}$$

综上，优化冗余后的度分布函数为

$$\Lambda^{\mathrm{op}}(x) = \sum_{l^{\mathrm{op}}} \Lambda^{\mathrm{op}}_{l^{\mathrm{op}}} x^{l^{\mathrm{op}}} \tag{6-24}$$

$$\Lambda^{\mathrm{op}}_{l^{\mathrm{op}}} = \sum_{l,u} q_l^u \tag{6-25}$$

其中，l、u、l^{op} 满足式（6-23）。对第 k 个周期，初始化输入的度分布矩阵 Λ^{l} 每次都会得到优化，优化后的度分布矩阵

$$\overline{\Lambda}^{\mathrm{op},k} = \left[\Lambda^{\mathrm{op},k}_1, \Lambda^{\mathrm{op},k}_2, \cdots, \Lambda^{\mathrm{op},k}_L \right]^{\mathrm{T}} \tag{6-26}$$

因此，下一周期的用户发包数目度分布为

$$\Lambda^{k+1} = \overline{\Lambda}^{\mathrm{op},k} \tag{6-27}$$

6.4.1.4　仿真结果与讨论

本小节仿真对比几种主要的随机接入协议（包括 SA 协议、CRDSA 协议、IRSA 协议和 RORSA 协议）的性能。同时假设每帧内时隙数 $n = 1\,000$，网络负载 $G = m/n$，蒙特卡洛仿真次数为 1 000，初始输入的度分布及其矩阵[4]分别为

$$\Lambda^{\mathrm{l}}(x) = 0.5x^2 + 0.28x^3 + 0.22x^8 \tag{6-28}$$

$$\Lambda^{\mathrm{l}} = [0, 0.5, 0.28, 0, 0, 0, 0, 0.22] \tag{6-29}$$

小区的划分与卫星波束大小等因素有关，我们可根据卫星轨道高度、波束张角等系统参数确定其划分方式。仿真中，业务模拟由两部分组成，包括地理位置分布模拟和时间分布模拟，本小节暂且根据下述方式选取仿真输入。其中，业务地理位置分布暂参考 MaxMind 公司提供的全球 IPv4 地址数量分布的数据，选取 75°W～90°W、30°N～45°N 的范围作为服务区域，用户业务需求分布示意考虑到不同轨道高度和波束张角下小区大小均不相同，仿真中暂以 IPv4 地址数量的 1/10 作为小区用户数，用户业务需求分布示意如图 6-7 所示。业务时间分布的模拟参考 WIDE 项

目提供的业务流量数据, 选取 2022 年 1 月 1 日至 2022 年 1 月 30 日的流量变化, 通过线性插值获得以 1 min 为间隔的业务活跃度[7], 业务活跃度变化曲线如图 6-8 所示, 业务活跃度乘以小区用户数, 作为小区当前活跃用户数 m。

559	906	355	406	228	39	505	1 924	76	194
1 451	2 322	894	361	1 649	174	566	1 996	1 359	1 310
158	1 390	221	425	721	2 811	593	65	121	409
120	185	788	2 924	2 552	529	383	101	1 367	1 182
645	328	1 418	986	234	117	31	146	1 332	141
305	255	510	170	277	506	1 277	540	218	310
299	267	456	678	1 004	2 233	2 462	2 515	373	59
77	143	1 328	1 633	835	484	551	413	370	0
59	22	401	263	126	126	220	0	0	0
347	154	167	144	73	224	0	0	0	0

90°W 至 75°W,45°N 至 30°N

图 6-7 用户业务需求分布示意

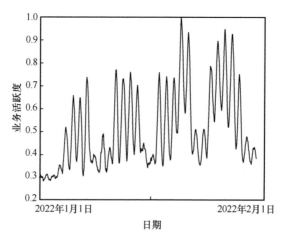

图 6-8 业务活跃度变化曲线

在性能仿真中，考虑到不同小区总用户数不同、同一小区在不同时刻活跃用户数不同的情况，需要对不同小区活跃用户数、小区总用户数下的接入性能进行分析。定义总负载为总用户数除以时隙数，网络负载为活跃用户数除以时隙数，则总负载代表了小区最大负载情况，网络负载为总负载乘以业务活跃度获得的实际负载。下面，分别针对网络负载和总负载变化的情况进行接入性能仿真验证。

首先，仿真对比了网络实际负载 G 在 $0\sim2$ 的情况下不同协议的性能，此时网络负载 G 已知，无须预测，用户数 $m = Gn$，并在图 6-9 和图 6-10 中将 G 归一化至 $0\sim1$。图 6-9 所示为无须负载预测时，不同协议的吞吐量和丢包率与归一化网络负载的关系，结果表明，RORSA 协议性能与 IRSA 协议性能一致，能够达到相同的吞吐量及丢包率，且在归一化网络负载小于 0.5 时，由于采用了发送分集增益和 SIC 技术，其吞吐量高于 CRDSA 协议和 SA 协议的吞吐量，最高可达将近 0.8；在归一化网络负载大于 0.5 时，由于 IRSA 协议和 RORSA 协议发送副本的数目较多，其碰撞概率大幅度增加，使得吞吐量大幅下降。

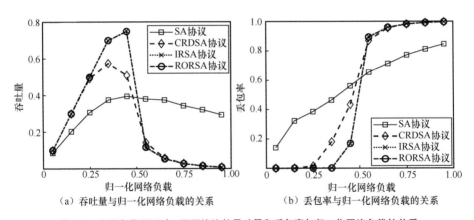

图 6-9　无须负载预测时，不同协议的吞吐量和丢包率与归一化网络负载的关系

图 6-10 所示为无须负载预测时，不同协议的平均发包数目和能量效率与归一化网络负载的关系。从图中可以得出，在 $G \leqslant 1$ 时，RORSA 协议相较于 IRSA 协议，具有更少的发包数目，而吞吐量相同，因此能量效率更高。平均意义上，在归一化网络负载小于0.5时，RORSA 协议可提升约25%的能量效率。对于 SA 协议及 CRDSA 协议，每个用户只发送 1 个或者 2 个副本，因此发包数目更少，能量效率更高。而

归一化网络负载大于 0.5 时, 吞吐量远远低于 RORSA 协议的吞吐量与 IRSA 协议的吞吐量。另一方面, 当归一化网络负载大于 0.5, IRSA 协议中的副本冗余度基本为 0, 因此 RORSA 协议的发包数目和能量效率与 IRSA 协议相同; SA 协议由于吞吐量性能高和发包数目低, 能量效率最优; CRDSA 协议只发送 2 个副本, 所得能量效率略优于 IRSA 协议及 RORSA 协议。

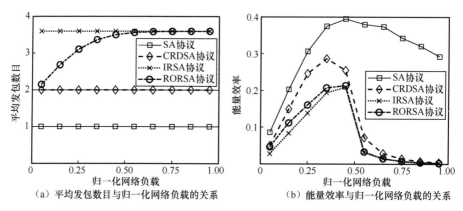

（a）平均发包数目与归一化网络负载的关系　　（b）能量效率与归一化网络负载的关系

图 6-10　无须负载预测时, 不同协议的平均发包数目和能量效率与归一化网络负载的关系

下面考虑网络负载动态变化的情况。我们按照业务地理分布和时间分布模拟负载动态变化的情况, 并将总负载根据最大负载情况进行归一化, 动态负载为小区当前活跃用户数 m 除以每帧内时隙数 n。图 6-11 对比了动态负载预测时, 不同协议的吞吐量和丢包率与归一化总负载之间的关系, 由于业务活跃度动态变化, 实际归一化网络负载在 $0 \sim 1$ 动态变化。此时 RORSA 协议的吞吐量和丢包率仍与 IRSA 协议的吞吐量和丢包率性能一致, 接近满负载时, 平均碰撞概率增大, 丢包率增加, 吞吐量低于 SA 协议的吞吐量。

图 6-12 给出了动态负载预测时, 不同协议的平均发包数目和能量效率与总负载的关系。RORSA 协议可自适应网络负载的动态变化, 具有动态调整发包数目的能力, 可以提升用户能量效率, 平均意义下, 相比 IRSA 协议, RORSA 协议可提升约 24% 的能量效率。

综上, RORSA 协议可以在保持与 IRSA 协议吞吐量和丢包率性能一致的基础上, 降低用户 RA 能量消耗, 提升 RA 资源利用率。

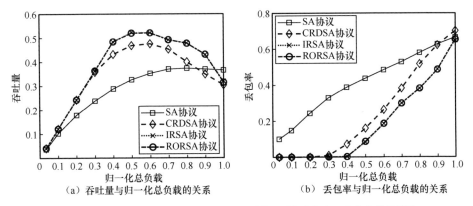

图 6-11　动态负载预测时，不同协议的吞吐量和丢包率与归一化总负载的关系

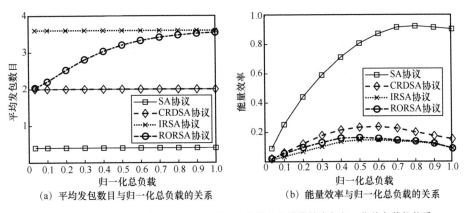

图 6-12　动态负载预测时，不同协议的平均发包数目和能量效率与归一化总负载的关系

6.4.2　自适应更新间隔的接入控制方法

　　本小节针对预约接入类业务的随机接入过程，介绍基于业务预测的接入控制方法[8]，属于图 6-3 中网络侧的随机接入资源管理策略。首先，本小节介绍 SA 协议，并给出自适应框架。其次，介绍平均接入效率及优化问题。然后，描述多步业务预测方法，给出自适应更新间隔的接入控制算法，利用业务预测，在提高接入效率的同时，减少信令开销。最终，通过仿真结果验证方法的有效性。

6.4.2.1 系统模型

本小节的系统模型中，地面站或运控中心针对每个划分的小区独立执行自适应更新间隔的接入控制方法，并将方案反馈至用户。这里重点针对系统模型进行介绍。

1. 时隙 ALOHA 协议

预约接入类业务的 SA 过程一般利用资源管理反馈接入控制参数。本小节以时隙 ALOHA（SA）协议为例进行分析。其中每帧 M 个时隙，即用户的 RAO 数目为 M，每时隙持续的时间为 T 毫秒。这里假设 M 不变，p_i 为第 i 次信息更新包含的接入控制参数，且 $0 \leqslant p_i \leqslant 1$，$p_i \in \boldsymbol{P}_{\text{set}}$，$|\boldsymbol{P}_{\text{set}}| = P_s$。此外，假设用户每次选择一个 RAO 发送一个副本，成功接入的用户信息在每帧结束时反馈给地面用户。

2. 自适应框架

基于业务预测的自适应接入控制反馈框架（简称自适应框架）如图 6-13 所示，地面运控中心动态执行本小节介绍的方法，以更新 p_i。具体而言，针对第 i 次更新，接收端首先根据历史观测数据动态确定更新间隔（Update Interval，UI）B_i，以保持高接入效率和低信令开销。之后，根据给定 UI 预测接下来 B_i 个时间片（Time Slice，TS）的用户数。最后根据预测用户数以最大化平均随机接入效率（Average Random Access Efficiency，ARAE）为目标，优化 p_i。定义第 i 次更新和第 $i+1$ 次更新的 UI 为 B_i 个 TS，则第 i 次更新时的 TS 数量为

$$W_i = \begin{cases} \sum_{k=1}^{i-1} B_k + h, & i > 1 \\ h, & i=1 \end{cases} \tag{6-30}$$

其中，h 为历史数据观测窗口大小，$B_i \in \boldsymbol{I}_{\text{set}} = \{I_1, I_2, \cdots, I_F\}$，$\boldsymbol{I}_{\text{set}}$ 中的元素按照升序排列，F 为 UI 可选集合的大小，图 6-14 所示为 W_i 和 B_i 的关系。假设每个 TS 所持续的时间为 b 分钟，一个 TS 内用户数不变。因此，一个 TS 内的一帧可以代表这段时间的接入性能。N^t、$\tilde{N}^t$ 和 $\hat{N}^t$ 分别代表第 t 个 TS 的实际、估计及预测用户数。

在自适应框架中，对于第 i 次更新，地面运控中心首先根据历史观测数据 $\boldsymbol{H}^i$ 选择合适的 B_i，并预测未来 B_i 时间片内的用户数 $\hat{\boldsymbol{U}}^i$。之后，利用预测的用户数选择最优的接入控制和信道分配参数。最后，在第 W_i 时间片，利用卫星将更新结果反馈

至用户。具体而言，$\hat{U}^i$ 和 H^i 可分别表示为

$$\hat{U}^i = \left\{ \hat{N}^{W_i+1}, \hat{N}^{W_i+2}, \cdots, \hat{N}^{W_{i+1}} \right\} \tag{6-31}$$

$$H^i = \left\{ O^1, O^2, \cdots, O^{W_i} \right\} \tag{6-32}$$

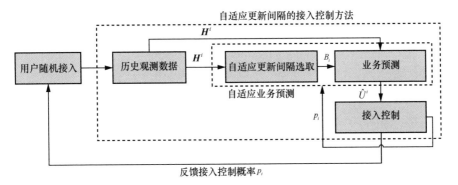

图 6-13　基于业务预测的自适应接入控制反馈框架

与式（6-9）类似，$O^t = \{Y_1^t, Y_2^t, Y_3^t\}$ 为时间片 t 的观测值，Y_1^t、Y_2^t 和 Y_3^t 分别表示时间片 t 时空闲状态、成功接入状态和碰撞状态对应的 RAO 数量。

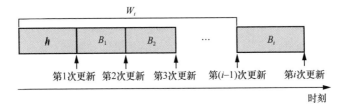

图 6-14　W_i 和 B_i 的关系

6.4.2.2　平均接入效率及优化问题

根据接入控制算法，定义 $C^t = p_i N^t$ 为时间片 t 时允许接入的用户数，可以得到时间片 t 时，每帧成功接入的用户数为

$$N_{\text{suc}} = \left(1 - \frac{1}{M}\right)^{C^t-1} C^t \tag{6-33}$$

同时，将时间片 t 的随机接入效率（Random Access Efficiency，RAE）R_t 定义为每个 RAO 成功接入的用户数，可以表示为

$$R_t = \frac{N_{\text{suc}}}{M} = \frac{1}{M}\left(1 - \frac{1}{M}\right)^{C^t - 1} C^t \tag{6-34}$$

根据 SA 协议的特性，可得到时隙 RA 协议的最大 RAE 为 0.368[2]。之后，定义 ARAE 为 B_i 个时间片的随机接入效率的平均值，可表示为

$$R_{\text{aver}}^i = \frac{1}{B_i}\sum_{t=W_i}^{W_{i+1}} R_t = \frac{1}{B_i}\sum_{t=W_i}^{W_{i+1}}\left(\frac{1}{M}\right)\left(1 - \frac{1}{M}\right)^{C^t - 1} C^t \tag{6-35}$$

在本小节中，目标为最大化 ARAE 和 B_i，因此优化问题可建模为

$$\max B_i$$

$$\max R_{\text{aver}}^i = \frac{1}{B_i}\sum_{t=W_i+1}^{W_{i+1}}\left(\frac{C^t}{M}\right)\left(1 - \frac{1}{M}\right)^{C^t - 1} \tag{6-36}$$

$$\text{s.t. C1}: E(D_{\max}) \leqslant D_{\text{th}}$$

其中，$E(D_{\max})$ 为在卫星覆盖区域边缘用户的平均接入时延，D_{th} 为给定的接入时延门限。根据卫星通信的特性，卫星与其覆盖区域边缘用户的距离为

$$d_{\max} = -r_e \sin\phi + \sqrt{(r_e \sin\phi)^2 + r_h^2 + 2r_e r_h} \tag{6-37}$$

其中，r_h 为卫星轨道高度，r_e 为地球半径，ϕ 为最低仰角限制。因此，可以得到边缘用户与卫星通信的单程传播时延为

$$\tau = \frac{d_{\max}}{c} \tag{6-38}$$

其中，c 为光速。由于卫星通信传输时延较长，如果此次随机接入失败，用户需要在 2τ 后的下一帧再进行接入。因此，边缘用户重传需要等待的帧数为

$$n = \left\lceil \frac{2\tau}{MT} \right\rceil \tag{6-39}$$

其中，$\lceil\cdot\rceil$ 为向上取整函数。每次重传消耗的帧数为 $n+1$，如果一个用户在 r 次重传后成功接入，其获得未反馈的成功接入信息所消耗的重传时间为 $[r(n+1)+1]$ 帧，综合上述分析可以得到，边缘用户平均重传时延为

$$E\left(D_{re}^{t}\right)=\sum_{r=0}^{\infty}MT\left[r(n+1)+1\right]p_{s}^{t}\left(1-p_{s}^{t}\right)^{r} \qquad (6-40)$$

其中，$p_{s}^{t}=p_{i}(1-1/K_{i})^{C^{t}-1}$ 为时间片 t 的成功接入概率。对式（6-40）进行推导可得

$$\begin{aligned}
E\left(D_{re}^{t}\right)&=\sum_{r=0}^{\infty}MT\left[r(n+1)+1\right]p_{s}^{t}\left(1-p_{s}^{t}\right)^{r}=\\
&\sum_{r=0}^{\infty}MTrnp_{s}^{t}\left(1-p_{s}^{t}\right)^{r}+\sum_{r=0}^{\infty}MT(r+1)p_{s}^{t}\left(1-p_{s}^{t}\right)^{r}=\\
&n\left(1-p_{s}^{t}\right)\sum_{r=0}^{\infty}MT(r+1)p_{s}^{t}\left(1-p_{s}^{t}\right)^{r}+\frac{MT}{p_{s}^{t}}=\\
&\left[n\left(1-p_{s}^{t}\right)+1\right]\frac{MT}{p_{s}^{t}}
\end{aligned} \qquad (6-41)$$

最后，考虑用户传输往返时延，得到平均接入总时延为

$$E(D_{max})=2\tau+\frac{1}{B_{i}}\sum_{t=W_{i}+1}^{W_{i+1}}E\left(D_{re}^{t}\right)=2\tau+\frac{MT}{B_{i}}\sum_{t=W_{i}}^{W_{i+1}}\left[n\left(1-p_{s}^{t}\right)+1\right]\frac{1}{p_{s}^{t}} \qquad (6-42)$$

由于优化问题式（6-36）涉及多目标优化，B_{i} 的增加将使业务预测精度下降，导致 R_{aver}^{i} 性能受损。因此，两个优化目标互相限制，很难给出最优解。本小节考虑将优化问题式（6-36）转化为次优化问题，采用启发式方法确定 B_{i}，并在给定 B_{i} 的基础上解决如下优化问题。

$$\max R_{aver}^{i}=\frac{1}{B_{i}}\sum_{t=W_{i}+1}^{W_{i+1}}\left(\frac{C^{t}}{M}\right)\left(1-\frac{1}{M}\right)^{C^{t}-1} \qquad (6-43)$$

$$\text{s.t. C1}: E(D_{max})\leqslant D_{th}$$

在给定 B_{i} 的基础上，优化问题式（6-43）面临着两个挑战：一是如何准确预测未来若干 TS 的用户数，二是如何优化 p_{i} 使得 ARAE 最大。因此，下文首先介绍业务预测方法。

6.4.2.3　业务预测

注意到给定更新间隔下的接入控制（Given Update Interval Access Control，GUI-AC）或者自适应更新间隔的接入控制（Adaptive Update Interval Access Control，AUI-AC）需要对给定 B_{i} 的多个 TS 的用户数进行预测，因此本小节介绍 6.2 节提及

的传统方法和时间序列预测方法，并在算法 6-1 中总结了业务预测流程。传统方法通过对当前 TS 的用户数进行估计，并将其看作接下来 B_i 个 TS 的用户数；时间序列预测方法利用历史数据建模，对未来 B_i 个 TS 的用户数预测。

1. 传统方法

假设当前时间片为 W_i，用户数 $N^{W_i} = e$，其观测 RAO 空闲、成功接入及碰撞的数目为 $Y_1^{W_i}$、$Y_2^{W_i}$ 和 $Y_3^{W_i}$，考虑到每个用户选择一个 RAO 的概率为 $1/M$，则 $Y_1^{W_i}$、$Y_2^{W_i}$ 和 $Y_3^{W_i}$ 的期望为

$$E[Y_1^{W_i} \mid N^{W_i} = e] = M(1-1/M)^e \tag{6-44}$$

$$E[Y_2^{W_i} \mid N^{W_i} = e] = e(1-1/M)^{e-1} \tag{6-45}$$

$$E[Y_3^{W_i} \mid N^{W_i} = e] = 1-(1-1/M)^{e-1}(e+M-1) \tag{6-46}$$

根据参考文献[6]，利用 MOM 方法估计当前 TS 的用户数，可得

$$\tilde{N}_{\mathrm{MOM}}^{W_i} = \frac{\displaystyle\arg\min_{0 \leqslant e \leqslant N_{\max}, e \in Z} \sum_{q=1}^{3} |E[Y_q^{W_i} \mid N^{W_i} = e] - Y_q^{W_i}|}{p_{i-1}} \tag{6-47}$$

其中，$N_{\max}$ 为最大用户数。因此，对接下来 B_i 个 TS，其预测的用户数

$$\hat{N}_{\mathrm{MOM}}^{t} = \tilde{N}_{\mathrm{MOM}}^{W_i}, t = W_i + 1, \cdots, W_{i+1} \tag{6-48}$$

另一方面，利用 MLE 方法对当前 TS 的用户数进行估计的计算方法[9]为

$$\tilde{N}_{\mathrm{MLE}}^{W_i} = \frac{\displaystyle\arg\min_{e \geqslant 0, e \in Z} \mathbb{P}\left\{O^t \mid N^{W_i} = e\right\}}{p_{i-1}} \tag{6-49}$$

利用本节参考文献[9]中的方法进行求解。与式（6-48）相似，接下来若干 TS 的预测用户数为

$$\hat{N}_{\mathrm{MLE}}^{t} = \tilde{N}_{\mathrm{MLE}}^{W_i}, t = W_i + 1, \cdots, W_{i+1} \tag{6-50}$$

2. 时间序列预测法

对于 ARIMA 和 LSTM 模型，在第 i 次更新时，当前时间片为 W_i，需要对接下来 B_i 个 TS 的用户数进行预测。估计其中某个时间片 t 的用户数，均需要利用历史估计的用户数集合 $\tilde{N}_{t,w}^i$，其中 $w = $ ARIMA 或者 LSTM。具体而言，当 t 等于 W_i 时，

由于有实际的 RAO 观测数目，可利用 MLE 方法对历史业务进行估计，否则，可将预测的结果作为用户数的估计值。因此，对时间片 t，历史估计业务集合为

$$\begin{cases} \widetilde{\boldsymbol{N}}_{t,w}^{i} = \left\{ \tilde{N}_{\mathrm{MLE}}^{1}, \tilde{N}_{\mathrm{MLE}}^{2}, \cdots, \tilde{N}_{\mathrm{MLE}}^{W_i} \right\}, & t = W_i \\ \widetilde{\boldsymbol{N}}_{t,w}^{i} = \left\{ \tilde{N}_{\mathrm{MLE}}^{1}, \tilde{N}_{\mathrm{MLE}}^{2}, \cdots, \tilde{N}_{\mathrm{MLE}}^{W_i}, \tilde{N}_{w}^{W_i+1}, \cdots, \tilde{N}_{w}^{t} \right\}, & t > W_i \end{cases} \quad (6\text{-}51)$$

其中，当 $t > W_i$ 时，$\tilde{N}_{w}^{t} = \hat{N}_{w}^{t}$。

对于 ARIMA 模型，其参数确定后，预测的业务值为

$$\hat{N}_{\mathrm{ARIMA}}^{t+1} = \mu + \varphi_1 \tilde{N}_{\mathrm{ARIMA}}^{t} + \cdots + \varphi_p \tilde{N}_{\mathrm{ARIMA}}^{t-p+1} + \theta_1 \varepsilon^{t} + \cdots + \theta_q \varepsilon^{t-q+1} \quad (6\text{-}52)$$

其中，$\Psi = \{\varphi_1, \cdots, \varphi_p\}$ 和 $\Theta = \{\theta_1, \cdots, \theta_q\}$ 分别为自回归和滑动平均系数集。μ 为常数，ε^{t} 为时间片 t 的扰动项，具体细节和解法见参考文献[10]。

另一方面，LSTM 网络方法采用神经网络对某个时间片 t 的用户数进行预测，这里采用了 Adam 算法对 LSTM 网络的权重 ϑ 进行训练[12]，假设 Ω 为训练网络的数据集合，其损失函数可表示为

$$L(\vartheta) = \frac{1}{|\Omega|} \sum_{t' \in \Omega} \left(\hat{N}_{\mathrm{LSTM}}^{t'} - \tilde{N}_{\mathrm{LSTM}}^{t'} \right)^2 \quad (6\text{-}53)$$

业务预测流程见算法 6-1。

算法 6-1　业务预测流程

Step1：输入：历史观测数据 $\boldsymbol{H}^i = \{O^1, O^2, \therefore, O^{W_i}\}$

Step2：初始化：在时间片 W_i

Step3：　　根据式（6-47）及式（6-49）计算估计值 $\tilde{N}_{\mathrm{MOM}}^{W_i}$ 及 $\tilde{N}_{\mathrm{MLE}}^{W_i}$

Step4：　　根据式（6-51）计算历史用户数估计集合 $\tilde{N}_{W_i,\mathrm{ARIMA}}^{i} = \{\tilde{N}_{\mathrm{MLE}}^{1}, \tilde{N}_{\mathrm{MLE}}^{2}, \cdots, \tilde{N}_{\mathrm{MLE}}^{W_i}\}$

Step5：　　根据式（6-51）计算历史用户数估计集合 $\tilde{N}_{W_i,\mathrm{LSTM}}^{i} = \{\tilde{N}_{\mathrm{MLE}}^{1}, \tilde{N}_{\mathrm{MLE}}^{2}, \cdots, \tilde{N}_{\mathrm{MLE}}^{W_i}\}$

Step6：业务预测：

Step7：　　for $t = W_i + 1 : W_{i+1}$ do

Step8：　　　　MOM、MLE 预测：

Step9：　　　　计算预测值 $\hat{N}_{\mathrm{MOM}}^{t} = \tilde{N}_{\mathrm{MOM}}^{W_i}$，$\hat{N}_{\mathrm{MLE}}^{t} = \tilde{N}_{\mathrm{MLE}}^{W_i}$

Step10：　　　ARIMA 预测：

Step11：　　　　计算预测值 $\hat{N}_{\mathrm{ARIMA}}^{t} = \mathrm{arima}(\tilde{N}_{t-1,\mathrm{ARIMA}}^{i})$

Step12： 计算估计值 $\tilde{N}_{\text{ARIMA}}^t = \hat{N}_{\text{ARIMA}}^t$

Step13： 更新历史数据估计集合 $\tilde{N}_{t,\text{ARIMA}}^i = \{\tilde{N}_{\text{MLE}}^1, \cdots, \tilde{N}_{\text{MLE}}^{W_i}, \tilde{N}_{\text{ARIMA}}^{W_i+1},$
$\cdots, \tilde{N}_{\text{ARIMA}}^t\}$

Step14： LSTM 预测：

Step15： 计算预测值 $\hat{N}_{\text{LSTM}}^t = 1\text{stm}(\tilde{N}_{t-1,\text{LSTM}}^i)$

Step16： 计算估计值 $\tilde{N}_{\text{LSTM}}^t = \hat{N}_{\text{LSTM}}^t$

Step17： 更新历史数据估计集合 $\tilde{N}_{t,\text{LSTM}}^i = \{\tilde{N}_{\text{MLE}}^1, \cdots, \tilde{N}_{\text{MLE}}^{W_i}, \tilde{N}_{\text{LSTM}}^{W_i+1},$
$\cdots, \tilde{N}_{\text{LSTM}}^t\}$

Step18： end for

Step19：输出：4 种方法的预测结果 $\hat{\boldsymbol{U}}_w^i = \{\hat{N}_w^{W_i+1}, \hat{N}_w^{W_i+2}, \cdots, \hat{N}_w^{W_{i+1}}\}$ ， $w =\text{MOM,MLE,}$
ARIMA 或 LSTM

6.4.2.4 给定更新间隔下的接入控制

在给定 B_i 的情况下，GUI-AC 方法的目标是通过调整 p_i 以追求最大化的 ARAE。为了简化表达，本小节用 N^t 代表输入的用户数。由于优化目标为在保持高 ARAE 的基础上降低信令开销，然而随着 B_i 的增加，业务预测的准确度会下降，因此本小节重点分析给定 B_i 下的 ARAE 最大化方法，后续分析不同 B_i 下历史 ARAE 的性能，以选择一个合适的 B_i 来保证在 ARAE 稳定的情况下降低信令开销。

为了解决优化问题式（6-43），这里考虑对式（6-42）和式（6-43）进行分析，可得到接入控制概率的可选集合和选择值为

$$\boldsymbol{\Gamma} = \{p \mid E(D_{\max}) \leqslant D_{\text{th}}, 0 \leqslant p \leqslant 1\} =$$

$$\left\{p \mid \frac{MT}{B_i} \left\{ \sum_{t=W_i+1}^{W_{i+1}} \left\{ n\left[1 - p\left(1 - \frac{1}{M}\right)^{pN^t-1}\right] + 1 \right\} \frac{1}{p}\left(1 - \frac{1}{M}\right)^{1-pN^t} \right\} + 2\tau \leqslant D_{\text{th}}, p \in \boldsymbol{P}_{\text{set}} \right\} \quad (6\text{-}54)$$

$$p_i = \begin{cases} \dfrac{M}{\left(\sum\limits_{t=W_i+1}^{W_{i+1}} N^t\right)\Big/ B_i} = \dfrac{B_i M}{\sum\limits_{t=W_i+1}^{W_{i+1}} N^t}, & \boldsymbol{\Gamma} = \varnothing \\ \arg\max_{p \in \boldsymbol{\Gamma}} R_{\text{aver}}, & \boldsymbol{\Gamma} \neq \varnothing, \end{cases} \quad (6\text{-}55)$$

在概率可选集合为空集时，将接入控制概率设置为 RAO 数目除以平均用户数，以防止系统过载。GUI-AC 方法见算法 6-2。

算法 6-2　GUI-AC 方法

Step1：输入：未来预测用户数 $\widehat{\boldsymbol{U}}_w^i = \{\hat{N}_w^{W_i+1}, \hat{N}_w^{W_i+2}, \cdots, \hat{N}_w^{W_{i+1}}\}$、更新间隔 B_i

Step2：计算：

Step3：　　根据式（6-54）及式（6-55）计算接入控制参数 p_i

Step4：输出：第 i 次更新的参数 p_i

6.4.2.5　自适应更新间隔选取

6.4.2.4 节提供了给定更新间隔的 GUI-AC 方案，本小节目标是在保证稳定、较高的 ARAE 基础上调整更新间隔，降低信令开销。因此，本小节介绍自适应更新间隔确定方法，并与算法 6-2 整合，得到 AUI-AC 方法。

自适应 UI 确定方法利用历史估计用户数进行 UI 的确定。对第 i 次更新，根据历史观测数据 $\boldsymbol{H}^i$ 和观测窗 h，可以使用 MLE 方法得到历史业务数据的估计值，如下。

$$\tilde{\boldsymbol{U}}^i = \left\{ \tilde{N}_{\text{MLE}}^{W_i-h+1}, \tilde{N}_{\text{MLE}}^{W_i-h+2}, \cdots, \tilde{N}_{\text{MLE}}^{W_i} \right\} \tag{6-56}$$

因此，对于 B_i 的可选集合 $\boldsymbol{I}_{\text{set}} = \{I_1, I_2, \cdots, I_F\}$，分别计算所有可选值的历史 ARAE，即对于历史业务执行算法 6-2，得到可选值 I_f 的 ARAE 为

$$R_I^f = \frac{\sum_{j=1}^{J_f} R_I^{f,j}}{J_f} \tag{6-57}$$

式中 $R_I^{f,j}$ 为在给定 UI 为 I_f 的情况下，对历史用户数集合 $\tilde{\boldsymbol{U}}_{\text{part}}^j$ 执行 GUI-AC 方法得到的 ARAE 结果，J_f 为更新次数，其中

$$\tilde{\boldsymbol{U}}_{\text{part}}^j = \left\{ \tilde{N}_{\text{MLE}}^{(j-1)I_f+1}, \tilde{N}_{\text{MLE}}^{(j-1)I_f+2}, \cdots, \tilde{N}_{\text{MLE}}^{jI_f} \right\} \tag{6-58}$$

$$J_f = \left\lceil \frac{h}{I_f} \right\rceil \tag{6-59}$$

令 $I_1 = 1$，则 R_I^1 代表了每个时间片进行更新得到的最大 ARAE。为了减少资源管理信令开销，假设最大可接受的代价为 $(1-\zeta)R_I^1$，最优的 UI 为

$$B_i = I_{\max \arg_f \left(R_i^f \geqslant \xi R_i^1 \right)} \qquad (6\text{-}60)$$

综上,自适应更新间隔选取方法总结见算法 6-3,算法 6-4 总结了 AUI-AC 方法。

算法 6-3 自适应更新间隔选取方法

Step1: 输入: 历史观测数据 $H^i = \{O^1, O^2, \cdots, O^{W_i}\}$

Step2: 初始化: 使用 MLE 方法估计历史用户数集合 $\tilde{U}^i = \{\tilde{N}_{\mathrm{MLE}}^{W_i - h + 1}, \tilde{N}_{\mathrm{MLE}}^{W_i - h + 2}, \cdots, \tilde{N}_{\mathrm{MLE}}^{W_i}\}$

Step3: 计算可选更新间隔的 ARAE:

Step4:   for $f = 1 : F$ do

Step5:   根据式 (6-59) 计算更新次数

Step6:   for $j = 1 : J_f$ do

Step7:   估计业务值 $\tilde{U}_{\mathrm{part}}^j = \{\tilde{N}_{\mathrm{MLE}}^{(j-1)I_f + 1}, \tilde{N}_{\mathrm{MLE}}^{(j-1)I_f + 2}, \cdots, \tilde{N}_{\mathrm{MLE}}^{jI_f}\}$

Step8:   利用算法 6-2 计算最大 ARAE $R_i^{f,j}$

Step9:   end for

Step10:   根据式 (6-57) 计算 ARAE

Step11:   end for

Step12: 输出: 根据式 (6-60) 确定并输出更新间隔 B_i

算法 6-4 AUI-AC 方法

Step1: 输入: 历史观测数据 $H^i = \{O^1, O^2, \cdots, O^{W_i}\}$

Step2: 初始化: $p_0 = 1$

Step3: for $i = 1 : I$ do

Step4:   利用算法 6-3 计算本次更新间隔 B_i

Step5:   利用算法 6-1 预测 B_i 个 TS 的用户数

Step6:   利用算法 6-2 计算参数 p_i

Step7: end for

Step8: 输出: p_i

6.4.2.6 仿真结果与讨论

考虑到 AUI-AC 方法与轨道高度相关,为了体现该方法在 NGSO 卫星通信网络中的适用性，分别针对轨道高度为 1 200 km 的 LEO 卫星场景和轨道高度为 20 000 km 的 MEO 卫星场景进行仿真。设小区用户总数固定的仿真总用户数为 1 007，小区总用户数变化的仿真中选取总用户数的范围为 100～3 000，尝试接入用户数为总用户数乘以业务活跃度。仿真选取 WIDE 项目 2022 年 1 月 1 日至 2022 年 1 月 30 日的业务流量数据作为业务活跃度参考，并通过前 5 天的数据进行训练得到相应的 ARIMA 模型和 LSTM 模型，使用之后 2 天的数据验证算法。LSTM 模型中，设 T_0 为 10，学习率为 0.05，Ω 大小为 64。ARIMA 模型中，根据赤池信息准则（AIC）设 $p_a = 9$、$d_a = 2$、$q_a = 5$，其他参数详见表 6-1。

表 6-1　仿真参数

符号	参数	取值
r_e	地球半径	6 371 km
ϕ	仰角限制	25°
A_{max}	最大频带数	5
M	每帧时隙数	100
T	时隙长度	0.1 ms
$1-\xi$	可接受 ARAE 损失代价	0.005
h	历史观测窗口大小	1 000
b	每个 TS 持续时间	1 min
I_{set}	可选更新间隔集合	{1,10,20,30,40,50}
P_{set}	可选接入控制参数集合	{0:0.01:1}

- 固定 $A=\alpha$：固定分配频带数 A 为 α，不实施接入控制。
- KT-ACRA：已知用户数情况下的本小节方法。与本小节方法类似，此时已知实际用户数（Known Traffic，KT），无须进行业务预测。已知实际用户数时，自适应更新间隔（Adaptive UI，AUI）选取和给定更新间隔（Given UI，GUI）的情况分别用 AUI-KT-AC 和 GUI-KT-AC 代表。

图 6-15 和图 6-16 给出了不同轨道高度下，各方法在不同总用户数下的性能。设 LEO 与 MEO 卫星两个场景下接入时延门限分别为 100 ms 和 500 ms。图 6-15 表明，固定资源管理方式下，AREA 无法根据总用户数的变化进行调整，此时，AUI-AC

方法总体性能较差。AUI-AC 方法总体性能优于除了 GUI-AC 方法外其他的方法，能够始终保持接近已知真实用户需求情况下的性能，并将 ARAE 保持在接近最优值的理想状态。

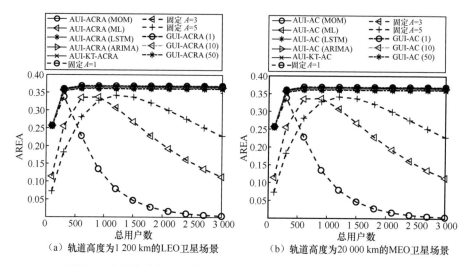

（a）轨道高度为 1 200 km 的 LEO 卫星场景　　　（b）轨道高度为 20 000 km 的 MEO 卫星场景

图 6-15　不同轨道高度下，各方法的平均随机接入效率与总用户数的关系

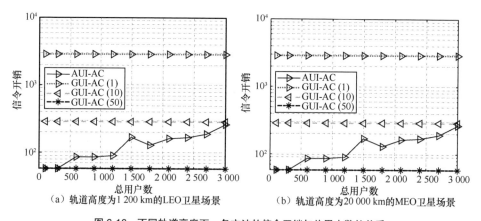

（a）轨道高度为 1 200 km 的 LEO 卫星场景　　　（b）轨道高度为 20 000 km 的 MEO 卫星场景

图 6-16　不同轨道高度下，各方法的信令开销与总用户数的关系

对于 AUI-AC 方法和 GUI-AC 方法，其区别在于是否有自适应更新间隔的选择，对比图 6-14 和图 6-15 可以得到，AUI-AC 方法与更新间隔固定在 1 或者 10 的

GUI-ACRA（1）、GUI-AC（10）相比，分别减少了约 95% 和 54% 的信令开销，同时可以保持 ARAE 十分接近。与 GUI-AC（50）相比，AUI-AC 方法具有更高的 ARAE 性能。综上所述，AUI-AC 方法能够根据不同的需求选择不同的更新间隔，在减少信令开销的同时，保持较高的 ARAE 和稳定性。

6.4.3　面向混合业务的随机接入与数据传输联合资源管理方法

本小节讨论预约接入类业务的 RA 与 DT 的联合接入控制及资源分配方法[13]。针对小区内实时（Real Time，RT）业务与尽力而为（Best Effort，BE）业务同时存在的情况，介绍一种面向混合业务的 RA 与 DT 联合资源管理（Joint Random Access and Data Transmission Resource Management for Mixed Traffic，JRDM）方法。首先，给出自适应业务预测和联合资源管理框架，该框架通过预测用户需求，动态调整 RA 控制参数、RA 资源和 DT 资源。其次，采用效用函数衡量网络收益，整合最大化上行网络资源效用的优化问题。最后，给出每种业务独立预测的 RA 控制和资源分配方案，并在此基础上，解决混合业务效用最大化问题。结果表明，JRDM 方法相较于其他方法能够自适应网络业务动态变化，有效提升网络资源利用率。

6.4.3.1　系统模型

1.　网络模型

本小节采用的业务预测与资源管理框架同 6.2.1 节。地面站或运控中心周期性执行 JRDM 方法，并将结果通过卫星反馈至不同小区的用户。

JRDM 方法流程如图 6-17 所示，对周期 t，地面站或运控中心首先实施业务预测步骤来得到预测的 RT 业务用户数 $\hat{N}_1^t$ 与 BE 业务用户数 $\hat{N}_2^t$，并将预测值视为真实值 N_1^t 与 N_2^t。之后，根据已得到两种业务的用户数优化并输出 RA 控制参数、RA 资源和 DT 资源。图 6-18 所示为上行资源分配示意，其中时间被划分成各个周期，每个时间–频率资源块为可分配的资源最小单元。为了与卫星建立连接并通信，用户首先根据接入控制参数发起 RA，成功后根据分配的资源进行数据传输。在 RA 时，用户随机选择一个 RA 资源块发送接入数据；在数据传输时，用户根据分配的 DT 资源块发送业务数据。

假设上行资源块总数为 A_{total}，对于 RT 业务，假设其接入控制参数为 p_1^t，用于

RA 和 DT 的资源块数目分别为 $A_{r,1}^t$ 和 $A_{d,1}^t$，分配于 RT 业务用户 n_1 的数据传输资源块为 $r_{n_1}^t$。同理，对于 BE 业务，假设其接入控制参数为 p_2^t，用于 RA 和 DT 的资源块数目分别为 $A_{r,2}^t$ 和 $A_{d,2}^t$，分配 BE 业务用户 n_2 的数据传输资源块为 $r_{n_2}^t$。

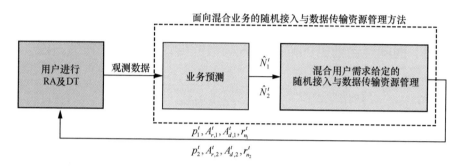

图 6-17　JRDM 方法流程

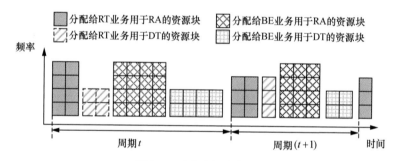

图 6-18　上行资源分配示意

2. 业务效用函数

根据参考文献[12-16]，研究针对 RT 业务和 BE 业务的效用函数。假设算法分配给 RT 用户的资源块数目为 r，其需求资源数为 r_0，则针对 RT 业务的效用函数 $U_1(r)$ 可表示为如下单位阶跃函数。

$$U_1(r) = \begin{cases} 1, & r \geq r_0 \\ 0, & 其他 \end{cases} \qquad (6\text{-}61)$$

式（6-61）表明，只有当 RT 业务用户分配到足够的 DT 资源时，才能够满足其通信需求。另外，BE 业务的效用函数 $U_2(r)$ 可采用如下公式表示。

$$U_2(r) = b(1 - \exp(-cr)) \qquad (6\text{-}62)$$

其中，b 和 c 为可调节的参数。当 $r \geqslant r_0$ 时，为了保证 BE 业务用户的效用低于 RT 业务用户，在本小节中设 $b = 0.4$，$c = 0.1$。对 $U_2(r)$ 求导，可得到 BE 业务的边际效用函数为

$$\mu_2(r) = bc\exp(-cr) \tag{6-63}$$

6.4.3.2　面向混合业务的 RA 与 DT 资源管理方法

本小节首先介绍采用的业务预测方法，之后根据预测用户数建立优化问题，并给出 RA 与 DT 联合资源管理方法。最后，推导得到 JRDM 方法。为了简化表达，本小节表达式省略上标 t。

1. 业务预测

针对 RT 业务和 BE 业务用户数的预测，采用 MLE 方法，通过成功接入的 RAO 数、空闲的 RAO 数以及碰撞的 RAO 数对后一周期的用户数进行预测，具体细节可见 6.4.2.3 小节。

2. 优化问题

在 RA 中，RT 业务及 BE 业务用户的成功接入概率 $p_{r,1}$ 和 $p_{r,2}$ 为

$$p_{r,i} = \left(1 - \frac{1}{A_{r,i}}\right)^{\lfloor p_i N_i \rfloor - 1}, i = 1, 2 \tag{6-64}$$

其中，$\lfloor \cdot \rfloor$ 表示向下取整函数。当系统已知 N_1 与 N_2 时，可得到如下优化问题。

$$\text{P1}: \max Q\left(p_1, A_{r,1}, A_{d,1}, p_2, A_{r,2}, A_{d,2}, r_{n_1}, r_{n_2}\right) = \sum_{n_1=1}^{\lfloor p_1 p_{r,1} N_1 \rfloor} U_1(r_{n_1}) + \sum_{n_2=1}^{\lfloor p_2 p_{r,2} N_2 \rfloor} U_2(r_{n_2})$$

$$\text{s.t. } \text{C1}: A_1 + A_2 = A_{\text{total}}$$

$$\text{C2}: A_i \geqslant \beta_i, A_i \in Z^+, \beta_i \in Z^+, i = 1, 2$$

$$\text{C3}: A_{r,i} + A_{d,i} = A_i, A_{r,i} \in Z^+, A_{d,i} \in Z^+, i = 1, 2 \tag{6-65}$$

$$\text{C4}: A_{d,i} = \sum_{n_i=1}^{\lfloor p_i p_{r,i} N_i \rfloor} r_{n_i}, r_{n_i} \in Z, r_{n_i} \geqslant 0, i = 1, 2$$

$$\text{C5}: 0 \leqslant p_i \leqslant 1, i = 1, 2$$

$$\text{C6}: p_{r,i} = \left(1 - \frac{1}{A_{r,i}}\right)^{\lfloor p_i N_i \rfloor - 1}, i = 1, 2$$

很明显，优化问题 P1 是一个混合整数规划（Mixed Integer Programming，MIP）问题，目前尚未有有效的方法可帮助我们求得最优解。这里，我们考虑将问题分解，分别针对 RT 业务和 BE 业务的网络效用最大化目标，给出随机接入与数据传输资源分配方案。

3. 面向实时业务的随机接入与数据传输

给定 RT 业务的资源总数 $A_1(A_1 \geq \beta_1, \beta_1 \in Z^+)$ 和用户数 $N_1 (N_1 > 0)$，假设用户需求 DT 资源数均为 r_0，为了优化网络效用最大，与 P1 类似，可得到如下优化问题。

$$\text{P2}: \max Q_1\left(p_1, A_{r,1}, A_{d,1}, r_{n_1}\right) = \sum_{n_1=1}^{\left\lfloor p_1 p_{r,1} N_1 \right\rfloor} U_1\left(r_{n_1}\right)$$

$$\text{s.t. } \text{C1}': A_{r,1} + A_{d,1} = A_1, A_{r,1} \in Z^+, A_{d,1} \in Z^+$$

$$\text{C2}': A_{d,1} = \sum_{n_1=1}^{\left\lfloor p_1 p_{r,1} N_1 \right\rfloor} r_{n_1}, r_{n_1} \in Z, r_{n_1} \geq 0 \qquad (6\text{-}66)$$

$$\text{C3}': 0 \leq p_1 \leq 1$$

$$\text{C4}': p_{r,1} = \left(1 - \frac{1}{A_{r,1}}\right)^{\lfloor p_1 N_1 \rfloor - 1}$$

根据式（6-61），优化问题 P2 可转化为

$$\text{P3}: \max Q_1\left(p_1, A_{r,1}\right) = \min\left(\left\lfloor p_1 p_{r,1} N_1 \right\rfloor, \left\lfloor \frac{A_1 - A_{r,1}}{r_0} \right\rfloor\right)$$

$$\text{s.t. } \text{C1}': A_{r,1} + A_{d,1} = A_1, A_{r,1} \in Z^+, A_{d,1} \in Z^+$$

$$\text{C3}': 0 \leq p_1 \leq 1 \qquad (6\text{-}67)$$

$$\text{C4}': p_{r,1} = \left(1 - \frac{1}{A_{r,1}}\right)^{\lfloor p_1 N_1 \rfloor - 1}$$

$$\text{C5}': r_{n_1} = \begin{cases} r_0, & n_1 \leq n_{\text{th}}^1 \\ A_{d,1} - n_{\text{th}}^1 r_0, & n_1 = n_{\text{th}}^1 + 1 \\ 0, & \text{其他} \end{cases}$$

且

$$n_{\text{th}}^1 = \min\left(\left\lfloor p_1 p_{r,1} N_1 \right\rfloor, \left\lfloor \frac{A_1 - A_{r,1}}{r_0} \right\rfloor\right) \qquad (6\text{-}68)$$

同样地，P3 也是一个 MIP 问题，这里考虑先将 P3 中整数限制和取整函数移除并进行求解，最后将临近的整数解作为 P3 的近似解。由此得到的近似目标函数为

$$\max \tilde{Q}_1\left(p_1, A_{r,1}\right) = \min\left[p_1 N_1\left(1 - \frac{1}{A_{r,1}}\right)^{p_1 N_1 - 1}, \frac{A_1 - A_{r,1}}{r_0}\right] \tag{6-69}$$

下面，[定理 6-1]给出式（6-69）的最优解。

[定理 6-1]　式（6-69）的最优解 $\{p_1^*, A_{r,1}^*\}$ 为

$$p_1^* = \frac{k_1^*}{N_1} \tag{6-70}$$

$$A_{r,1}^* = \frac{1}{1 - \exp\left(-\dfrac{1}{k_1^*}\right)} \tag{6-71}$$

其中，

$$k_1^* = \arg_{k_1}\left\{r_0 k_1\left[\exp\left(-\frac{1}{k_1}\right)\right]^{k_1 - 1} = A_1 - \frac{1}{1 - \exp\left(-\dfrac{1}{k_1}\right)}\right\} \tag{6-72}$$

证明　根据参考文献[17]，式（6-69）的最优解 $\{p_1^*, A_{r,1}^*\}$ 满足

$$p_1^*\left(1 - \frac{1}{A_{r,1}}\right)^{p_1 N_1 - 1} N_1 = \frac{A_1 - A_{r,1}^*}{r_0} \tag{6-73}$$

因此，可将式（6-69）最优解的搜索空间限制为满足式（6-74）的 $\{p_1, A_{r,1}\}$。

$$p_1\left(1 - \frac{1}{A_{r,1}}\right)^{p_1 N_1 - 1} N_1 = \frac{A_1 - A_{r,1}}{r_0} \tag{6-74}$$

通过定义 $p_1 N_1 = k_1$，$A_{r,1} = 1/x_1(k_1)$，式（6-74）可转化为

$$k_1\left(1 - x_1(k_1)\right)^{k_1 - 1} = \frac{A_1 - \dfrac{1}{x_1(k_1)}}{r_0} \tag{6-75}$$

因此，式（6-69）可转化为

$$\max \tilde{Q}_1(k_1) = \max \frac{A_1 - \dfrac{1}{x_1(k_1)}}{r_0} \tag{6-76}$$

式（6-76）对 k_1 求导，得到

$$\frac{\mathrm{d}\tilde{Q}_1(k_1)}{\mathrm{d}k_1} = \frac{1}{r_0 x_1^2(k)} \frac{\mathrm{d}x_1(k_1)}{\mathrm{d}k_1} \tag{6-77}$$

若 $\mathrm{d}\tilde{Q}_1(k_1)/\mathrm{d}k_1 = 0$，通过式（6-77）可得到

$$\frac{\mathrm{d}x_1(k_1)}{\mathrm{d}k_1} = 0 \tag{6-78}$$

同时，对式（6-75）两侧的 k_1 求导，则有

$$r_0\left(1 - x_1(k_1)\right)^{k_1 - 1}\left\{1 + k_1\left[\ln\left(1 - x_1(k_1)\right) + \frac{1 - k_1}{1 - x_1(k_1)}\frac{\mathrm{d}x_1(k_1)}{\mathrm{d}k_1}\right]\right\} = \frac{1}{x_1^2(k)}\frac{\mathrm{d}x_1(k_1)}{\mathrm{d}k_1} \tag{6-79}$$

将式（6-78）代入式（6-79），可推导出如下关系。

$$x_1\left(k_1\right) = 1 - \exp\left(-\frac{1}{k_1}\right) \tag{6-80}$$

此时，将式（6-80）代入式（6-75），可得到最优解 k_1^* 满足

$$r_0 k_1^*\left(\exp\left(-\frac{1}{k_1^*}\right)\right)^{k_1^* - 1} = A_1 - \frac{1}{1 - \exp\left(-\dfrac{1}{k_1^*}\right)} \tag{6-81}$$

显然，式（6-81）为一个超越方程，不存在闭式解，可通过牛顿迭代法来求解[18]。由于式（6-81）左侧随着 k_1^* 单调递增，右侧随 k_1^* 单调递减，因此只存在一个满足条件的 k_1^*。根据上述分析可知，式（6-69）的最优解 $\{p_1^*, A_{r,1}^*\}$ 满足 $p_1^* = k_1^*/N_1$，$A_{r,1}^* = 1/[1 - \exp(-1/k_1^*)]$。

证明结束。

接下来，P3 的近似解 $\{p_1^+, A_{r,1}^+\}$ 可通过[定理 6-1]得出。考虑限制条件 C3′: $0 \leqslant p_1 \leqslant 1$，P3 的近似解可分超载和欠载两种情况进行讨论。

当 $k_1^* \leqslant N_1$ 时，网络处于超载情况，此时接入控制参数 $p_1^+ = k_1^*/N_1$。根据式（6-71），$A_{r,1}^* > 1$ 必成立，得出此时 $\{p_1^+, A_{r,1}^+\}$ 为

$$
\begin{cases}
p_1^+ = \max\left(\dfrac{k_1^*}{N_1}, 0\right) \\[3mm]
A_{r,1}^+ = \min\left(\left[\!\left[\dfrac{1}{x_1^*\left(k_1^*\right)}\right]\!\right], A_1 - 1\right)
\end{cases}
\tag{6-82}
$$

式（6-82）中考虑了 P3 的整数限制和取值范围限制，且 $[\![\cdot]\!]$ 代表取附近整数值的函数。另外，当 $k_1^* > N_1$ 时，网络处于欠载状态，所有用户均可以随机接入网络，即 $p_1^+ = 1$，则式（6-69）转化为

$$
\max \tilde{Q}_1\left(A_{r,1}\right) = \min\left[\left(1 - \dfrac{1}{A_{r,1}}\right)^{p_1 N_1 - 1} N_1, \dfrac{A_1 - A_{r,1}}{r_0}\right]
\tag{6-83}
$$

式（6-83）的最优解 q_1^* 满足

$$
q_1^* = \underset{A_{r,1}}{\arg}\left[N_1\left(1 - \dfrac{1}{A_{r,1}}\right)^{N_1 - 1} = \dfrac{A_1 - A_{r,1}}{r_0}\right]
\tag{6-84}
$$

由于

$$
\begin{cases}
N_1\left(1 - \dfrac{1}{A_{r,1}}\right)^{N_1 - 1} \leqslant \dfrac{A_1 - A_{r,1}}{r_0}, & A_{r,1} = 1 \\[4mm]
N_1\left(1 - \dfrac{1}{A_{r,1}}\right)^{N_1 - 1} \geqslant \dfrac{A_1 - A_{r,1}}{r_0}, & A_{r,1} = A_1
\end{cases}
\tag{6-85}
$$

式（6-84）可以通过二分法在区间 $[1, A_1]$ 内求解得到。考虑限制条件 C1′，欠载状态下 $\{p_1^+, A_{r,1}^+\}$ 为

$$
\begin{cases}
p_1^+ = 1 \\[2mm]
A_{r,1}^+ = \min\left(\left[\!\left[q_1^*\right]\!\right], A_1 - 1\right)
\end{cases}
\tag{6-86}
$$

最后，对优化问题 P2 而言，优化后得到的为 RT 业务和为用户 n_1 分配的 DT 资源数分别为

$$\begin{cases} A_{d,1}^{+} = A_1 - A_{r,1}^{+} \\ r_{n_1}^{+} = \begin{cases} r_0, & n_1 \leqslant n_{\text{th}}^{1,+} \\ A_{d,1}^{+} - n_{\text{th}}^{1,+} r_0, & n_1 = n_{\text{th}}^{1,+} + 1 \\ 0, & \text{其他} \end{cases} \end{cases} \qquad (6\text{-}87)$$

其中，

$$n_{\text{th}}^{1,+} = \min\left(\left\lfloor p_1^{+}\left(1 - \frac{1}{A_{r,1}^{+}}\right)^{p_1^{+} N_1 - 1} N_1 \right\rfloor, \left\lfloor \frac{A_1 - A_{r,1}^{+}}{r_0} \right\rfloor \right) \qquad (6\text{-}88)$$

4. 面向 BE 业务的随机接入与数据传输

给定 BE 业务的资源总数 $A_2(A_2 \geqslant \beta_2, \beta_2 \in Z^{+})$ 和用户数 $N_2(N_2 > 0)$，与问题 P2 类似，分析得到面向 BE 业务网络效用最大化的优化问题为

$$\text{P4:max } Q_2\left(p_2, A_{r,2}, A_{d,2}, r_{n_2}\right) = \sum_{n_1=2}^{\lfloor p_2 p_{r,2} N_2 \rfloor} U_2\left(r_{n_2}\right)$$

$$\text{s.t. C1}'': A_{r,2} + A_{d,2} = A_2, A_{r,2} \in Z^{+}, A_{d,2} \in Z^{+}$$

$$\text{C2}'': A_{d,2} = \sum_{n_2=1}^{\lfloor p_2 p_{r,2} N_2 \rfloor} r_{n_2}, r_{n_2} \in Z, r_{n_2} \geqslant 0 \qquad (6\text{-}89)$$

$$\text{C3}'': 0 \leqslant p_2 \leqslant 1$$

$$\text{C4}'': p_{r,2} = \left(1 - \frac{1}{A_{r,2}}\right)^{\lfloor p_2 N_2 \rfloor - 1}$$

P4 同样是一个 MIP 问题，将其中整数限制和取整函数移除后，近似目标函数可表达为

$$\max \tilde{Q}_2\left(p_2, A_{r,2}\right) = p_2 p_{r,2} N_2 U_2\left(r_{n_2}\right)$$

$$\text{s.t. C7}'': r_{n_2} = \begin{cases} \dfrac{A_{d,2}}{p_2 p_{r,2} N_2}, & p_2 p_{r,2} N_2 \neq 0 \\ 0, & p_2 p_{r,2} N_2 = 0 \end{cases} \qquad (6\text{-}90)$$

可根据文献[16]推导得到上式。由于 BE 业务用户的边际效用函数随着资源数增加而递减，因此当给定用户数和总 DT 资源数时，所有用户分配相同的 DT 资源数可使得总效用最大。进而，可得到近似优化函数 P5，如下所示。

$$P5: \max \tilde{Q}_2\left(p_2, A_{r,2}\right) = p_2 p_{r,2} N_2 U_2\left(r_{n_2}\right)$$

$$\text{s.t. } C3'': 0 \leqslant p_2 \leqslant 1$$

$$C5'': p_{r,2} = \left(1 - \frac{1}{A_{r,2}}\right)^{p_2 N_2 - 1}$$

$$C6'': A_{r,2} + A_{d,2} = A_2$$

$$C7'': r_{n_2} = \begin{cases} \dfrac{A_{d,2}}{p_2 p_{r,2} N_2}, & p_2 p_{r,2} N_2 \neq 0 \\ 0, & p_2 p_{r,2} N_2 = 0 \end{cases}$$

$$C8'': 1 \leqslant A_{r,2} \leqslant A_2 - 1 \tag{6-91}$$

下面，[定理 6-2]给出 P5 的最优解，其中采用了卡鲁什-库恩-塔克（Karush-Kuhn-Tucker，KKT）条件对问题进行求解。

[定理 6-2]　优化问题 P5 的最优解 $\{p_2^*, A_{r,2}^*\}$ 为

$$p_2^* = \frac{k_2^*}{N_2} \tag{6-92}$$

$$A_{r,2}^* = \frac{1}{x_2^*} \tag{6-93}$$

其中，k_1^* 和 x_2^* 满足

$$\{k_2^*, x_2^*\} = \arg\max_{k_2^{cs}, x_2^{cs}} \tilde{Q}_2^{cs}\left(k_2^{cs}, x_2^{cs}\right), cs = 1.1), 1, 2), \cdots, 2, 1), 2.2) \tag{6-94}$$

其中，cs 为 KKT 条件导出的不同情况的编号，包含以下 5 种。

$$\begin{cases} k_2^{1.1)} \text{ 满足式 (5-104)~式 (5-106)}, & x_2^{1.1)} = 1 - \exp\left(-\frac{1}{k_2^{1.1)}}\right) \\[4mm] k_2^{1.2)} = \dfrac{-1}{\ln\left(1 - \dfrac{1}{(A_2 - 1)}\right)}, & x_2^{1.2)} = \dfrac{1}{A_2 - 1} \\[6mm] k_2^{1.3)} = 1, & x_2^{1.3)} = 1 \\[2mm] k_2^{2.1)} = N_2, & x_2^{2.1)} \text{ 满足式 (5-107) 和式 (5-108)} \\[2mm] k_2^{2.2)} = N_2, & x_2^{2.2)} = \dfrac{1}{A_2 - 1} \end{cases} \tag{6-95}$$

$$\tilde{Q}_2^{cs}\left(k_2^{cs},x_2^{cs}\right)=k_2^{cs}\left(1-x_2^{cs}\right)^{k_2^{cs}-1}U_2\left(\dfrac{A_2-\dfrac{1}{x_2^{cs}}}{k_2^{cs}\left(1-x_2^{cs}\right)^{k_2^{cs}-1}}\right) \tag{6-96}$$

$$\left(1-\dfrac{1}{k_2}\right)\exp\left(\dfrac{1}{k_2}-1\right)U_2\left(\gamma\right)+k_2\exp\left(\dfrac{1}{k_2}-1\right)\mu_2\left(\gamma\right)\gamma'=0 \tag{6-97}$$

$$\gamma=\dfrac{\exp(1)}{k_2^{1.1}}\left[A_2\exp\left(-\dfrac{1}{k_2^{1.1}}\right)-\dfrac{1}{\exp\left(\dfrac{1}{k_2^{1.1}}\right)-1}\right] \tag{6-98}$$

$$\gamma'=\dfrac{\exp(1)\left(1-k_2\right)}{\left(k_2\right)^3}\left[A_2\exp\left(-\dfrac{1}{k_2}\right)-\dfrac{1}{\exp\left(\dfrac{1}{k_2}\right)-1}\right]-\dfrac{\exp(1)}{\left(k_2\right)^3\left(\exp\left(\dfrac{1}{k_2}\right)-1\right)^2} \tag{6-99}$$

$$x_2^{2.1}=\arg_{x_2}\left\{\left[N_2\left(1-N_2\right)\omega+\dfrac{\left(x_2\right)^{-2}}{\left(1-x_2\right)^{N_2-2}}\right]\mu_2\left(\omega\right)+\left(N_2-1\right)U_2\left(\omega\right)=0\right\} \tag{6-100}$$

$$\omega=\dfrac{A_2-\dfrac{1}{x_2}}{N_2\left(1-x_2\right)^{N_2-1}} \tag{6-101}$$

根据[定理 6-2]，优化问题 P4 的近似解 $\{p_2^+,A_{r,2}^+,A_{d,2}^+,r_{n_2}^+\}$ 取为

$$\begin{cases}p_2^+=p_2^*\\A_{r,2}^+=\left[\!\left[A_{r,2}^*\right]\!\right]\\A_{d,2}^+=A_2-A_{r,2}^+\\r_{n_2}^+=\begin{cases}M,&n_2=1,\cdots,n_{th}^2\\M+1,&n_2=n_{th}^2+1,\cdots,N_{th}^2\end{cases}\end{cases} \tag{6-102}$$

其中，

$$N_{th}^2=p_2^+\left(1-\dfrac{1}{A_{r,2}^+}\right)^{\left\lfloor p_2^+N_2\right\rfloor-1}N_2 \tag{6-103}$$

$$M = \left\lfloor \frac{A_{d,2}^+}{N_{\text{th}}^2} \right\rfloor \tag{6-104}$$

$$n_{\text{th}}^2 = N_{\text{th}}^2 (M+1) - A_{d,2}^+ \tag{6-105}$$

5. 面向混合业务的随机接入与数据传输联合资源管理

当 RT 业务与 BE 业务均存在时，本小节根据上述方法，为优化问题 P1 提出解决方案，给出近似解 $\{p_i^+, A_{r,i}^+, A_{d,i}^+, r_{n_i}^+\}, i = 1,2$。我们可通过遍历所有可能的 A_1，选择获得网络效用最大的情况作为输出，具体可表示为

$$A_1^+ = \underset{A_1, \beta_1 \leqslant A_1 \leqslant A_{\text{total}-\beta_2}}{\arg\max}\ Q\left(p_1^+, A_{r,1}^+, A_{d,1}^+, p_2^+, A_{r,2}^+, A_{d,2}^+, r_{n_1}^+, r_{n_2}^+\right) = \underset{A_1, \beta_1 \leqslant A_1 \leqslant A_{\text{total}-\beta_2}}{\arg\max}\ Q(A_1) \tag{6-106}$$

根据上述，可总结出面向混合业务的随机接入与数据传输联合资源管理（JRDM）方法，即在周期 $t-1$ 内，首先根据观测数据预测下一周期 t 的用户数，之后根据预测值执行式（6-106），输出动态更新结果。

6.4.3.3　仿真结果与讨论

仿真中，区域内业务流量的变化设置与 6.3.2 节相同。我们从 WIDE 项目中选取了 2022 年 1 月 1 日内的流量作为小区内业务活跃度，业务流量间隔为 1 分钟，当前活跃用户数为当前业务活跃度乘以小区内总用户数。仿真中设置 RT 用户需求 DT 资源数 $r_0 = 10$，效用函数参数 $b = 0.4$、$c = 0.1$，RT 业务或 BE 业务分配总资源数下界 $\beta_i = 200$、$i = 1,2$。

根据分析，在确定两种业务的 RA 控制参数、RA 资源和 DT 资源之后，即可确定分配给每个用户的 DT 资源数。为了更好地评价 JRDM 方法，仿真中考虑将 JRDM 方法的网络效用与以下 4 种方法的网络效用进行对比。

- 遗传算法：采用遗传算法优化 $\{p_i, A_{r,i}, A_{d,i}\}, i = 1,2$，即两种业务的 RA 控制参数、RA 资源和 DT 资源。
- 实时业务资源占比固定：设置实时业务分配资源占比固定，即 $A_1 = 0.2 A_{\text{total}}$。给定 A_1、A_2 后，分别针对两种业务执行面向单一业务的网络效用优化方法。
- 所有参数固定：固定设置 $p_1 = p_2 = 1$，$A_1 = 0.2 A_{\text{total}}$，$A_{r,1} = 0.3 A_1$，$A_{r,2} = 0.3 A_2$。
- 最优值：已知用户数，通过遍历 $\{p_i, A_{r,i}, A_{d,i}\}, i = 1,2$ 的所有可能取值，选择使得网络效用最大的参数作为优化方案。

仿真给出了平均网络效用与上行资源块总数、总用户数和实时业务比例的关系。仿真结果表明，本小节方法可根据用户数动态变化需求较为准确地预测下一个周期的用户数，并根据预测用户数动态设定 $\{p_i, A_{r,i}, A_{d,i}\}, i=1,2$，使得 JRDM 方法的网络效用优于其他方法，并接近最优值。仿真中选取了 2022 年 1 月 1 日的前 50 个点作为 50 个周期进行仿真，即 $t=50$，并参考所有参数固定的情况设定初始值，即 $p_1^1 = p_2^1 = 1$，$A_{r,1}^1 = 0.06 A_{total}$，$A_{d,1}^1 = 0.14 A_{total}$，$A_{r,2}^1 = 0.24 A_{total}$，$A_{d,2}^1 = 0.56 A_{total}$。

图 6-19 所示为平均网络效用与上行资源块总数的关系，此时总用户数 $N_{total} = N_1 + N_2 = 1\,007$，实时业务用户数 $N_1 = 0.2 N_{total}$。在上行资源块总数相同时，JRDM 方法的网络效用十分接近最优值，且优于其他方法。当上行资源块总数增加时，由于可服务用户数增多，所有方法的网络效用均随着资源块总数的增加而提高，且趋近于相同。

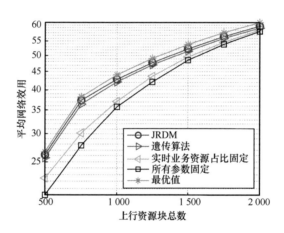

图 6-19　平均网络效用与上行资源块总数的关系

图 6-20 所示为平均网络效用与总用户数的关系，仿真设置 $A_{total} = 1\,000$，$N_1 = 0.2 N_{total}$。结果表明，随着总用户数的增多，每个周期内尝试接入卫星通信网络的活跃用户增多，JRDM 方法可根据用户预测结果资源管理方案，保持较高且接近于最优值的网络效用，优于其他方法。同时，在总用户数增加的情况下，实时业务资源占比固定或者所有参数固定的情况因为无法动态调整参数，不能服务更多用户，网络效用不能进一步增长。

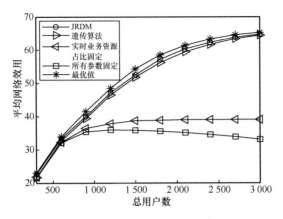

图 6-20　平均网络效用与总用户数的关系

类似地，图 6-21 所示为平均网络效用与实时业务比例的关系，并设置总用户数为 1 007，上行资源总数为 1 000。随着实时业务比例的增加，实时业务用户数增多，JRDM 方法和遗传算法在开始时可以服务更多实时用户，网络效用增长，但最后由于上行资源总数受限，网络效用趋于稳定。

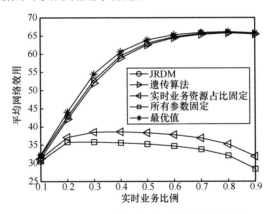

图 6-21　平均网络效用与实时业务比例的关系

6.5　本章小结

本章以卫星通信网络上行用户链路资源管理为例讨论基于业务预测的按需服务

方法。首先，讨论业务的时空分布特征和业务预测模型，在此基础上介绍卫星上行用户链路有限时频资源管理分配方法。其次，介绍常用的上行资源管理框架、关键技术及相关问题。最后，基于卫星通信网络上行用户链路系统 3 个典型应用场景，讨论基于业务预测的上行用户链路动态资源管理方法。针对现有 RA 协议存在发包冗余的问题进行改进，设计收发端调整反馈框架，通过预测网络负载动态调整接入协议中的发包概率，降低 RA 发包冗余。提出的自适应更新间隔的接入控制及资源分配方法能够动态适应业务的时空变化，在保证接入效率接近最优值的同时，降低约 95%的信令开销。提出的 RA 与业务传输资源分配方法进一步预测业务动态需求，可为业务预测和接入控制相关问题研究提供参考。

| 参考文献 |

[1] ABRAMSON N. The ALOHA system: another alternative for computer communications[C]//Proceedings of the Fall Joint Computer Conference. New York: ACM, 1970: 281-286.

[2] ROBERTS L G. ALOHA packet system with and without slots and capture[J]. ACM SIGCOMM Computer Communication Review, 1975, 5(2): 28-42.

[3] Casini E, DE GAUDENZI R, HERRERO O D R. Contention resolution diversity slotted ALOHA (CRDSA): an enhanced random access scheme for satellite access packet networks[J]. IEEE transactions on wireless communications, 2007, 6(4): 1408-1419.

[4] LIVA G. Graph-based analysis and optimization of contention resolution diversity slotted ALOHA[J]. IEEE Transactions on Communications, 2010, 59(2): 477-487.

[5] JIA H, NI Z, JIANG C, et al. Enhanced irregular repetition slotted aloha with degree distribution adjustment in satellite network[C]//2019 IEEE Global Communications Conference (GLOBECOM). Piscataway: IEEE Press, 2019: 1-6.

[6] JIANG N, DENG Y, SIMEONE O, et al. Online supervised learning for traffic load prediction in framed-ALOHA networks[J]. IEEE Communications Letters, 2019, 23(10): 1778-1782.

[7] SONY C S L, CHO K. Traffic data repository at the WIDE project[C]//Proceedings of USENIX 2000 Annual Technical Conference: FREENIX Track. Berkeley: The USENIX Association, 2000: 263-270.

[8] JIA H, JIANG C, KUANG L, et al. Adaptive access control and resource allocation for random access in NGSO satellite networks[J]. IEEE Transactions on Network Science and Engi-

neering, 2022.

[9] HE H, REN P, DU Q, et al. Traffic-aware overload control scheme in 5G ultra-dense M2M networks[J]. Transactions on Emerging Telecommunications Technologies, 2017, 28(9): e3146.

[10] BOX G E P, JENKINS G M, REINSEL G C, et al. Time series analysis: forecasting and control[M]. New York: John Wiley and Sons, 2016.

[11] KINGMA D P, BA J. Adam: a method for stochastic optimization[J]. arXiv preprint arXiv:1412.6980, 2014.

[12] KUO W H, LIAO W. Utility-based resource allocation in wireless networks[J]. IEEE Transactions on Wireless Communications, 2007, 6(10): 3600-3606.

[13] LI C, WANG B, CHEN X, et al. Utility-based resource allocation for mixed traffic in wireless networks[C]//2011 IEEE Conference on Computer Communications Workshops (INFOCOM WKSHPS). Piscataway: IEEE Press, 2011: 91-96.

[14] YOUSSEF M J, FARAH J, NOUR C A, et al. Resource allocation in NOMA systems for centralized and distributed antennas with mixed traffic using matching theory[J]. IEEE Transactions on Communications, 2019, 68(1): 414-428.

[15] SWAIN S N, MURTHY C S R. A novel energy-aware utility maximization for efficient device-to-device communication in LTE-WiFi networks under mixed traffic scenarios[J]. Computer Networks, 2020, 167: 106996.

[16] TAN L, ZHU Z, GE F, et al. Utility maximization resource allocation in wireless networks: methods and algorithms[J]. IEEE Transactions on Systems Man and Cybernetics Systems, 2015, 45(7): 1018-1034.

[17] WIRIAATMADJA D T, CHOI K W. Hybrid random access and data transmission protocol for machine-to-machine communications in cellular networks[J]. IEEE Transactions on Wireless Communications, 2015, 14(1): 33-46.

[18] JI L, GUO S. Energy-efficient cooperative resource allocation in wireless powered mobile edge computing[J]. IEEE Internet of Things Journal, 2019, 6(3): 4744-4754.

面向按需服务的软件定义卫星通信网络

按需服务卫星通信网络需要细化感知业务需求并以合适的颗粒度分配网络资源。软件定义卫星通信网络技术支持在线按需配置网络功能,通过控制面和数据面解耦,提升网络资源按需配置的灵活性。然而,控制面对业务流的全局优化管控、数据面对多样化网络协议的兼容处理都将带来计算复杂度和响应速度等方面的技术挑战,这也是网络资源按需调配需要攻克的主要技术难题。

本章介绍软件定义卫星通信网络的基本概念,并以中低轨混合星座为例,介绍一种高效的、系统代价可控的软件定义卫星通信网络架构。进一步聚焦软件定义卫星通信网络架构下控制面、数据面的创新技术,分别介绍控制面在线带宽分配优化方法与数据面星载可编程多协议处理交换架构,为实现网络资源精准管控的卫星通信网络总体设计提供参考。

| 7.1 引言 |

卫星通信网络是一个资源极度受限的系统，且网络建设、扩容和升级的成本较高、周期较长，不能简单地依赖资源的充分供给。为实现网络运行效率最优并保障运营商的收益，网络应保持高负载运行状态，并为高附加值业务提供优先的服务质量保障。

传统卫星通信系统星上配置低复杂度的模拟载荷，卫星作为"弯管"，透明地将用户站信号转发到地面信关站，由地面信关站及其网络设备负责信号处理与报文交换。这种依靠地基组网交换的方式存在诸多局限性。首先，受地球曲率约束，地面信关站需要部署在卫星下方可视区域。例如，服务范围覆盖西非的 SES-17 高通量 GSO 卫星的地面信关站主要部署在欧洲、北美洲和南美洲，业务数据需要再通过地面光纤迂回至远端网络。对于低轨道透明转发卫星星座，单颗卫星覆盖区域更小，一方面操作者需要为星座部署大量地面信关站，另一方面还有大量地区（如海洋等）无法部署地面信关站，应用范围受到很大限制。其次，地面网络（特别是传统互联网）在广域和跨境应用时较难保障服务质量[1]，卫星通信网络的性能将受到地面网络性能的制约。因此，依托星间链路、星载再生处理以及星载交换，实现卫星间直接组网,是解除地面信关站分布约束的前提条件,也是卫星通信网络资源灵活调配、按需服务的基本手段。

早期的星载再生处理和星载交换受到星载软硬件水平制约,报文处理逻辑及其适配的协议体系与卫星载荷硬件紧密绑定,如思科公司的 IRIS 星载路由器[2], Hughes公司研发的 Spaceway3 卫星[3]等,卫星入轨后,卫星载荷几乎不可更改,相应地,与其适配的用户设备与网络协议也难以升级换代。这种功能固化的卫星通信网络难以满足未来星地融合网络分阶段演进的发展需求,同时,在应对空、天、地、海各网系用户的随遇接入与不同质量等级服务要求方面也会捉襟见肘。

为满足卫星通信网络按需服务和可持续发展要求,我们需要构建"软件定义"的卫星通信网络。首先,建立全局协同的网络控制架构,软件化部署控制功能,提高资源分配的效率和网络管控的灵活性。其次,星载网络处理交换设备的功能须实现在轨灵活调整,以适配不同协议体系,满足星地协同演进和快速迭代的要求。

| 7.2　软件定义卫星通信网络系统架构 |

软件定义网络(Software Defined Network,SDN)[4]是一种创新的网络架构,网络设备的控制面与数据面硬件解耦,实现软件化的统一控制面。SDN 的设计目标是提高网络管控的灵活度,促进网络技术创新。已有一些文献提出 SDN 技术要与卫星网络结合[5-6],称其为"软件定义卫星网络(Software Defined Satellite Networks,SDSN)"[7],但这一概念尚未有公认的准确定义。本章基于卫星通信网络时空尺度大、业务需求多样、组网协议种类多等一系列特征,介绍软件定义卫星通信网络(Software Defined Satellite Communication Network,SDSCN)的概念。

相对于传统卫星通信网络,SDSCN 的特点如下。

① 以"流"为单位对网络业务进行管控与保障。

② 逻辑集中的统一控制面以软件的形式层级化部署在地面网络运行控制中心(简称运控中心)、在轨卫星或用户站中,实现协同管控。

③ 数据面可编程,支持在轨网络处理交换功能的实时或准实时定义,支持各类公网协议、专网协议与网络功能的在线或非在线迭代演进。

本节首先介绍 SDN 技术的发展历程，简要梳理 SDSCN 面临的技术挑战，介绍一种面向中低轨混合星座的 SDSCN 架构实例。

7.2.1　软件定义卫星通信网络技术发展历程

控制面与数据面硬件实现解耦的理念于 20 世纪 80 年代由 AT&T 公司的相关人员讨论电话网络管控架构时首次提出[8]。2008 年，斯坦福大学 Nick 教授团队在 SIGCOMM 上发表文章 *OpenFlow: enabling innovation in campus networks*，提出一种可用软件灵活部署网络功能的控制接口 OpenFlow[5]，这是 SDN 的雏形。包括以太网安全控制[9]、3GPP 下一代网络（Next Generation Network，NGN）[10]等技术方案都在践行控制面与数据面解耦的思想。

支持 OpenFlow 的交换机结构[5]如图 7-1 所示。以 OpenFlow 为例，OpenFlow 是一套软件应用接口，它允许网络"控制器"通过 OpenFlow 定义的应用程序编程接口（Application Programming Interface，API）配置交换机，同时获取交换机的状态信息以及交换机无法识别的报文。OpenFlow 用于控制交换机的"配置信息"也叫流表，包含对业务流的定义及其报文处理逻辑。流表一般包含不同网络协议的匹配域（如 IP 五元组）、优先级、计数器（用于保存相关统计信息），处理动作信息等一系列指导交换机行为的"指令"。

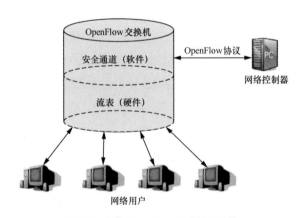

图 7-1　支持 OpenFlow 的交换机结构

OpenFlow 要求交换机维护流表并且按照流表进行报文的处理及状态上报，流表本身的生成、维护、下发完全由外置的网络控制器来实现。因此，网络行为、网络状态可由网络控制者实时定义与感知。支持 OpenFlow 的交换机组成的网络结构[5]如图 7-2 所示。

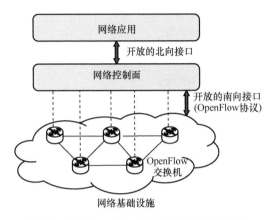

图 7-2　支持 OpenFlow 的交换机组成的网络结构

基于 OpenFlow 为网络带来的可编程的特性，Nick 和他的团队进一步定义了 SDN，SDN 架构[9]如图 7-3 所示。SDN 由独立的控制面、数据面以及标准化的接口共同组成。

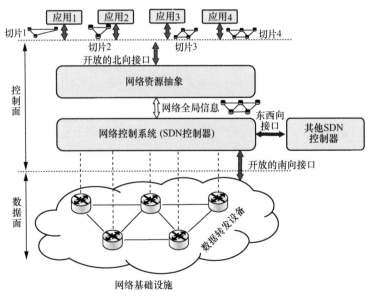

图 7-3　SDN 架构

1. 控制面

控制面负责控制所有网元，具体措施包括"流"的定义与调整、流表的生成与下发、数据面状态统计策略的制定等。

控制面还负责网络资源与功能的抽象，向网络应用提供服务化接口。因此，控制面类似于计算机系统中的操作系统。

2. 数据面

数据面负责执行控制面的指令，解析并匹配输入报文，根据匹配结果执行字段修改、协议转换、转发、丢弃等处理行为。

3. 控制面南向接口

南向接口指控制面与数据面间的接口，负责双向传递信令与业务报文。

4. 控制面北向接口

北向接口指控制面与网络应用间的接口，负责双向传递关于网络资源调用的应用层信令。

5. 控制面东西向接口

当网络中存在多个独立控制面时，东西向接口负责传递控制面间的信令与业务报文，实现层级化或分布式的协作管控。

SDN 具有 4 个主要特征[9]，具体如下。

① 控制面与数据面硬件实现解耦，独立部署与演进。

② 数据面以"流"为单位执行灵活可变的报文处理，相对于传统互联网五元组的固定式匹配模式，拓展了自由度。其中，"流"的定义包含两部分：以用户自定义的字段（Packet Field）值为过滤规则；以标准化的动作指令（Intructions）为处理规则。因此，不同类型网元，如交换机、路由器、防火墙及其他中间盒的数据面处理行为可以统一表达、统一承载。

③ 控制面软件化，可集中部署在公有云或私有服务器中，也可推送至网络边缘实现分布式的代理控制。

④ 网络可编程，基于软件化的控制面与可编程的数据面，网络应用软件可在线配置网络功能、调用网络资源，部署虚拟化的网络硬切片。

现阶段 SDN 架构已应用于数据中心广域网（如谷歌 B4 数据中心互联网[1]）、

虚拟化网络、5G 核心网[8]等。如果读者想了解 SDN 技术的最新标准与研究动态，可查阅 Open Networking Foundation 官方网站。

7.2.2　软件定义卫星通信网络总体架构

由于卫星载荷的重量、体积、功耗严格受限，空间辐照环境严酷，卫星通信网络的系统设计者一直倾向于将控制功能在地面运控中心以软件的形式实现，这与 SDN "控制面与数据面解耦"的思路一致。但是，卫星通信网络具有特殊性，其软件定义的控制面与数据面仍面临挑战。

关于控制面，地面 SDN（如校园网、数据中心网络等）的拓扑与链路带宽相对稳定，稳定拓扑下的网络资源分配方式是"先有路再算路由"。然而，卫星通信网络，特别是 NGSO 卫星通信网络，星地与星间互连关系时常变化，且可能受各类异常事件影响，不容易建立稳定的拓扑。因此，拓扑配置与资源分配问题相互耦合，需要考虑"先有路由再建路"的按需方式。两类方式差异大，故地面解决方案难以直接应用于卫星通信网络。同时，卫星间的传输时延长，网络状态感知与突发业务响应的实时性受影响，需要在不同网络节点部署控制代理，构建多层级化的联合服务模型。

关于数据面，通信卫星具有需求多样化、在轨服务周期长的特征，功能固化的星载数据面难以支持多样化的网络协议体系，同时，面对星地融合网络的持续演进，数据面的灵活可编程能力需进一步提高。

图 7-4 所示为一种 SDSCN 的总体架构。网络由控制面和可编程数据面组成。控制面统一设计，可分层级部署在地面运控中心、信关站、卫星和用户站（用户站一般是用户局域网络的汇聚节点）上。运控中心具有全局视角：一方面负责全网控制，如状态收集、路由计算与分发、边缘控制器策略推送等；另一方面对全网资源进行抽象化描述，向网络应用提供开放的北向接口。可编程数据面部署在地面信关站、卫星和用户站上，支持标准化的南向接口，根据运控中心以及本地边缘控制器指令，执行业务流级的报文处理与状态收集。

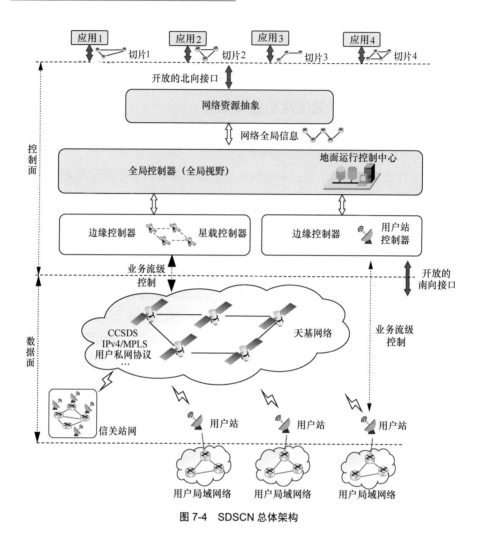

图 7-4　SDSCN 总体架构

7.2.3　软件定义卫星通信网络关键技术面临的挑战

SDSCN 的关键技术研究包括控制面和数据面的创新，前者以保障业务服务质量、提高网络资源利用效率与可扩展性为目标，后者以支持多协议、低开销的可编程数据转发为目标。本节梳理分析相关技术挑战和研究进展，希望引发读者更多的思考。

1. 软件定义卫星通信网络控制面技术面临的挑战

在控制面，需要解决的主要问题包括控制架构设计和控制算法设计[11]。

一是控制器的层级架构设计。控制器层级架构设计又被称为控制器放置问题，主要涉及网络中控制器的数量、位置以及控制器管控区域的划分[12]。架构设计对于保障业务服务质量和提高网络性能具有直接影响，其主要评价指标包括时延、可靠性和开销等。

① 从时延的角度评价。控制器与交换设备的传输距离影响信令传输时延，而控制器的处理能力和负载强度则影响网络决策时延。两者均影响网络对于状态变化的反应速度，进而影响业务等待时间和网络实时效率。在地面数据中心、广域网等场景中，优化控制路径长度，均衡控制器的负载是缩短时延[12]的主要手段。在卫星通信网络多层控制架构[13]中，卫星控制节点处理能力有限，我们需要研究适合卫星控制节点的低复杂度、低交互控制策略，缩短决策时延。并且，控制器与节点间距离较远，需要考虑信令传输时延导致的管控响应不及时的影响。

② 从可靠性的角度评价。控制器或控制路径出现错误将造成交换设备不受控，影响网络性能。提升网络可靠性的手段主要有 3 种：配置多条独立控制路径；多控制器主从备份；减少控制路径跳数。卫星设备和链路易受空间环境（如粒子辐射、电磁辐射、日凌）影响，研究人员需要针对上述空间环境特点进行针对性的可靠设计，研究星上抗中断的控制策略。

③ 从开销的角度评价。这里所说的开销主要指部署开销和能量开销。部署开销指增加控制器或设备带来的信令交互开销，能量开销指控制面运行的能耗。地面软件定义网络的相关研究[14]通过建立优化模型来最小化部署开销，并根据网络负载灵活关闭部分控制器和控制链路来降低能耗。卫星通信网络具有规律性的拓扑变化特征，可以通过指定控制链路的方式减小部署开销，通过调整业务转发路径优化能耗。卫星通信网络能耗优化方法的研究仍有很大的空间。

二是流量工程控制算法设计。流量工程相关算法已在工业互联网、私有云广域网中得到重视与应用，例如，谷歌公司的 B4 数据中心广域网采用基于 OpenFlow 技术的流量工程方法，实现重负载下的服务质量保障[2]。SDSCN 流量工程的研究尚处于早期阶段，主要技术路线如下。

① 基于全局优化的流量工程。全局优化的流量工程方法可以集中地对所有业务

进行路径规划和带宽资源进行最优化分配，同时管控业务源的发送过程，从源端匹配业务发送和网络的资源分配，最大化网络效能[15]。全局优化的流量工程问题可建模为线性规划或混合整数规划问题，计算复杂度将随着流规模和网络规模的增加呈指数级增加，复杂度低、可扩展性强的优化方法仍然是开放性难题[16]。

② 基于深度学习的流量工程。基于深度学习的流量工程通常以业务流矩阵、节点负载或链路负载等观测量作为输入，以业务的完整路径或下一跳节点作为输出，以服务质量需求的满足度作为奖励值构建深度学习模型[17]。利用训练好的模型，网络可以根据当前状态直接求解完整路径或下一跳转发方向，相比于全局优化的方法，此方法计算复杂度低。但是，此类方法依赖于在真实卫星通信网络业务分布环境下的训练，对数字孪生环境、并行验证系统和实际网络运行数据提出了更高的要求。

2. 软件定义卫星通信网络数据面技术面临的挑战

在数据面，需要解决的主要问题包括硬件架构设计和高速包分类算法设计[11]。

一是数据面硬件架构设计，主要包括流表的优化设计以及可编程协议无关交换架构设计。

① 流表优化设计。数据面的流表根据报文包头字段值查找对应的处理策略，随着网络节点规模增加和差异化服务需求增加，流表规模将乘性增加。研究低复杂度的大规模流表优化方案具有重要意义。参考文献[18]提出采用存储颗粒灵活分配的 RuleMap 流表架构，降低存储和能耗开销。参考文献[19]提出使用超时机制控制表项回收，提高流表资源利用率。参考文献[20]则提出将流表的使用和数据包传输路径相结合，在各个节点的流表间进行负载均衡，降低存储开销。流表优化设计是低复杂度硬件架构设计的关键环节。

② 可编程协议无关交换架构设计。传统的 OpenFlow 数据面与网络协议仍然是绑定关系，限制了数据面协议适配能力的迭代升级。新兴的可编程数据面技术如 P4[21]及协议无感知转换（Protocol-Oblivious Forwarding，POF）[22]通过可编程的报文解析实现了与协议无关的交换处理。然而，现阶段 P4 与 POF 数据面设备尚无法满足数据链路层异构协议共存的应用场景。

二是高速包分类算法设计。目前普遍采用三态内容寻址存储器（Ternary Content Addressable Memory，TCAM）来实现高速包分类。但 TCAM 成本高昂、功耗高、存储表项有限[23]，且业内尚缺乏宇航级 TCAM 产品。基于静态随机存取存储器(Static Random Access Memory, SRAM)的软件包分类算法是当前研究的热点，主要分为 3 类。

① 构建决策树的算法。构建决策树的算法将规则集构建为决策树，方便快速查找，典型算法如 EffiCuts[24]、CutSplit[25]等，这类算法的优点是分类速度快；缺点是决策树内常存在冗余规则，占用内存大，规则集更新复杂。因此，这类算法仅适用于规则集规模小、更新速度不频繁、对分类速度要求高的场景。

② 划分规则集的算法。基于规则集划分的算法主要是将规则集划分为多个规则子集进行查找，典型算法如 SAX-PAC[26]、TupleMerge[27]，这类算法的优点是更新速度较快，不存在冗余规则，占用内存较小，缺点是随着规则子集数量的增加，分类速度逐渐变慢。因此，这类算法适用于规则集规模大且对规则更新速度要求较高的场景。

③ 混合类算法。混合类算法综合利用前两种的方法，先将规则集划分为各子集，之后将各划分子集构建为决策树的形式，从而在查找效率与更新效率之间取得性能上的折中。如 PartitionSort 算法[28]实现了微秒量级的分类及更新速度。但算法预处理过程较为复杂，适合规则集规模适中，对分类速度、更新速度均有一定要求的场景。

此外，星载数据面还需要针对空间辐照效应部署各类器件级与系统级可靠性加固措施，相关研究有待进一步深入探讨。

7.2.4　中低轨混合星座的软件定义卫星通信网络

SDSCN 的具体实施与应用场景、星座构型、网络管控策略等因素紧密耦合。本节分析适合于跨境服务的卫星通信网络半中心式流量工程方法，介绍一种面向中低轨混合星座的 SDSCN 架构设计实例。

1. 半中心式流量工程方法

在跨境服务的卫星通信网络中，往返传输时延较长，例如，通过约 1 000 km 轨道高度的低轨道卫星通信网络，从西非到中国，不考虑排队时延，往返传输时延可达上百毫秒。在这种场景中，地面运控中心很难实时感知远端网络状态并响应突发业务。同时，集中在地面运控中心的业务流级的流量工程复杂度过高。可行的技术方案是在不同网络节点部署控制代理，构建层级化的联合控制策略，例如，运控中心负责全局调度，边缘控制器负责本地调度、塑型，实时响应突发业务。

为解决全局网络状态信息的收集代价大、数据面到控制器传输时延长、单一控制面计算复杂度过高等问题，已有的控制器架构方案主要包括平行控制器架构和层级化控制器架构。

Onix[29]和 Hyperflow[30]是平行控制器架构方案的典型案例，采用就近原则将网络中不同网元划分给不同的控制器管辖，控制器间进行关键信息同步，组成物理上分散但逻辑上集中的控制架构，一方面降低了每个控制器的计算压力，另一方面缩短了数据面到控制器的传播时延。这种方案的主要问题是控制器之间的信息一致性较难保障，且每个控制器都不掌握全局视野，系统难以实现全局最优。

Kandoo[31]是一种层级化的半中心式控制架构，如图 7-5 所示。不同层级的控制器具有不同的网络控制功能和网络视野，其中，根控制器负责全局控制，生成并推送边缘控制策略，边缘控制器负责本地的细粒度控制与按需的状态上报。

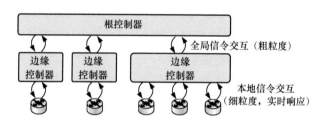

图 7-5　Kandoo 控制架构

基于 Kandoo 控制架构，卫星通信网络的边缘控制器可以部署在中高轨航天器和用户站中，全局控制器则部署在地面运控中心，依赖逻辑独立的信令网进行带内/带外状态收集、决策计算与分发。考虑到运控中心与远端卫星间一般经过远距离的星地和星间链路进行信息交互，时效性不足，运控中心可以利用网络拓扑先验信息（如日凌、星间链路可见性等）配合边缘控制器反馈的业务分布统计信息，计算相对"粗糙"的全局控制策略，将细粒度的业务流级编排以及突发网络事件的应对处理权限下放至边缘控制器，实现实时负载均衡、本地业务分类塑型等功能。对卫星通信网络可预知和不可预知因素的分类如图 7-6 所示。这样既减少了状态检测开销，又减少了大时空尺度对网络控制时效性的影响。相应的流量工程算法在本章 7.3.1 节中详细阐述。

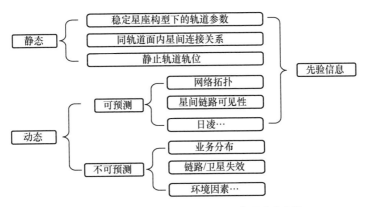

图 7-6　卫星通信网络可预知和不可预知因素的分类

2. 中低轨混合星座的软件定义卫星通信网络架构

结合前文所述层级化思路，图 7-7 所示为面向中低轨混合星座的 SDSCN 架构。网络全局控制器部署在地面运控中心，中轨卫星作为有广域视角的代理控制与传输交换节点，负责收集广域网络状态、分发流表以及响应在轨突发事件。低轨卫星承载数据面功能，执行报文的匹配与处理。

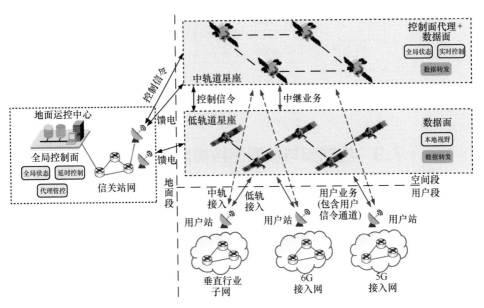

图 7-7　面向中低轨混合星座的 SDSCN 架构

得益于控制面、数据面的逻辑分离以及标准化的南向接口，通过修改运控中心以及中轨卫星代理控制器运行的软件可以实现新的网络功能升级。同时，来自不同供货商的数据面在统一接口下能够同网共存，这样既保护了已有投资，又实现了网络功能与实际工程部署的独立演进。

为有效服务公网业务与专网业务，星载数据面需要支持灵活的可编程硬切片。SDSCN 节点的功能划分如图 7-8 所示，星载数据面通过按需配置的调度、交换、优先级控制等手段，贯彻控制器的编排指令，构建多个相互隔离的虚拟公/专子网，满足各垂直行业对协议体系适配、服务质量保障的要求。7.3.2 节将具体介绍具备硬切片能力的多协议星载数据面解决方案。

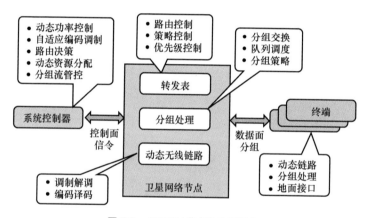

图 7-8　SDSCN 节点的功能划分

7.3　控制面与数据面按需服务关键技术

结合 7.2 节所述 SDSCN 总体架构及关键技术挑战，本节介绍一种半中心式流量工程算法——基于动态权重的在线带宽分配[15]（Dynamic Weight-Based Online Bandwidth Allocation，DWOBA）算法，以及一种星载可编程多协议处理交换架构——异构分组交换架构[32]（Heterogeneous protocol-Independent Switch Architecture，HISA），为 SDSCN 服务质量保障与协议灵活处理提供参考。

7.3.1　软件定义卫星通信网络半中心式流量工程算法

本节针对卫星通信网络业务流级管控复杂度高的问题，基于卫星通信网络经典的"臂手"结构，研究以运控中心为主优化节点，以用户站或者具有代理管控能力的在轨卫星为边缘优化节点的半中心式流量工程算法。其特点是，在卫星通信网络中区分时延、带宽敏感的"流业务"以及时延不敏感的"块业务"，提供差异化的确定性 QoS 保障，同时利用并行优化算法降低计算复杂度。

首先，针对单时片在线优化的业务 QoS 保障连续性问题，介绍 DWOBA 算法，相比于现有的多时片优化模型，问题规模和计算复杂度降低。

其次，将 DWOBA 优化模型等价分解为边缘计算与中心式计算的两步优化问题，实现了半中心式部署的 DWOBA（简称"半中心式 DWOBA"）。通过分布式的并行边缘计算进一步降低运控中心计算压力，为业务流级的 QoS 保障提供可行性。仿真实验结果表明，在网络重负载条件下，半中心式 DWOBA 算法相比现有在线带宽分配算法可以取得 1.8 倍以上的服务收益提升。

7.3.1.1　系统模型

首先，卫星通信网络业务可划分为两类：块业务与流业务。块业务是具有截止时间约束的流（Deadline-Constrained Flows，以下简称 DC 业务）如 CDN 内容分发、数据中心数据同步等。流业务指具有带宽约束的流（Bandwidth-Constrained Flows，以下简称 BC 业务），如 VoIP、视频会议等。

DC 业务可表示为 $R_{DC}(t_{arl}, t_{dl}, D)$，3 个参数分别为业务到达时间 t_{arl}、业务截止时间 t_{dl} 和数据体积 D。BC 业务可表示为 $R_{BC}(t_{srt}, t_{end}, B(t))$，其中 $B(t)$ 指业务在时间段 $[t_{srt}, t_{end}]$ 内的带宽需求，其中 t_{srt} 为业务起始时间，t_{end} 为业务终止时间。

DC 业务与 BC 业务存在两个不同点。首先，DC 业务的参数通常在业务到达时即告知网络控制面，而 BC 业务的 t_{end} 往往不可预知。其次，BC 业务有严格的带宽约束，而 DC 业务则没有带宽约束。因此，对于 BC 业务，控制面只能选择接纳或拒接，而 DC 业务在每个时间片传输带宽可以被控制面动态调整，这是集中式优化提升网络资源利用率的主要手段。业务服务模式如图 7-9 所示，DC 业务的数据块可以被拆分成更小的数据块，并在满足截止时间的基础上使用网络能够承受的带宽完成传输。

$$\int_{t_{arl}}^{t_{dl}} B(t) = D \tag{7-1}$$

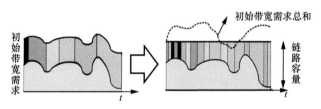

初始带宽需求总和

初始带宽需求

链路容量

图 7-9　业务服务模式

网络的服务收益与业务的传输过程密切相关。用 $R_n^{t_0,s}$ 表示在 t_0 时刻到达，以第 s 个"源节点–目标节点对"为源宿节点的第 n 个业务。假设该业务在每个时间片 t 内的带宽需求为 $D_n^{t_0,s}(t)$，业务的传输轨迹（即网络在每个时间片内分配给业务的带宽）为 $B_n^{t_0,s}(t)$。定义业务有效性函数来检验网络对该业务的服务是否产生服务收益。对于 DC 业务，其业务有效性函数表达式如式（7-2）所示。对于 BC 业务，其业务有效性函数表达式如式（7-3）所示。

$$F_{DC}(R_n^{t_0,s}) = U(\sum_{t=t_{arl}}^{t_{dl}} B_n^{t_0,s}(t) - \sum_{t=t_{arl}}^{t_{dl}} D_n^{t_0,s}(t)) \tag{7-2}$$

$$F_{BC}(R_n^{t_0,s}) = \prod_{t=t_{srt}}^{t_{end}} U(B_n^{t_0,s}(t) - D_n^{t_0,s}(t)) \tag{7-3}$$

$$U(x) = \begin{cases} 1, x \geqslant 0 \\ 0, x < 0 \end{cases} \tag{7-4}$$

其中，U 为单位阶跃函数，表达式如式（7-4）所示。本节主要研究业务 QoS 约束为"紧约束"的情况，即网络服务违背 QoS 约束后，业务的有效性函数值和服务收益为 0，对于 U 为其他函数形式的情况，本节所介绍的方法依然适用。

7.3.1.2　最大后验收益模型

基于前文所述的网络模型和业务有效性模型，可以建立最大化网络收益问题的数学模型。首先，用有向图 $N_G = (V, E)$ 来抽象地表示网络拓扑，那么所有的数据传

输源节点-目标节点对可以用集合 $S = \{(v_1, v_2) \mid v_1, v_2 \in V, v_1 \neq v_2\}$ 来表示，前文所述的业务的完整表示方式为 $\{R_n^{t_0,s} \mid 1 \leqslant s \leqslant |S|, 1 \leqslant n \leqslant N(t_0, s)\}$，其中 t_0 为 DC 业务的达到时间或 BC 业务的起始时间，$s, 0 \leqslant s \leqslant |S|$ 代表业务的源节点和目标节点对应的源-目标节点对，n 用于区分具有相同 t_0 和 s 的 $N(t_0, s)$ 个业务。每个业务有 3 个对应的 QoS 参数：业务排队门限/结束时间 $T_n^{t_0,s}$、业务权重 $W_n^{t_0,s}$ 和业务带宽需求 $D_n^{t_0,s}(t)$。其中，业务权重为用户和网络通过合约约定的静态值，表征不同业务的重要性。假设业务的传输轨迹为 $B_n^{t_0,s}(t), 0 \leqslant t \leqslant T$，作为对比参照，首先给出一般流量工程方法所优化的传输容量（Transmission Capacity，TC）的表达式与本文所使用的服务收益在所有业务均服务完毕的情况下的后验值（Posterior Service Payoff，PSP）表达式，如下。

$$
\begin{cases}
\mathrm{TC} = \sum_{t_0=0}^{T} \sum_{s=1}^{|S|} \sum_{n=1}^{N(t_0,s)} \left(W_n^{t_0,s} \sum_{\tau=t_0}^{T} B_n^{t_0,s}(\tau)\right) \\
\mathrm{PSP} = \sum_{t_0=0}^{T} \sum_{s=1}^{|S|} \sum_{n=1}^{N(t_0,s)} \left(W_n^{t_0,s} \sum_{\tau=t_0}^{T} D_n^{t_0,s}(\tau) F(R_n^{t_0,s})\right)
\end{cases}
\tag{7-5}
$$

其中，函数 F 为业务有效性函数，对于 DC 业务和 BC 业务其表达式分别是式（7-2）和式（7-3）。基于以上定义，在所有业务需求已知的理想场景下，最大服务收益可以用式（7-6）所示的最大后验服务收益（Maximum Posterior Service Payoff，MPSP）来表示，如下。

$$
\mathrm{MPSP} = \max \sum_{t_0=0}^{T} \sum_{s=1}^{|S|} \sum_{n=1}^{N(t_0,s)} \left(W_n^{t_0,s} \sum_{\tau=t_0}^{T} D_n^{t_0,s}(\tau) F(R_n^{t_0,s})\right)
\tag{7-6}
$$

为了均衡负载，多径路由是一种通用的策略。假设对于源-目标节点对 s，所有可用路径的集合为 $P_s = \{p_s(m) \mid m = 1, 2, \cdots\}$，将业务流 $R_n^{t_0,s}$ 在路径 $p_s(m)$ 分配的带宽用 $X_{n,m}^{t_0,s}(t)$ 表示，则满足式（7-7），如下。

$$
\sum_{m=1}^{|P_s|} X_{n,m}^{t_0,s}(t) = B_n^{t_0,s}(t)
\tag{7-7}
$$

可以建模如下的 MPSP 问题。

$$
\max \sum_{t_0=0}^{T} \sum_{s=1}^{|S|} \sum_{n=1}^{N(t_0,s)} \left(W_n^{t_0,s} \sum_{\tau=t_0}^{T} D_n^{t_0,s}(\tau) F(R_n^{t_0,s})\right)
$$

$$
\mathrm{s.t.} \ \mathrm{C1}: \sum_{m=1}^{|P_s|} X_{n,m}^{t_0,s}(t) \leqslant D_n^{t_0,s}(t)
$$

C2: $\displaystyle\sum_{t_0=0}^{t}\sum_{s=1}^{|S|}\sum_{n=1}^{N(t_0,s)}\sum_{m|e\in p_s(m)}X_{n,m}^{t_0,s}(t)\leqslant C_e$

C3: $X_{n,m}^{t_0,s}(t)\geqslant 0$

虽然服务收益的理论最大值可以通过离线求解 MPSP 问题解决，但在实际的通信网络中大多数业务都是难以预知的，直接求解 MPSP 问题并不现实。已有针对以太网业务流[33]、数据中心业务流[34]、HTTP 业务流[35]以及社交网络业务流[36]的研究表明，网络的业务流量具有不可预测的特征，利用在线带宽分配的算法来进行 QoS 保障是较为现实的选择。

7.3.1.3 动态权重

1. 静态权重的局限性

现有的在线带宽分配算法例如 TEMPUS[37]、Log-Competitive 在线路由算法[38]均存在重网络负载下的性能损失和运算时间过长等问题。由于大部分业务的持续时间均大于网络的时间片长度（例如 1 s 为一个时间片），为了提供多时间片连续性的 QoS 保障，用户以 T 个时间片为周期（T 一般大于大部分业务的持续时间片数）发送业务申请，在线带宽分配方法如图 7-10 所示。图 7-10 中的 δ 为网络全局控制器集中式求解 MPSP 问题需要的运行时间。

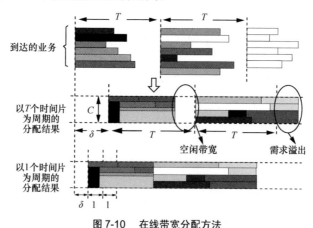

图 7-10　在线带宽分配方法

以 T 个时间片为规划周期的在线带宽分配算法存在以下问题。

① 运算时间难以满足实时业务的需求。TEMPUS 在数据中心网络中的实验表明，

在 10 k 量级的业务到达以及 1 k 量级的 T 取值时，使用网络服务器的运行时间在 17.5～57 min。卫星通信网络需要服务各类实时与突发业务，这也意味着该方法不适用。

② 带宽利用率不足，由于每 T 个时间片收集一次需求，所有业务很难用尽 T 个时间片的所有带宽。

为了解决以上问题，可以将在线带宽分配的规划周期从 T 个时间片降为 1 个时间片，这样，问题复杂度和求解时间 δ 大幅下降。与此同时，资源分配的颗粒度也降低为 $1/T$，空闲带宽的规模和出现频率明显减小。

然而，在继续使用静态权重的条件下，单时片优化的效能有所下降。以下举例说明。在线带宽分配结果对比如图 7-11 所示。如图 7-11（a）所示，第一种场景假设业务 A 和 B 同时在第 0 个时间片到达并且两者的带宽需求均等于链路容量 C。当在线带宽分配考虑 20 个时间片时，具有更小静态权重的业务 A 由于时间约束更加紧张，会被优先服务，从而使得整个网络在前 20 个时间片获得 50 的服务收益。但是，将 T 个时间片降为 1 个时间片之后，由于第 2～20 个时间片内的带宽资源具有不确定性，具有更大静态权重的业务 B 将被优先服务，导致业务 A 超时，网络在前 20 个时间片只能取得 20 的服务收益。如图 7-11（b）所示，第二种场景假设业务 A 在第 0 个时间片到达，假设业务 C 在第 8 个时间片到达，若考虑 $T=12$ 个时间片，则正在被服务的业务 A 不会被业务 C 中断。然而若只考虑第 9 个时间片，则具有更高静态权重的业务 C 将优先被服务，导致业务 A 超时。

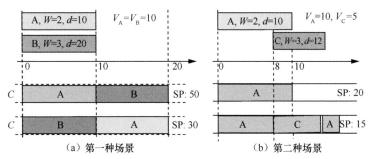

图 7-11　在线带宽分配结果对比

（图中 W 表示静态权重，d 表示业务 QoS 需求规定的截止时间，V 表示不同业务的体积）

性能下降的主要原因在于静态权重并未包含网络历史服务信息。传统的单时片优化未考虑历史时片网络已投入的资源，如果只根据当前业务 QoS 需求调整保障策略，无异于将网络早期的投入付之东流。考虑到只有业务全生命周期的 QoS 得到保障才产生收益，我们需要将网络对业务的早期投入成本计入业务的当前权重中，形成动态权重。

2．动态权重的定义

[定义 7-1] 动态权重：对于任意业务，假设其传输过程发生在时间片 t_1～时间片 t_2，记动态权重为 $W(R_n^{t_0,s},t),t_1 \leq t \leq t_2$。对于跨越多个时片的连续业务，网络控制面为业务投入的总资源量随着服务的进行逐时片递增，业务的动态权重也相应增加。动态权重在传输起始时刻的值 $W(R_n^{t_0,s},t_1)$ 即为业务原有的静态权重值。同时，定义每个业务在每个时间片 t 内应当获得的最大带宽为动态权重的有效门限 $\mathbb{D}(R_n^{t_0,s},t)$，业务的带宽申请值不应大于该有效门限值带宽。

3．动态权重的数学表达式

本节将基于网络服务原则推导动态权重的数学表达式。设某个动态权重为 $W_t,0 \leq t \leq T$ 业务在第 0 个～第 t 个时间片成功被网络传输，用 $\varDelta$ 表示时间片的长度并用 $B_t,0 \leq t \leq T$ 表示该业务的传输轨迹。根据动态权重单调递增的定义，得到推论 1。业务在最后一个时间片时的动态权重与带宽需求的乘积（业务在最后一个时间片的网络收益）等于业务的初始网络收益，得到推论 2。假设该业务还有另外一种不同的传输轨迹 B_t^*，对应的动态权重为 W_t^*，由于带宽分配过程的 Markov 性，在业务的累计被服务总量相同时，业务在同一时刻对应的网络收益与传输轨迹相独立，得到推论 3。

推论 1

$$W_0 \leq W_1 \leq W_2 \leq \cdots \leq W_T$$

推论 2

$$W_T B_T \varDelta = W_0 \sum_{t=0}^{T} B_T \varDelta$$

$$\text{s.t. } B_T \neq 0$$

推论 3

$$B_t^* W_x^* = B_x W_x \text{ if} \sum_{t=0}^{x-1} B_t^* = \sum_{t=0}^{x-1} B_t$$

$$\text{s.t. } 0 \leq x \leq T$$

根据推论 1～推论 3，可以找到一种满足条件的动态权重表达式，如式（7-8），并可证明其唯一性。

$$W_x = \frac{W_0}{B_x} \sum_{t=0}^{x-1} B_t + W_0, 0 \leqslant x \leqslant T \qquad (7\text{-}8)$$

证明　假设存在另一种动态权重的数学表达式，可用如下表达式表示。

$$W_x = (W_0 / B_x) \sum_{t=0}^{x-1} B_t + W_0 + g_x(B_1, B_2, \cdots, B_{x-1}, W_0)$$

其中，g_x 是服务历史与初始权重的函数。根据 Markov 性的隐含条件，如果 $B_1, B_2, \cdots, B_{x-1}$ 的和已知，那么 g_x 与 $B_1, B_2, \cdots, B_{x-1}$ 独立。因此，得到如下表达式。

$$g_x\left(B_1, B_2, \cdots, B_{x-1}, W_0 \mid \sum_{t=0}^{x-1} B_t\right) =$$

$$g_x\left(B_1, B_2, \cdots, B_{x-1}, W_0 \mid \sum_{t=0}^{x-1} B_t, \sum_{t=0}^{x-2} B_t, \sum_{t=0}^{x-3} B_t, \cdots, B_1\right) =$$

$$g_x\left(B_1, B_2, \cdots, B_{x-1}, W_0 \mid \sum_{t=0}^{x-1} B_t, B_1, B_2, \cdots, B_{x-1}\right) = g_x\left(\sum_{t=0}^{x-1} B_t, W_0\right)$$

与此同时，g_x 的表达式是与业务相独立的通用表达式，适用于任何业务。因此假设业务 i 与业务 j 具有相同的初始权重 W_0，其传输轨迹用 $B_t^i, 0 \leqslant t \leqslant T_i$ 和 $B_t^j, 0 \leqslant t \leqslant T_j$ 表示，并且 $T_i \neq T_j$，可以得到

$$g_x\left(\sum_{t=0}^{x-1} B_t^i, W_0\right) = g_x\left(\sum_{t=0}^{x-1} B_t^j, W_0\right), 0 \leqslant x \leqslant \min(T_i, T_j)$$

$$\text{s.t.} \sum_{t=0}^{x-1} B_t^i = \sum_{t=0}^{x-1} B_t^j$$

那么结合推论 2，可以得出

$$B_{T_0} \Delta g_T(B_1, B_2, \cdots, B_{T-1}, W_0) = 0$$

$$\text{s.t. } B_T \neq 0$$

$$\Rightarrow g_T(B_1, B_2, \cdots, B_{T-1}, W_0) = 0$$

由此，证明了式（7-8）的唯一性。

进一步推导有效门限的表达式。对于 BC 业务，每个时间片所需要的带宽是确定的，因此 BC 业务的有效门限满足式（7-9）。

$$\mathbb{D}(R_n^{t_0, s}, t) = D_n^{t_0, s} \qquad (7\text{-}9)$$

而对于 DC 业务，每个时间片的带宽需求取决于网络对于该业务传输需求的规

划，利用排队理论，最优的业务需求规划 $D_n^{t_0,s}(k), k \geq t$ 可以被求得。对于任意容量为 C 的网络链路，假设共有 x 个用户独立地使用该链路传输业务。进一步，用随机过程 $r_i(t), i = 1,2,\cdots,x$ 表示每个用户的带宽需求，假设每个用户在一段时间内是平稳的业务源，那么 $r_i(t)$ 是一个平稳的随机过程。将正在排队的业务的总业务量用 $Q(t)$ 表示，则其增量可以用 $\Delta Q(t) = \sum_{i=1}^{x} r_i(t) - C$ 表示。假设排队系统是稳定的排队系统，即每个链路对应的缓存不会一直处于溢出状态，即 $E[\Delta Q(t)] < 0$，则 $Q(t)$ 可以被表示为如式（7-10）所示的具有正漂移项的随机游走过程的最大值。

$$Q(t) = \max\left\{\sum_{t'=1}^{t} \Delta Q(t'), \sum_{t'=2}^{t} \Delta Q(t'), \cdots, \Delta Q(t), 0\right\} \quad （7\text{-}10）$$

根据随机游走理论，$Q(t)$ 的概率分布在 t 足够大时符合负指数分布，如式（7-11）所示。

$$Q(t) \sim \exp\left(\frac{\mathrm{Var}[\Delta Q(t)]}{2E[\Delta Q(t)]}\right) \text{as } t \to \infty \quad （7\text{-}11）$$

其中，$\mathrm{Var}[\Delta Q(t)]$ 与每个业务的带宽需求相关。假设业务流的到达间隔为 λ，业务持续时间为 μ，则在 $[1,T]$ 区间内共有 T/λ 个业务到达。将第 i 个业务的起始时间、持续时间、带宽需求以及数据体积表示为 $t_0(i), \mu_i, D_i(k), D_i$，则可以得到

$$\mathrm{Var}[\Delta Q(t)] = \sum_{i=1}^{x} \mathrm{Var}[r_i(t)] = \sum_{i=1}^{x} \lim_{T \to \infty} \sum_{t=1}^{T} r_i^2(t) - E[r_i]^2 = \sum_{i=1}^{x} \lim_{T \to \infty} \sum_{t=1}^{T/\lambda} \sum_{k=t_0(i)}^{t_0(i)+\mu_i} D_i(k)^2 - E[r_i]^2$$

$$（7\text{-}12）$$

通过最小化 $\mathrm{Var}[\Delta Q(t)]$ 从而最小化 $Q(t)$，对于每个业务流，进行以下优化。

$$\min \sum_{k=t_0(i)}^{t_0(i)+\mu_i} D_i(k)^2$$

$$\text{s.t.} \sum_{k=t_0(i)}^{t_0(i)+\mu_i} D_i(k) = D_i$$

求解结果为 $D_i(k) = D_i / \mu_i$。因此，对于每个 DC 业务 $R_n^{t_0,s}$，每个时间片的最优带宽需求规划结果如式（7-13）所示。

$$D_n^{t_0,s}(k) = \frac{\sum_{\tau=t_0}^{t_0+T_n^{t_0,s}} D_n^{t_0,s}(\tau) - \sum_{\tau=t_0}^{t-1} B_n^{t_0,s}(\tau)}{T_n^{t_0,s} - (t-1)}, k \geq t \quad （7\text{-}13）$$

因此，DC 业务的动态权重有效门限为

$$\mathbb{D}(R_n^{t_0,s},t) = \frac{\sum_{\tau=t_0}^{t_0+T_n^{t_0,s}} D_n^{t_0,s}(\tau) - \sum_{\tau=t_0}^{t-1} B_n^{t_0,s}(\tau)}{T_n^{t_0,s}-(t-1)} \qquad （7-14）$$

根据式（7-8）、式（7-9）、式（7-14），业务 $R_n^{t_0,s}$ 在时间片 t 时的动态权重的完整表达式如式（7-15）所示。

$$W(R_n^{t_0,s},t) = W_0^{t_0,s}\left(\frac{\sum_{t=0}^{x-1} B_n^{t_0,s}(x)}{D_n^{t_0,s}(t)}+1\right)U(\mathbb{D}(R_n^{t_0,s},t)-B_n^{t_0,s}(t)) \qquad （7-15）$$

4. 动态权重的效果

动态权重引入记忆性如图 7-12 所示。对于使用静态权重的 QoS 策略，每个时间片的带宽分配结果 B_1、B_2、B_3 只取决于当前时刻的 QoS 需求 R_1、R_2、R_3，其带宽分配过程并未考虑网络的早期投入。在重负载下，仅使用静态权重无法识别已被服务较长时间的业务和新到达的业务，结果导致长时业务难得到连续的 QoS 保障。使用动态权重后，带宽分配过程可看作网络状态的转移。由式（7-15）可知，基于动态权重的带宽分配过程具有 Markov 性。

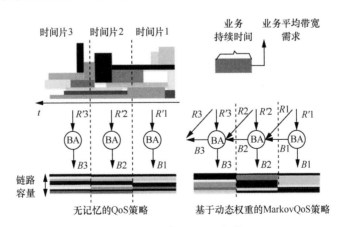

图 7-12　动态权重引入记忆性

下面对动态权重的效果进行解释说明，仍然以图 7-11 为例，当业务 A 和业务 B 在第 0 个时间片内到达时，其动态权重分别为 $W(A,0)=2$ 和 $W(B,0)=3$。由于有效门限与剩余传输时间成反比，此时动态权重对应的有效门限为 $\mathbb{D}(A,0)=C$、$\mathbb{D}(B,0)=0.5C$。因此在第 1 个时间片内服务业务 A 获取的服务收益为 $2\times C\times 1=2C$，而服务业务 B 获取的服务收益为 $3\times 0.5C\times 1=1.5C$。最终，业务 A 将先于业务 B 被服务。

当业务 A 已经被服务了 8 个时间片之后，业务 A 的动态权重变为 $W(A,8)=18$，因此业务 A 不会被动态权重为 $W(C,8)=3$ 的业务 C 中断。假设业务 C 的初始权重为 20，则业务 C 可以中断业务 A。该过程的物理含义为，当业务 C 为网络带来的收益足以弥补中断业务 A 所导致的业务 A 已被服务部分被丢弃的损失时，可以中断正在被服务的业务 A。这也表明基于动态权重的 QoS 保障并不一定对所有业务都服务到底，而是允许资源紧张的情况下动态权重更高的业务优先获得资源。

动态权重有效门限的设计体现了对于 DC 业务的精细化管控，当业务获取的带宽超过动态权重有效门限值之后，该业务无法继续利用动态权重进行带宽资源的竞争。这样的设计可以避免 DC 业务不受控地进行尽力而为的带宽申请，避免导致网络拥塞下 QoS 约束更紧的业务无法获取足够的带宽。

7.3.1.4　基于动态权重的服务收益优化 DWOBA 问题

基于动态权重，在线服务收益的定义如下。

[定义 7-2]　服务收益：对于网络拓扑 $N_G=(V,E)$ 的一般网络，服务收益为每个时间片网络所创造的平均价值。假设业务流 $R_n^{t_0,s}$ 的业务动态权重和带宽需求为 $W(R_n^{t_0,s},t)$ 和 $D_n^{t_0,s}(t)$，那么网络在时间片 t 的服务收益 $\text{SP}(t)$ 的表达式如式（7-16）所示。其中，函数 F 用于检验业务的传输过程是否产生收益或产生潜在的收益，其表达式为式（7-17）和式（7-18）。

$$\text{SP}(t)=\sum_{t_0=0}^{t}\sum_{s=1}^{|S|}\sum_{n=1}^{N(t_0,s)}(W(R_n^{t_0,s},t)D_n^{t_0,s}(t)F(R_n^{t_0,s},t)) \quad （7\text{-}16）$$

$$F_{\text{DC}}(R_n^{t_0,s},t)=U(T_n^{t_0,s}-t)U(B_n^{t_0,s}(t)-D_n^{t_0,s}(t)) \quad （7\text{-}17）$$

$$F_{\text{BC}}(R_n^{t_0,s},t)=\prod_{k=t_0}^{t}U(B_n^{t_0,s}(k)-D_n^{t_0,s}(k)) \quad （7\text{-}18）$$

为达到最大化网络服务收益的优化目标，将用于传输业务的可用路径集合缩小至 M 条"最短"路径（例如最小跳数的路径），则式（7-7）被改写为式（7-19）。

$$\sum_{m=1}^{M} X_{n,m}^{t_0,s}(t) = B_n^{t_0,s}(t) \qquad （7-19）$$

根据式（7-15）、式（7-17）、式（7-18）、式（7-19）可知，网络的服务收益如下。

$$\text{SP}(t) = \text{SP}(X_{n,m}^{t_0,s}(t)) = \sum_{t_0=0}^{t} \sum_{s=1}^{|S|} \sum_{n=1}^{N(t_0,s)} \left(W_n^{t_0,s} \sum_{\tau=0}^{t-1} \sum_{m=1}^{M} X_{n,m}^{t_0,s}(\tau) + W_0^{t_0,s} F(R_n^{t_0,s},t) \right) \qquad （7-20）$$

结合服务收益的定义，基于动态权重的带宽分配问题可以被描述为

$$\max \text{SP}(t) = \text{SP}(X_{n,m}^{t_0,s}(t))$$

$$\text{s.t.} \ \ \text{C1:} \ \sum_{m=1}^{M} X_{n,m}^{t_0,s}(t) \leqslant \mathbb{D}(R_n^{t_0,s},t)$$

$$\text{C2:} \ \sum_{t_0=0}^{t} \sum_{s=1}^{|S|} \sum_{n=1}^{N(t_0,s)} \sum_{m|e \in P_s(m)} X_{n,m}^{t_0,s}(t) \leqslant C_e$$

$$\text{C3:} \ X_{n,m}^{t_0,s}(t) \geqslant 0$$

其中，门限约束使得业务获取的带宽不超过动态权重有效门限，链路容量约束使得链路承担的业务量不超过链路可用容量。考虑到 MPSP 问题和 DWOBA 问题均是 NP 困难的非线性优化问题，通过使用动态权重，相对于 MPSP 问题，DWOBA 问题的规模从 φ_1 降到了 φ_2，降低的倍数为 $\varphi_1 / \varphi_2 \approx \text{TE}(T_n^{t0,s}) \geqslant (E(T_n^{t_0,s}))^2$。后文仿真实验将进一步验证，与 MPSP 问题解相比，在线求解的 DWOBA 问题解具有约 30% 的服务收益损失。

$$\begin{cases} \varphi_1 = M \sum_{t_0=1}^{T} \sum_{s=1}^{|S|} \sum_{n=1}^{N(t_0,s)} T_n^{t_0,s} \\ \varphi_2 = M \sum_{t_0=1}^{t} \sum_{s=1}^{|S|} \sum_{n=1}^{N(t_0,s)} U(t_0 + T_n^{t_0,s} - t) \end{cases} \qquad （7-21）$$

从 MPSP 问题向 DWOBA 问题的转化是将大规模问题化简为若干小规模问题的过程。MPSP 问题考虑 T 个时间片的联合优化，则相应的 DWOBA 问题为 T 个考虑单个时间片的优化子问题。由于 MPSP 问题和 DWOBA 问题均为 NP 困难问题，运算复杂度随问题规模增加，呈现超多项式关系。DWOBA 问题规模降低的系数为 $\varphi_1 / \varphi_2 \approx \text{TE}(T_n^{t_0,s}) > T$，因此，相对于 MPSP 问题，DWOBA 问题的运算复杂度至少

为时间片数目 T 的指数量级的降低，即，DWOBA 问题的总复杂度至少为对应 MPSP 问题复杂度的 $1/T^r, r > 1$。

7.3.1.5 半中心式 DWOBA 问题

本节将 DWOBA 问题进一步分解，以便于在边缘节点（如用户站或具有代理控制能力的在轨卫星等）进行并行计算，加快整体运算速度。问题分解的核心思想是业务流聚合，即将具有相同源–目的节点对的业务聚合成同一业务组。假设分配给源–目的节点对 s 间的业务被聚合成的业务组的带宽如式（7-22）所示，即，业务组所获得的总带宽为

$$Y_m^s(t) = \sum_{t_0=0}^{t} \sum_{n=1}^{N(t_0,s)} X_{n,m}^{t_0,s}(t) \tag{7-22}$$

基于这种聚合方式，DWOBA 问题可以被等效地表示为

$$\max \sum_{s=1}^{|S|} H_t^s \left(\sum_{m=1}^{M} Y_m^s(t) \right)$$

$$\text{s.t. } \text{C1: } H_t^s \left(\sum_{m=1}^{M} Y_m^s(t) \right) = \max_{\text{cond1}} \sum_{t_0=0}^{t} \sum_{n=1}^{N(t_0,s)} (W(R_n^{t_0,s},t) D_n^{t_0,s}(t) F(R_n^{t_0,s},t))$$

$$\text{C2: } \text{cond1}: X_{n,m}^{t_0,s}(t) \mid Y_m^s(t) = \sum_{t_0=0}^{t} \sum_{n=1}^{N(t_0,s)} X_{n,m}^{t_0,s}(t)$$

$$\text{C3: } \sum_{m=1}^{M} Y_m^s(t) \leqslant \sum_{t_0=0}^{t} \sum_{n=1}^{N(t_0,s)} \mathbb{D}(R_n^{t_0,s},t)$$

$$\text{C4: } \sum_{m=1}^{M} X_{n,m}^{t_0,s}(t) \leqslant \mathbb{D}(R_n^{t_0,s},t)$$

$$\text{C5: } \sum_{s=1}^{|S|} \sum_{m \mid e \in P_s(m)} Y_m^s(t) \leqslant C_e$$

$$\text{C6: } Y_m^s(t), X_{n,m}^{t_0,s}(t) \geqslant 0$$

$$\text{C7: } Y_m^s(t) = \sum_{t_0=0}^{t} \sum_{n=1}^{N(t_0,s)} X_{n,m}^{t_0,s}(t)$$

经过等价变换，DWOBA 问题可以被分解为两步优化的半中心式 DWOBA 问题，其中第一步优化子问题为

$$H_t^s(\sum_{m=1}^{M} Y_m^s(t)) = \max_{\text{cond1}} \sum_{t_0=0}^{t} \sum_{n=1}^{N(t_0,s)} (W(R_n^{t_0,s},t)D_n^{t_0,s}(t)F(R_n^{t_0,s},t))$$

s.t. C1: $\text{cond1}: X_{n,m}^{t_0,s}(t) \,|\, Y_m^s(t) = \sum_{t_0=0}^{t} \sum_{n=1}^{N(t_0,s)} X_{n,m}^{t_0,s}(t)$

C2: $\sum_{m=1}^{M} X_{n,m}^{t_0,s}(t) \leqslant \mathbb{D}(R_n^{t_0,s},t)$

C3: $X_{n,m}^{t_0,s}(t) \geqslant 0$

第二步优化子问题为

$$\max \sum_{s=1}^{|S|} H_t^s(\sum_{m=1}^{M} Y_m^s(t))$$

s.t. C1: $\sum_{m=1}^{M} Y_m^s(t) \leqslant \sum_{t_0=0}^{t} \sum_{n=1}^{N(t_0,s)} \mathbb{D}(R_n^{t_0,s},t)$

C2: $\sum_{s=1}^{|S|} \sum_{m|e\in P_s(m)} Y_m^s(t) \leqslant C_e$

C3: $Y_m^s(t) \geqslant 0$

进一步地，对问题分解的等价性进行证明。

证明：为证明等价性，需要证明半中心式 DWOBA 问题的最优解也是 DWOBA 问题的最优解。假设第二步优化子问题的最优解是 $\omega_m^s(t)$，并且与之对应的细颗粒度业务带宽分配结果为 $\varphi_{n,m}^{t_0,s}(t)$，并有 $\omega_m^s(t) = \sum_{t_0=0}^{t} \sum_{n=1}^{N(t_0,s)} \varphi_{n,m}^{t_0,s}(t)$。假设 $\varphi_{n,m}^{t_0,s}(t)$ 和 $\omega_m^s(t)$ 所对应的可行域分别为 Ω_X 和 Ω_Y，则

$$\sum_{s=1}^{|S|} H_t^s\left(\sum_{m=1}^{M} \omega_m^s(t)\right) \geqslant \sum_{s=1}^{|S|} H_t^s\left(\sum_{m=1}^{M} Y_m^s(t)\right) \text{for} \forall Y_m^s(t) \in \Omega_Y$$

根据 H_t^s 的定义，可得

$$\text{SP}(\varphi_{n,m}^{t_0,s}(t)) \geqslant \text{SP}(X_{n,m}^{t_0,s}(t)) \text{ for} \forall X_{n,m}^{t_0,s}(t) \text{ 满足：}$$

$$\text{cond2}: \sum_{t_0=0}^{t} \sum_{n=1}^{N(t_0,s)} X_{n,m}^{t_0,s}(t) = Y_m^s(t) \text{ and } Y_m^s(t) \in \Omega_Y$$

进一步地，得到 $\Omega_X = \Omega_{X1} \bigcap \Omega_{X2}$ 其中，Ω_{X1} 和 Ω_{X2} 满足

$$\Omega_{X1} = \{X_{n,m}^{t_0,s}(t) \mid \sum_{m=1}^{M} X_{n,m}^{t_0,s}(t) \leqslant D_n^{t_0,s}(t), X_{n,m}^{t_0,s}(t) \geqslant 0\}$$

$$\Omega_{X2} = \{X_{n,m}^{t_0,s}(t) \mid \sum_{m=1}^{M} Y_m^s(t) \leqslant \sum_{t_0=0}^{t} \sum_{n=1}^{N(t_0,s)} D_n^{t_0,s}(t),$$

$$\sum_{s=1}^{|S|} \sum_{m|e \in P_s(m)} Y_m^s(t) \leqslant C_e, \sum_{t_0=0}^{t} \sum_{n=1}^{N(t_0,s)} X_{n,m}^{t_0,s}(t) \geqslant 0\}$$

半中心式 DWOBA 与原始 DWOBA 的可行域相同，因此 $\varphi_{n,m}^{t_0,s}(t)$ 也是半中心式 DWOBA 问题的最优解，等价性被证明。

接下来，对半中心式 DWOBA 的带宽分配过程和相关算法进行介绍。

1. 半中心式 DWOBA 的带宽分配流程

半中心式 DWOBA 的带宽分配如图 7-13 所示。主要包含 3 个步骤，具体如下。

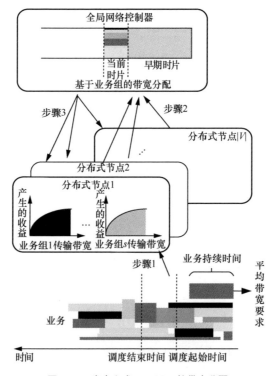

图 7-13　半中心式 DWOBA 的带宽分配

步骤 1：在每个时间片 t 的起始时刻，所有正在传输或准备传输的业务带宽需求被该业务所在的网络边缘节点收集。随后，所有具有相同源-目的节点对的业务通过求解第一步优化子问题，被聚合为一个业务组 FG^s。在网络边缘节点并行求解第一步优化子问题，得到分配给每个业务组的总带宽和可能取得的最大服务收益。

步骤 2：步骤 1 的计算结果被 SDSCN 运控中心控制器收集。之后，在运控中心求解第二步优化子问题，得到分配给每个业务组的总带宽。

步骤 3：边缘节点获得了被分配的带宽，在步骤 1 记录的结果中查找，获得在这种总体带宽下，每个业务的带宽分配，并配置和告知每个本地用户带宽分配结果。

2. 边缘节点使用算法

边缘节点负责求解半中心式 DWOBA 问题的第一步优化子问题。令 $\alpha_n^{t_0,s}(t)$ 统一表示 DC 业务与 BC 业务的有效性函数，具体如下。

$$\alpha_n^{t_0,s}(t)=\begin{cases}F_{\mathrm{DC}}(R_n^{t_0,s},t), & R_n^{t_0,s}\text{是DC业务}\\ F_{\mathrm{BC}}(R_n^{t_0,s},t), & R_n^{t_0,s}\text{是BC业务}\end{cases}\qquad(7\text{-}23)$$

其中，$v_n^{t_0,s}(t)=W(R_n^{t_0,s},t)D_n^{t_0,s}(t)$，$w_n^{t_0,s}(t)=D_n^{t_0,s}(t)$。DWOBA 问题第一步优化子问题可以被重新表述为

$$H_t^s(\sum_{m=1}^M Y_m^s(t))=\max_{\mathrm{cond1}}\sum_{t_0=0}^t\sum_{n=1}^{N(t_0,s)}(v_n^{t_0,s}(t)\alpha_n^{t_0,s}(t))$$

$$\text{s.t. C1: } \mathrm{cond1}:X_{n,m}^{t_0,s}(t)\,|\,Y_m^s(t)=\sum_{t_0=0}^t\sum_{n=1}^{N(t_0,s)}X_{n,m}^{t_0,s}(t)\qquad(7\text{-}24)$$

$$\text{C2: } \sum_{m=1}^M X_{n,m}^{t_0,s}(t)\leqslant w_n^{t_0,s}(t)$$

$$\text{C3: } X_{n,m}^{t_0,s}(t)\geqslant 0$$

该表达形式等效于 0-1 背包问题，因此可以使用解决 0-1 背包问题常用的基于动态规划的方法[38]来求解，分布式节点算法如算法 7-1 所示。

算法 7-1　分布式节点算法

Step1：输入：$W(R_n^{t_0,s},t),D_n^{t_0,s}(t),\beta,N(t_0,s)$

Step2：for s from 1 to S do

Step3： for t_0 from 0 to t do

Step4： for n from 1 to $N(t_0,s)$ do

Step5： $v_n^{t_0,s} \leftarrow W(R_n^{t_0,s},t)D_n^{t_0,s}(t)$

Step6： $w_n^{t_0,s} \leftarrow D_n^{t_0,s}(t)$

Step7： $M(t_0,s) \leftarrow \left\lceil \beta^{-1} \sum\limits_{t_0=0}^{t} \sum\limits_{n=1}^{N(t_0,s)} w_n^{t_0,s} \right\rceil$

Step8： $\theta \leftarrow N(t_0,s) \times M(t_0,s)$

Step9： end for

Step10： end for

Step11： end for

Step12： for n from 1 to $N(t_0,s)$ do

Step13： for m from 1 to $M(t_0,s)$ do

Step14： if $w_n^{t_0,s} > m\theta$ then

Step15： $\theta_{n,m} \leftarrow \theta_{n-1,m}$

Step16： else

Step17： $\delta \leftarrow \left\lceil \beta^{-1} w_n^{t_0,s} \right\rceil$

Step18： $\theta_{n,m} \leftarrow \max(\theta_{n-1,m}, \theta_{n-1,m-\delta} + v_n^{t_0,s})$

Step19： end if

Step20： 记录与 $\theta_{n,m}$ 相对应的业务为业务集合 $R_{n,m}$

Step21： end for

Step22： end for

Step23： $H_t^s(m\beta) \leftarrow \theta_{N(t_0,s),m}$

Step24： $R_{\text{accept}}(m\beta) \leftarrow R_{N(t_0,s),m}$

Step25： 输出： $H_t^s(m\beta), R_{\text{accept}}(m\beta)$

---

3. 全局控制器使用算法

在边缘节点执行完算法 7-1 并将求解结果上传至运控中心后，运控中心开始进行全局带宽分配。然而，在一些情况下，业务当前时刻的带宽可能无法用尽当前时刻的链路容量。举例说明，假设某一 DC 业务根据式（7-14）在 t 时间片内的带宽需求为 10 MB，并且该业务还有 100 MB 待传输数据在缓存中。在全局带宽分配之后，该业务所使用的链路还有 50 MB 的带宽剩余，则剩余带宽可以用来提前传输缓存中的 DC 业务数据。剩余链路容量的更新过程如式（7-25）所示。

$$C_e \leftarrow C_e - \sum_{s=1}^{|S|} \sum_{m|e \in P_s(m)} Y_m^s(t) \qquad (7\text{-}25)$$

带宽分配的过程会继续根据下一时间片的带宽需求以及剩余链路容量进行重复迭代。迭代过程在链路容量被用尽或缓存中的所有数据均被传输后结束。

基于剩余链路容量的更新过程，求解半中心式 DWOBA 问题的第二步优化子问题。该问题的可行域被线性约束条件所约束，为凸区域。当 $N(t_0,s)$ 较大时，H_t^s 均可近似为凸函数，因此优化问题的目标函数 $\sum_{s=1}^{|S|} H_t^s\left(\sum_{m=1}^{M} Y_m^s(t)\right)$ 一般也为凸函数。又由于可行域本身是凸区域，第二步优化问题在一般网络中为凸优化问题，可以选取适用于复杂可行域的 GLP 梯度投影方法[40]作为求解全局带宽分配结果的基本方法。

GLP 投影方法的基本思想在于从起始点出发，在可行域内沿着梯度方向或沿着可行域表面的梯度投影方向进行移动，直到得到最优解。

假设所有的约束条件表示为

$$g_v(Y_m^s(t)) \leqslant 0, v \in \Omega_v = \{1,2,3,\cdots,|E|+|P|+|S||P|\} \qquad (7\text{-}26)$$

当优化变量到达约束条件集合的边界时，相应的约束条件可以被表示为

$$g_{v_1}(Y_m^s(t))=0 \qquad (7\text{-}27)$$

完整算法运行流程请见算法 7-2 与算法 7-3，其中 ε 作为精度参数影响算法迭代次数，f 函数则代表第二步优化子问题的目标函数。

算法 7-2　全局网络控制器算法

Step1：输入：$N_G, H_k^s, C_e, \varepsilon, M, |S|$

Step2：$\tau \leftarrow t$

Step3：$V \leftarrow$ 全零向量

Step4： $Y_m^s(k) \leftarrow 0, k \geqslant t$

Step5： while V 具有非零元素 do

Step6： $Y_m^s(\tau) = A2(N_G, H_\tau^s, C_e, M, |S|)$

Step7： $C_e \leftarrow C_e - \sum\limits_{s=1}^{|S|} \sum\limits_{m|e \in P_s(m)} Y_m^s(\tau)$

Step8： for S from 1 to $|S|$ do

Step9： if $\sum\limits_{m=1}^{M} \min\limits_{e|e \in P_s(m)} C_e < \varepsilon$

Step10： $V(s) \leftarrow 1$

Step11： $\tau = \tau + 1$

Step12： end for

Step13： end while

Step14： 输出： $Y_m^s(k), k \geqslant t$

算法 7-3　基于梯度投影的子算法

Step1： 输入： $N_G, H_k^s, C_e, \varepsilon, M, |S|$

Step2： 设置精度参数 $\varepsilon_1, \varepsilon_2, \varepsilon_3, \beta_2 > 0, \sigma, \gamma \in (0,1)$

Step3： $\pi \leftarrow 1*(|E|+|P|)$ 0 vector

Step4： $Y_m^s(\tau) \leftarrow 0$

Step5： 设置 v_1 为空集 $\varnothing$

Step6： for $e*$ from 1 to $|E|$ do

Step7： if $C_e - \sum\limits_{s=1}^{|S|} \sum\limits_{m|e \in P_s(m)} Y_m^s(\tau) < \varepsilon_1$ then

Step8： 将 $e*$ 加入到集合 v_1 中

Step9： end if

Step10： end for

Step11： for $m*$ from $|E|$ to $|E|+|P|$

Step12： if $\sum\limits_{t_0=0}^{\tau} \sum\limits_{n=1}^{N(t_0,s)} D_n^{t_0,s}(\tau) - \sum\limits_{m=1}^{M} Y_m^s(\tau) < \varepsilon_2$ then

Step13： 将 $m*$ 加入到集合 v_1 中

Step14：　　　end if

Step15：end for

Step16：$Q = I - \nabla g_{v_1} ((\nabla g_{v_1})^T \nabla g_{v_1})^{-1} (\nabla g_{v_1})^T$

Step17：$s = -Q \nabla H_\tau (Y_m^s(\tau)) \left\| Q \nabla f(Y_m^s(\tau)) \right\|^{-1}$

Step18：while $\left\| Q \nabla f(Y_m^s(\tau)) \right\| \leqslant \varepsilon_3$　do

Step19：　　　A 包含所有满足 $g_v(Y_m^s(\tau) + \beta \gamma^a s) \leqslant 0$ 的正整数 a

Step20：　　　令 a_{opt} 是 A 中最大的满足 $f(Y_m^s(\tau) + a_{\text{opt}} s) \geqslant f(Y_m^s(\tau) + as)$ 的元素

Step21：　　　$Y_m^s(\tau) \leftarrow Y_m^s(\tau) + a_{\text{opt}} s$

Step22：输出：$Y_m^s(\tau)$

4. 时间性能对比分析

原始的 MPSP 问题是 NP 困难问题，其运算复杂度为

$$O(\varphi_1^\alpha) = O((|S|T\bar{N})^\alpha) = O(|V|^{2\alpha} T^\alpha \bar{N}^\alpha), \alpha > 2 \qquad (7\text{-}28)$$

其中，$\bar{N} = E\left\{ T^{-1} \sum_{t_0=1}^{T} \sum_{n=1}^{N(t_0,s)} T_n^{t_0,s} \right\}$ 表示业务在每个时间片内正在传输业务数目的平均值，T 为时间片数目。根据参考文献[40]给出的结果，TEMPUS 方法的运算复杂度为 $O[\ln(mTK)(X_r + K)/\varepsilon^2]$。其中 m, T, K 表示网络链路数目、时间片数目和正在传输的业务数目。

为了使得对比更加明显，用 $c|V|^2$（c 为常数，与网络拓扑节点的度有关）代替 m，同时用 $|S|\bar{N} = 0.5|V|(|V|-1)\bar{N} \approx 0.5|V|^2 \bar{N}$ 代替 K，经过代换，TEMPUS 算法的复杂度为 $O[\ln(c|V|^4 T\bar{N})(X_r + 0.5|V|^2 \bar{N})/\varepsilon^2]$。

进一步地，推导注水法[2]的运算复杂度。假设一共有 M 条路径可供每个业务选择，链路 i 的注水过程复杂度可以用 $O(c_i/(\theta\sigma_i))$ 表示，其中 c_i 表示链路在上一条链路饱和后的剩余带宽，θ 表示分配颗粒度，σ_i（$E\{\sigma_i\} = M|S|/|E|$）表示链路上正在传输的业务组数目。那么注水法的运算复杂度满足

$$O\left(\sum_{i=1}^{|E|} \frac{c_i}{\Delta\sigma_i} \right) \geqslant O\left(|E|^2 / \sum_{i=1}^{|E|} \frac{\theta\sigma_i}{c_i} \right) \geqslant O\left(|E|^2 / (M|S|) \right) = O\left(|V|^2 \right)$$

B4[2]所使用的业务聚合方法未给出。Log-Competitive 算法的运算复杂度可表示

为 $O(|E|Tk_max) = O(|V|^2 Tk_{\max})^{[38]}$，其中 $k_{\max}$ 表示网络中的业务所需要遍历的最大网元数目。半中心式 DWOBA 算法的运算复杂度分为两部分，在分布式节点的算法 7-1 的运算复杂度 $O(M(t_0,s)N(t_0,s)) = O(M(t_0,s)|\bar{N}|)$，而在全局网络控制器的算法 7-2 的运算复杂度 $O(|S|^2) = O(|V|^4)$。

复杂度分析结果见表 7-1，对比表明，相比于其他 3 种不采用业务聚合的方法，注水法和半中心式 DWOBA 算法在全局网络控制器的运算复杂度得到了明显降低，不再与 $\bar{N}$ 相关。考虑到网络繁忙时 $\bar{N}$ 的取值一般远大于网络节点数目，因此注水法和半中心式 DWOBA 算法可以大大缓解运控中心控制器的计算压力，在同等算力水平下使得网络具有更短的响应时间，从而更好地支持实时业务。

表 7-1　复杂度分析结果

算法	全局网络控制器运算复杂度
MPSP 问题离线求解	$O(|V|^{2\alpha} T^\alpha \bar{N}^\alpha), \alpha > 2$
TEMPUS 算法	$O(\ln(c|V|^4 T\bar{N})(X_r + 0.5|V|^2 \bar{N}) / \varepsilon^2)$
注水法	$O(|V|^2)$
Log-Competitive 算法	$O(|V|^2 Tk_{\max})$
半中心式 DWOBA 算法	$O(|V|^4)$

7.3.1.6　仿真实验

1. 单链路仿真实验

首先进行单链路场景下的仿真实验。在该场景下，业务的初始动态权重被设置为 1，此时网络的服务收益等于有效业务的传输速率。每个用户可以产生两种到达过程的业务：符合轻尾分布的泊松过程和符合重尾分布的 ON-OFF 过程。泊松过程中，每个用户的业务平均到达间隔时间为 100 个时间片。ON-OFF 过程的 ON 和 OFF 时间均符合 α =1.5 且平均值为 3.7 k 的帕累托分布，在 ON 区间内，业务到达符合 λ =0.01 timestep^{-1} 的泊松过程，每个业务的平均带宽需求符合均值为 10 的负指数分布，业务持续时间符合均值为 100 个时间片的负指数分布。

仿真实验基于 50 个独立的网络用户和 4 个具体场景：① 所有业务流都是 DC 业务且符合轻尾分布的泊松过程；② 所有业务流都是 DC 业务且符合重尾分布的

ON-OFF 过程；③ 所有业务流都是 BC 业务且符合轻尾分布的泊松过程；④ 所有
业务流都是 BC 业务且符合重尾分布的 ON-OFF 过程。单链路场景下归一化服务收
益性能仿真结果（针对 10^6 个时间片进行仿真实验）如图 7-14 所示，其中横坐标为
业务负载，表示平均总业务速率与链路容量的比值，纵坐标为单链路平均每个时间
片取得的归一化服务收益，其中归一化系数为链路容量。

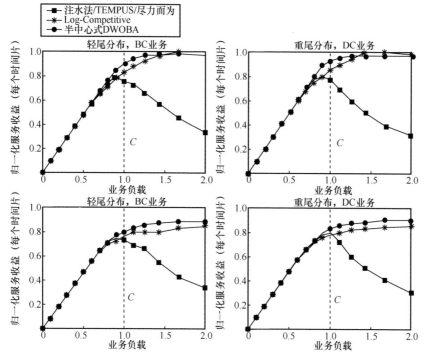

图 7-14　单链路场景下归一化服务收益性能仿真结果（针对 10^6 个时间片进行仿真实验）

仿真结果表明，对于无记忆的带宽分配算法（注水法、TEMPUS 和尽力而为算
法），在业务负载为 1.0 左右时达到最大服务收益，之后随着业务负载进一步增加
而明显下降。这表明，当平均业务到达速率小于链路容量且瞬时业务到达速率存在
不同程度的涨落变化时，无记忆的带宽分配算法能够较好地将业务填入到链路中。
但是，由于带宽分配缺少记忆性，在服务过程中，对所有业务都有可能无法满足带
宽需求。因此，随着业务负载的增加，网络越来越难以保证在规定的时间范围内业
务获取需要的带宽，因此网络的服务收益随之下降。

对于有记忆的带宽分配方法，如半中心式 DWOBA 算法和 Log-Competitive 算法，在重负载下服务收益近似饱和，但服务收益不会随业务负载增加而降低。这一结果出现的原因在于，执行半中心式 DWOBA 算法的网络可以根据动态权重了解业务的历史 QoS 保障信息，相比于新到达业务，网络更倾向为已有业务提供连续的、一致的服务。因此，即使在网络负载很重的情况下，部分业务也能得到全生命周期内的连续 QoS 保障，运营商也能从中获得收益。而使用 Log-Competitive 算法的网络则将已接纳的业务服务到底，在这种场景下也能提供连续 QoS 保障。

2. **网络仿真实验**

为了进一步对比不同方法的服务收益，选取 3 个网络拓扑进行第 2 个仿真实验，分别如图 7-15～图 7-17 所示。其中，横坐标表示每个节点对的业务传输速率，纵坐标为服务收益。服务收益定义为当前时间片满足 QoS 需求的业务的动态权重乘以其在该时间片内被允许传输的 bit 数。对于每一个源-目的节点对，共有 50 个独立用户同时产生业务。每个用户的业务到达过程与第一个仿真实验中的 ON-OFF 过程相同，并且每个业务的初始权重仍然为 1。当网络运行时，使用业务负载系数来调整每个源-目的节点对间的业务总负载。随着业务负载系数的增加，网络的业务负载不断上升，从而可以对不同负载下网络的服务收益变化进行观测。网络链路容量设置为 C，随着每个源-目的节点对间的数据传输速率从 $0.1C$ 上升到 $1C$，离线求解的 MPSP 问题能够得到理论最优收益。

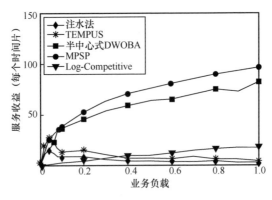

图 7-15　网络场景 1 下服务收益性能仿真结果

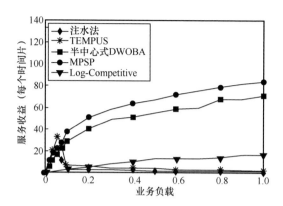

图 7-16　网络场景 2 下服务收益性能仿真结果

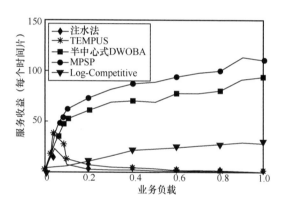

图 7-17　网络场景 3 下服务收益性能仿真结果

仿真实验的结果表明，随着网络负载增加，注水法和 TEMPUS 算法的服务收益在低负载时饱和并下降，虽然大量的带宽被用于数据传输，但只有少部分业务的 QoS 需求被满足。TEMPUS 算法的服务收益下降的主要原因在于其更多地考虑公平性，要求网络拥塞时所有业务应当公平地被"部分服务"，自然不能满足 QoS 需求。随着网络负载强度的增加，为维持公平性，满足 QoS 需求的业务越来越少，网络服务收益也因此不断下降。在网络仿真实验中，Log-Competitive 算法的服务效能要远低于单链路仿真实验，其主要原因是算法在接纳大带宽业务后，会剥夺所有与其路径有任意重叠的新业务的传输机会。而 DWOBA 算法以全网收益最大化为优化目标，若新业务的单时片收益高于老业务的历史累加收益时，可以放弃对老业务的服务，因此，DWOBA 算法能在不同网络场景下实现效益最优。

7.3.2　软件定义卫星通信网络星载可编程多协议数据面

如 7.2.3 节所述，现有的 P4 和 POF 可编程数据面尚无法满足 SDSCN 数据链路层异构协议共存的应用场景。如果为每个链路层协议栈配置一套专用的交换资源，会浪费星上宝贵的处理资源。所以我们需要研究多协议栈处理资源动态复用的低复杂度星载可编程交换架构。

本节介绍了作者及科研团队提出的一种 SDSCN 数据面星载可编程多协议处理交换架构，被称为异构分组交换架构（HISA），具体贡献如下。

① 阐明了制约现有交换架构效率的主要原因：分组交换串行解析限制了异构分组的解析速率，不同协议匹配字段之间的语义歧义阻碍了处理资源的统计复用。

② 设计了快速异构数据报解析结构，实现了不同协议报文的高速解析。

③ 设计了一种共享流水线结构，实现了不同协议报文处理资源的灵活复用。

④ 对异构网络有良好的适应性，并支持交换机行为的在线配置，利于网络技术创新与迭代升级。

本节首先分析了现有分组交换架构的不足。之后，重点介绍 HISA 快速解析和共享流水线处理结构。最后，通过具体使用案例给出数值评估分析结果。需要说明的是，本节中的"同构"和"异构"分别指协议栈的同构和异构。

7.3.2.1　现有问题分析

数据面一般包含入口线卡、交换核心以及出口线卡共 3 部分。由于出口线卡通常与入口线卡的配置一致，为简单起见，下文仅以入口线卡为例进行分析。

现有分组交换架构及 SDSCN 的异构协议转发场景如图 7-18 所示。固定交换架构以传统以太网交换机和 OpenFlow 交换机为典型代表。需要注意的是，虽然 OpenFlow 交换机提供了开放的控制接口，但支持的网络协议仍然受限，功能相对固化，仍然属于固定的交换架构，如图 7-18（a）所示。固定分组交换架构一般由一个解析器和多个处理模块组成。其中解析器映射特定协议的解析图，逐层识别和提取包头，而处理模块执行专用的处理动作（例如，VLAN 标签、L2 层交换、L3 层路由等）。固定交换架构处理功能相对固定，无法动态部署新的匹配字段或配置新的处理动作。

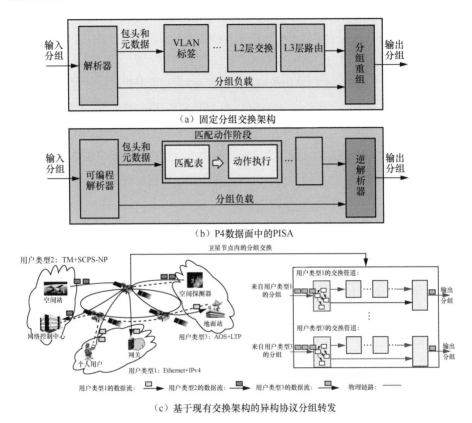

（a）固定分组交换架构

（b）P4数据面中的PISA

（c）基于现有交换架构的异构协议分组转发

图 7-18　现有分组交换架构及 SDSCN 的异构协议转发场景

　　P4 的数据面交换架构为协议独立交换架构（Protocol Independent Switch Architecture，PISA）[41]，如图 7-18（b）所示。PISA 由一个可编程解析器、多个匹配动作阶段和一个逆解析器（按序重组数据包）组成。PISA 中的解析逻辑和匹配动作可以重新编译以支持新的协议或服务。基于 P4 高级语言，用户可以对报文处理行为进行编程。另一典型的可编程交换技术是 POF，POF 提出了一套简洁的独立于协议的指令，被称为流指令集[42]。面向流指令集编写的程序可以编译到交换机中来配置数据包处理。POF 的协议独立性是通过匹配字段的二元组抽象实现的，即

<offset,length>指针元组，其中 offset 和 length 分别指定字段偏移量和字段长度。相比基于固定架构的数据面，基于可编程交换架构的数据面具有更高的灵活性和可扩展性，能够支持新业务的快速部署。

但是，无论是现有的固定架构还是可编程架构，现有数据面都只支持链路层同构的协议栈，应用于卫星通信网络面临以下问题。

① 经典解析器难以实现异构数据包的高速解析。经典的串行解析逻辑映射特定协议的有向无环解析图，对于每个数据包，其报文解析从根开始，沿着解析路径（解析图中从根节点到末端节点的路径）转换状态，最后到达末端节点。这种基于状态机模型的解析消耗大量时钟，因此常需要实例化多个解析器来实现数据包的线速解析[41]。对于异构数据包，该问题更加严重，每类协议均需配置多个解析实例，这导致复杂度和成本进一步上升。

② 由于语义歧义，异构协议的匹配字段不能共享匹配内存。例如，以太网数据包的前 6 个字节表示 MAC 地址，而国际空间数据系统咨询委员会（Consultative Committee for Space Data Systems，CCSDS）的空间数据系统协议规范的数据链路层协议帧中的相同位置则表示传输帧的主报头，当二者存储在同一个流表中时，输入 IP 报文的 MAC 地址可能会与 CCSDS 的条目相匹配，执行错误的操作并导致网络错误。

为异构协议报文转发构建专用的交换管道是低效的。第一，不同交换管道的资源不能相互共享，当一个管道的资源用完时，即使其他管道的资源空闲，也无法部署新规则来支持更多的数据流。第二，每个专用管道必须按照该协议用户的最大消耗来预留资源。第三，协议类型的数量受到管道数量的限制。第四，多条交换管道会带来可靠性的巨大挑战。因此，为支持处理数据链路层异构协议的需求，需要一种高效的 SDSCN 可编程分组交换架构。

7.3.2.2　系统模型

图 7-19 所示为 HISA 的报文处理过程。它由一个并行包头识别（Parallel Header Identification，PHI）模块和两条流水线组成，即按需字段提取流水线（On-demand Field Extraction Pipeline，OFEP）和共享匹配动作流水线（Shared Match Action Pipeline，SMAP）。其中 PHI 和 OFEP 组成了快速异构数据包解析（Fast Heterogeneous Packet Parsing，FHPP）结构。

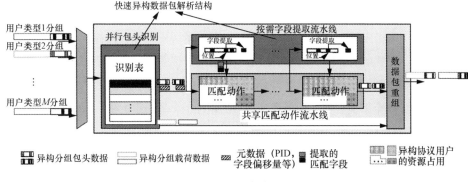

图 7-19　HISA 的报文处理过程

HISA 的报文处理流程如下。

① 输入异构数据包首先在 PHI 中进行报文包头的并行识别，并根据识别结果附加协议标识（Protocol ID, PID）和表示要提取的匹配字段位置的字段偏移量到元数据中。同时，数据包还被分为两部分，即用于匹配过滤的包头数据和用于报文重组的有效载荷。

② 包头数据和元数据（包括 PID、字段偏移量和其他交换参数）被发送到处理阶段。处理阶段由多级的字段提取模块和匹配动作模块组成。每级的字段提取模块根据 PID 和相应的字段偏移量提取字段以送入对应的匹配动作模块。

③ 在匹配动作模块中，系统使用 PID 和提取字段组成的关键字进行查表，然后执行关联的动作。HISA 中的匹配动作处理支持异构协议栈间的共享复用。HISA 使用 PID 标记协议（附加在每个流条目中），可以消除匹配字段之间的语义歧义，从而使异构协议栈字段可以共享匹配内存，而避免发生冲突。

④ 最后，重组处理过的包头和原报文的载荷部分，形成新的完整报文，被送入交换核心。

下面将逐一介绍 HISA 的关键组件，即 FHPP 结构和 SMAP。

7.3.2.3　快速异构数据包解析

异构数据包的解析是共享匹配处理的前提。这里介绍一种新的 FHPP 结构，与经典解析器相比，FHPP 结构将串行包头识别更改为并行识别，并将串行字段提取更改为流水线操作。

实际上，数据包解析的关键是决定接收到的数据包属于哪个解析路径（即识别包头），然后提取相应的字段。图 7-20 所示为 HISA 的关键组件，其展示了 FHPP 结构的设计逻辑。经典解析器使用的解析图是一个有向无环图，它表达了要识别的头部序列[43]。通过展开解析图的各解析路径，解析图可以转换为解析树，其中每个解析路径映射解析树的一个解析分支（从根到叶节点的路径）。基于解析树，PHI 模块将每个分支存储为 TCAM 中的一个条目，并将包头组装为关键字，通过执行表可并行识别各解析分支。然后，PHI 模块以 TCAM 的匹配结果为索引，执行指令表中的对应条目。条目记录了每个解析分支对应的 PID、字段偏移和数据包分区指令。其中字段偏移指令用于获取字段偏移值（当报文的包头长度变化时，协议解析器读取长度字段用以累加偏移值），而数据包分区指令则指示了报文包头数据的大小。

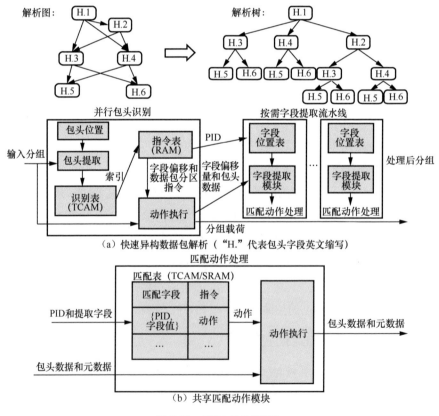

(a) 快速异构数据包解析（"H."代表包头字段英文缩写）

(b) 共享匹配动作模块

图 7-20　HISA 的关键组件

在 PHI 之后，PID、字段偏移量和包头数据被发送到 OFEP。匹配字段提取分布在多个处理阶段完成。在每个阶段，系统首先使用 PID 查找相应的字段位置，然后字段位置信息被发送到字段提取模块，在该模块中，系统使用字段偏移量修正字段位置，最后提取相应字段以供匹配过滤。在整个解析过程中，由于 OFEP 只提取需要进行匹配过滤的字段，所以它相比于经典解析器更具灵活性。

FHPP 结构适用于异构网络协议的处理。通过将每个协议的输入端口号附加到其解析分支，就可以区分异构数据包的包头，数据包解析器的硬件架构与协议无关，它可以根据用户上注的配置信息解析不同协议的报文。此外，FHPP 结构分别用并行处理和流水线处理代替了经典的串行包头识别和串行字段提取，而由于"并行处理"和"流水线处理"的时间复杂度都是 $O(1)$，因此可以实现异构数据包的线速解析。

7.3.2.4　共享匹配动作流水线

匹配动作处理是交换机发挥作用的关键。多个匹配动作模块组成匹配动作流水线，通过级联流表的查找最终实现数据包的分类过滤。通常，流表的匹配内存消耗的资源最多，例如，在 Tofino 芯片中，匹配内存占用了超过 85% 的报文处理资源[41]，因此，高效的匹配内存利用对于交换机设计具有重要意义。

本文所提的共享匹配动作处理如图 7-19（b）所示。报文在流表中进行字段匹配，在动作执行模块中执行动作。与现有交换机中的流表相比，SMAP 中查表的关键字由提取的字段和 PID 组合而成。在流条目内使用 PID，消除了异构协议栈字段间的语义歧义，使得流表的匹配内存可被异构协议栈共享，从而实现了报文处理的池化和资源复用，大大提高了资源利用效率。

SMAP 具有灵活服务升级的优势。在传统交换架构下，异构协议栈的数量在各专用管道配置后是固定的，而 SMAP 共享流水线，只要还有剩余的匹配内存资源，就可以随时添加新协议的转发功能。

HISA 交换机南向接口为增强型的 OpenFlow 接口，转发动作包括 5 类：编辑、转发、输出、流表表项处理和流的元数据处理，关于增强型 OpenFlow 接口，读者可以通过参考文献[35]了解详情。

总体来说，HISA 具有以下主要特点。

① 异构数据包的快速解析。在 HISA 中，数据包解析是协议透明的。与经典的串行解析相比，HISA 并行识别包头，通过流水线操作提取字段，从而显著提高了解析效率。

② 共享匹配动作资源。PID 支持异构分组共享一个交换流水线，处理资源复用，提高了资源利用率。

与已有交换架构相比，基于 HISA 的 SDSCN 数据面具备以下特点。

① 节约资源。异构协议栈共存于同一流水线中，无须针对异构协议栈设置专用管道，HISA 共享流水线资源基于整体消耗的最大值，与协议无关。

② 提升性能。异构协议栈扩展灵活，可以随时添加新协议。

③ 可靠性强。简化的流水线设计意味着布线布局更加简洁，硬件开发时更容易满足可靠性要求。

7.3.2.5 为异构协议用户应用 HISA

图 7-21 所示为基于 HISA 的异构协议栈用户的网络切片用例，分别包含 IP、CCSDS 和容迟网络（Delay Tolerant Network, DTN）协议用户。为简单起见，图中省略了字段提取或动作执行等通用模块，具体用例如下文所述。

图 7-21（a）所示为 IPv4 和 CCSDS 用户的异构协议栈报文处理过程。IPv4 和 CCSDS 报文的物理输入端口分别为 A 和 B。对于 IPv4 报文，首先提取包头位置 <12B,2B> 和 <23B,1B>，后查找识别表以匹配解析分支 "IPv4+TCP" 或 "IPv4+UDP"，并根据匹配结果执行指令。例如，对于索引 I1，处理阶段 1 和处理阶段 2 的字段偏移量分别为 0 B 和（4*Read_Field（<116b,4b>）−20）B（在动作模块中计算），PID 为 0x1，且数据包的前 150 Byte 被划分为包头数据。在处理阶段 1，PID0x1 用于搜索字段位置表，所查找的字段位置 <30B,4B> 被偏移量 0B 所修正（修正后保持不变），然后系统根据修正后的指针位置提取字段 DIP，并在匹配表中进行 IP 查找。在后续处理阶段重复这样的过程，当所有阶段完成之后，数据包被重新组合，入口处理完成。类似地，CCSDS 数据包在处理阶段 1 根据 SCID 和 VCID 的匹配结果进行过滤转发。可以看出，上述匹配流水线的处理资源是池化的，可以在异构协议之间被灵活分配，我们可以通过添加或删除条目来改变资源占用，而不会影响其他协议的处理。

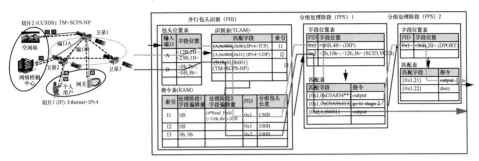

（a）为IP及CCSDS用户提供网络切片

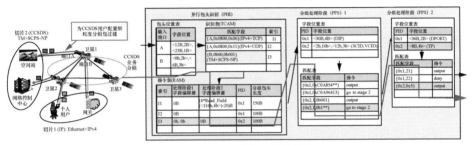

（b）为CCSDS用户在线配置处理行为

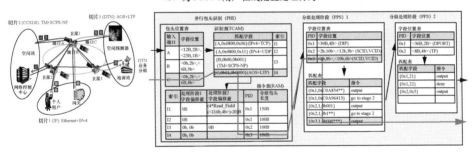

（c）为DTN用户在线添加新网络切片

图 7-21　基于 HISA 的异构协议栈用户的网络切片用例

　　在 HISA 中，可以在线重构报文处理以支持新服务。图 7-21（b）所示为 CCSDS 用户的报文处理重配置过程。为了对 VCID 超过 3 的数据包应用更细粒度的报文过滤，首先填充阶段 2 的匹配表以对 TP 包头进行字段匹配，然后修改其字段位置表和 PHI 中的偏移指令以提取 TP 字段，最后在阶段 1 中添加一个流表项以将相应的数据包（VCID 超过 3）引导至处理阶段 2。反之，若要删除该匹配字段，则阶段 1、阶段 2 中的相应条目以及 PHI 中的指令表将依次更改。可以看出，HISA 的在线配置能力可支持新应用的快速部署，赋能业务创新。

HISA 可以在不停机的情况下进行配置，以支持新协议的报文转发。图 7-21（c）所示为 DTN 用户的在线配置过程。首先填充处理阶段 1 中的字段位置表和匹配表以添加基于 SCID 和 VCID 的 DTN 转发，然后将包头位置、解析分支和相应的指令分别更新到 PHI 模块中的头位置表、识别表和指令表中。同样，要删除现有协议，首先要修改 PHI，然后删除处理阶段的相应条目。由于宕机对卫星设备来说成本高昂，因此这种运行时配置显著有利于 SDSCN 的升级。

上述实例表明，HISA 具有良好的在线配置能力。在 HISA 中，可以随时添加异构协议，并且可以快速更新匹配字段以提供新的服务。事实上，这种在线配置能力受益于用存储器替换固定电路连接。在 ASIC 或 FPGA 等可编程器件中，存储器的内容可以实时配置，而电路连接则无法在线更改。因此，执行确定报文处理动作的功能可固化为电路，数据面控制逻辑可存储在块 RAM 中，在降低实现复杂度的同时，保证在线更改的灵活性。

7.3.2.6　仿真实验

本节比较了 HISA 和 PISA 的异构报文处理能力。仿真基于图 7-21（c）用例。仿真场景中，包括 72 颗极轨卫星（1 000 km，99.5°倾角）和 50 颗倾斜轨道卫星（1 200 km，37.4°倾角），每颗卫星都包含一个星上处理转发交换机，用户的最低接入仰角为 20°[44]。为模拟异构协议场景，IP 用户分布根据经济合作与发展组织（Organization for Economic Cooperation and Development，OECD）的统计数据设置[45]，CCSDS 和 DTN 的地面用户分布数据来自 NASA 官网数据，CCSDS 和 DTN 的空间用户分布则参考了 Landsat 遥感卫星系列、吉林一号系列、月球勘测轨道器（Lunar Reconnaissance Orbiter，LRO）和月球陨石坑观测与传感卫星（Lunar Crater Observation and Sensing Satellite，LCROSS）等几个典型航天器设置。基于 HISA 和 PISA 的异构分组交换对比如图 7-22 所示。

图 7-22（a）所示为各协议用户在一个轨道周期内的网络流量变化。流量包括直连用户发送/接收的数据流（卫星作为接入节点）和卫星传输的数据流（卫星作为中继节点）。前者为当前接入用户的总流量，后者则被假设与用户的分布密度成正比。在图 7-22（a）中，随机挑选 4 颗卫星，卫星 0 和卫星 1 在倾斜轨道上，卫星 2 和卫星 3 在极地轨道上。

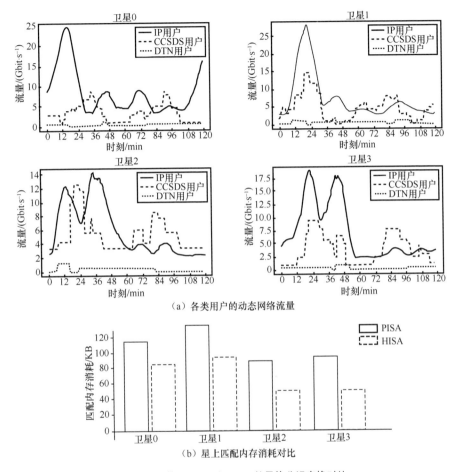

（a）各类用户的动态网络流量

（b）星上匹配内存消耗对比

图 7-22　基于 HISA 和 PISA 的异构分组交换对比

　　仿真结果表明，各协议用户的流量在卫星的轨道周期内不断变化，其总流量总是小于各类用户最大流量的总和，这意味着共享报文处理比为每个协议配置专用资源更加高效。

　　图 7-22（b）所示为每颗卫星的星上匹配内存消耗情况。仿真条件为：PID 宽度为 4 bit，并考虑到 FPGA 或 ASIC 中的匹配表通常由多个固定大小的内存块组成，假设最小内存块为 128 kbit×1k，时钟工作频率为 400 MHz。仿真结果表明，相比于PISA，HISA 可以节省约 25%～40%的内存，资源利用率显著提高，这归功于共享流水线的资源复用。

| 7.4　本章小结 |

　　本章主要探讨了 SDSCN 的定义、基本架构，以及相应控制面与数据面的关键技术。首先，介绍了一种高效、系统代价可控的中低轨混合软件定义卫星通信网络设计实例。其次，介绍了支持在线部署的动态权重半中心式 DWOBA 流量工程方法，基于网络服务收益评估准则动态调整业务传输带宽与路径分配，解决 SDSCN 集中式控制复杂度高、响应速度受限的问题。最后，介绍了星载可编程数据面架构 HISA，灵活复用受限的数据面处理资源，支持异构协议的高速分组解析。本章相关研究可为 SDSCN 总体架构设计与工程实现提供技术参考。

| 参考文献 |

[1] JAIN S, KUMAR A, MANDAL S, et al. B4: experience with a globally-deployed software defined WAN[J]. ACM Sigcomm Computer Communication Review, 2013, 43(4): 3-14.

[2] SZAJNFARBER Z, WEIGEL A. Enabling radical innovation through joint capability technology demonstrations (JCTD): the case of the internet routing in space (IRIS) JCTD[C]//AIAA SPACE 2009 Conference and Exposition. Herndon: AIAA, 2009: 6502.

[3] WHITEFIELD D, GOPAL R, ARNOLD S. Spaceway now and in the future: on-board IP packet switching satellte communication network[C]//MILCOM 2006-2006 IEEE Military Communications conference. Piscataway: IEEE Press, 2006: 1-7.

[4] MCKEOWN N, ANDERSON T, BALAKRISHNAN H, et al. OpenFlow: enabling innovation in campus networks[J]. ACM SIGCOMM Computer Communication Review, 2008, 38(2): 69-74.

[5] FENG B, ZHOU H, ZHANG H, et al. HetNet: a flexible architecture for heterogeneous satellite-terrestrial networks[J]. IEEE Network, 2017, 31(6): 86-92.

[6] LIU J, SHI Y, FADLULLAH Z M, et al. Space-air-ground integrated network: a survey[J]. IEEE Communications Surveys and Tutorials, 2018, 20(4): 2714-2741

[7] FENG B, CUI Z, HUANG Y, et al. Elastic resilience for software-defined satellite networking: challenges, solutions, and open issues[J]. IT Professional, 2020, 22(6): 39-45.

[8] KREUTZ D, RAMOS F M V, VERISSIMO P E, et al. Software-defined networking: a comprehensive survey[J]. IEEE, 2014, 103(1): 14-76.

[9]　CASADO M , GARFINKEL T , AKELLA A , et al. SANE: a protection architecture for enterprise networks[C]//Conference on Usenix Security Symposium. Berkeley: The USENIX Association, 2006.

[10]　AGRAWAL P, YEH J H, CHEN J C, et al. IP multimedia subsystems in 3GPP and 3GPP2: overview and scalability issues[J]. IEEE communications magazine, 2008, 46(1): 138-145.

[11]　吴昊, 王帅, 邓献策, 等. 面向天地一体化信息网络的星载交换技术发展现状与趋势[J]. 天地一体化信息网络, 2021, 2(2): 2-10.

[12]　WANG G, ZHAO Y, HUANG J, et al. The controller placement problem in software defined networking: a survey[J]. IEEE Network, 2017, 31(5): 21-27.

[13]　HU M, LI J, CAI C, et al. Software defined multicast for large-scale multi-layer LEO satellite networks[J]. IEEE Transactions on Network and Service Management, 2022(Early Access).

[14]　KHORRAMIZADEH M , AHMADI V . Capacity and load-aware software-defined network controller placement in heterogeneous environments[J]. Computer Communications, 2018, 129(SEP.): 226-247.

[15]　WU H , YAN J , LU J H . Flow Trace: maximizing the service payoff of heterogeneous communications networks[J]. IEEE Transactions on Network Science and Engineering, 2020, 7(4): 2481-2493.

[16]　徐文伟. 后香农时代, 数学决定未来发展的边界[R]. 长沙: 数学促进企业创新发展论坛, 2020.

[17]　QIAN M, FEI H, QI H. Deep learning for intelligent wireless networks: a comprehensive survey[J]. IEEE Communications Surveys and Tutorials, 2018, 20(4): 2595-2621.

[18]　WU H , YAN J , LU J H . RuleMap: protocol independent packet classification for software defined satellite networks [C]//Proceedings of the International Astronautical Congress (IAC). [S.l.]: IAF, 2020.

[19]　LI T , ZHOU H , LUO H , et al. SAT-FLOW: multi-strategy flow table management for software defined satellite networks[J]. IEEE Access, 2017, 5: 14952-14965.

[20]　NGUYEN X N , SAUCEZ D , BARAKAT C , et al. OFFICER: a general optimization framework for OpenFlow rule allocation and endpoint policy enforcement[C]//Computer Communications. Piscataway: IEEE Press, 2015.

[21]　BOSSHART P, DALY D, GIBB G, et al. P4: programming protocol-independent packet processors[J]. ACM SIGCOMM Computer Communication Review, 2014, 44(3): 87-95.

[22]　SONG H. Protocol-oblivious forwarding: unleash the power of SDN through a future-proof forwarding plane[C]//Proceedings of the second ACM SIGCOMM workshop on Hot Topics in Software Defined Networking. New York: ACM, 2013: 127-132.

[23]　HUANG H, GUO S, WU J, et al. Green datapath for TCAM-based software-defined networks[J]. IEEE Communications Magazine, 2016, 54(11): 194-201.

[24] VAMANAN B, VOSKUILEN G, VIJAYKUMAR T N. EffiCuts: optimizing packet classification for memory and throughput[J]. ACM SIGCOMM Computer Communication Review, 2010, 40(4): 207-218.

[25] LI W, LI X, LI H, et al. Cutsplit: a decision-tree combining cutting and splitting for scalable packet classification[C]//IEEE INFOCOM 2018-IEEE Conference on Computer Communications. Piscataway: IEEE Press, 2018: 2645-2653.

[26] KOGAN K, NIKOLENKO S, ROTTENSTREICH O, et al. SAX-PAC (scalable and expressive packet classification)[C]//Proceedings of the 2014 ACM Conference on SIGCOMM. New York: ACM, 2014: 15-26.

[27] DALY J, TORNG E. Tuplemerge: building online packet classifiers by omitting bits[C]//2017 26th International Conference on Computer Communication and Networks (ICCCN). Piscataway: IEEE Press, 2017: 1-10.

[28] YINGCHAREONTHAWORNCHAI S, DALY J, LIU A X, et al. A sorted partitioning approach to high-speed and fast-update OpenFlow classification[C]//2016 IEEE 24th International Conference on Network Protocols (ICNP). Piscataway: IEEE Press, 2016: 1-10.

[29] KOPONEN T, CASADO M, GUDE N, et al. Onix: a distributed control platform for large-scale production networks[C]//9th USENIX Symposium on Operating Systems Design and Implementation (OSDI 10). Berkeley: The USENIX Association, 2010.

[30] TOOTOONCHIAN A, GANJALI Y. Hyperflow: a distributed control plane for OpenFlow[C]//Proceedings of the 2010 Internet Network Management Conference on Research on Enterprise Networking. New York: ACM, 2010.

[31] HASSAS YEGANEH S, GANJALI Y. Kandoo: a framework for efficient and scalable off-loading of control applications[C]//Proceedings of the First Workshop on Hot Topics in Software Defined Networks. [S.l.:s,n.], 2012: 19-24.

[32] SHUAI W, KAI L, PEILONG L, et al. HISA: shared onboard processing for protocol-heterogeneous satellite networks[J]. China Communications, to appear.

[33] LELAND W, WILLINGER W, TAQQU M, et al. On the self-similar nature of Ethernet traffic[J]. ACM SIGCOMM Computer Communication Review, 1995, 25(1): 202-213.

[34] NOORMOHAMMADPOUR M, RAGHAVENDRA C S. Datacenter traffic control: understanding techniques and tradeoffs[J]. IEEE Communications Surveys and Tutorials, 2018, 20(2): 1492-1525.

[35] CABAJ K, GREGORCZYK M, MAZURCZYK W. Software-defined networking-based crypto ransomware detection using HTTP traffic characteristics[J]. Computers and Electrical Engineering, 2018, 66(C): 353-368.

[36] ROY A, ZENG H, BAGGA J, et al. Inside the social network's (datacenter) network[J]. Computer Communications Review, 2015, 45(5): 123-137.

[37] KANDULA S, MENACHE I, SCHWARTZ R, et al. Calendaring for wide area networks[C]// 2014 ACM conference on SIGCOMM. New York: ACM, 2014.

[38] CAO Z, PANWAR S, KODIALAM M, et al. Enhancing mobile networks with software-defined networking and cloud computing[J]. IEEE/ACM Transactions on Networking (TON), 2017, 25(3): 1431-1444.

[39] MARTELLO S, PISINGER D, TOTH P. Dynamic programming and strong bounds for the 0-1 knapsack problem [J]. Management Science, 1999, 45(3): 414-424.

[40] BERTSEKAS D P. On the Goldstein-Levitin-Polyak gradient projection method [J]. IEEE Transactions on Automatic Control, 1976, 21(2): 174-184.

[41] BOSSHART P, GIBB G, KIM H S, et al. Forwarding metamorphosis: fast programmable match-action processing in hardware for SDN[J]. ACM SIGCOMM Computer Communication Review, 2013, 43(4): 99-110.

[42] YU J, WANG X, SONG J, et al. Forwarding programming in protocol-oblivious instruction set[C]//2014 IEEE 22nd International Conference on Network Protocols. Piscataway: IEEE Press, 2014: 577-582.

[43] GIBB G, VARGHESE G, HOROWITZ M, et al. Design principles for packet parsers[C]//Architectures for Networking and Communications Systems. Piscataway: IEEE Press, 2013: 13-24.

[44] DEL PORTILLO I, CAMERON B G, CRAWLEY E F. A technical comparison of three low earth orbit satellite constellation systems to provide global broadband[J]. Acta Astronautica, 2019, 159: 123-135.

[45] LIU P, CHEN H, WEI S, et al. Hybrid-traffic detour based load balancing for onboard routing in LEO satellite networks[J]. China Communications, 2018, 15(6): 28-41.

后 记

　　6G 时代，卫星通信网络的发展应立足新发展阶段、贯彻新发展理念、构建新发展格局。创新的源头从需求中来，全球数字化经济的快速发展带动了国内外卫星通信系统和网络建设风起云涌，迭代节奏在不断加快。然而，创新的起点如何定位，是科研工作者和网络建设者必须面对的问题。星链系统的快速发展离不开 SpaceX 的低成本发射能力、离不开全球分布的地面站网、离不开西方航天产业供应链基础、与地缘政治等因素也有密切关系。要化解系统性复杂难题，更加需要考量资源和条件的约束，从网络架构、技术原理、发展生态的顶层设计上有所突破，才能找到适合中国的 6G 时代卫星通信网络绿色、简约、智慧发展的新模式。

　　本书尝试以按需服务理念梳理相关科学、技术与工程问题。网络规模与能力的数学关系、用户业务多域分布不均匀的建模、网络与业务作用机理等仍属于开放性基础问题，需要持续开展深入研究。受限资源的分配使用方法、泛同步轨道的科学高效利用、网络卫星与星载路由交换、边缘计算与融合通信、内生安全与防护等仍有很大的研究空间。作者及团队也正通过"智慧天网创新工程"实践，推动按需动态覆盖、软件定义卫星通信网络等形成应用示范。通过本书的出版，我们希望能为研究同仁提供建设性的参考。

卫星通信网络是国家未来信息基础设施重要的组成部分。卫星通信网络的发展和建设需要凝聚社会各行业不同领域的创新力量，实事求是，深入开展战略研究、创新技术研究与创新机制探索。期待我国的卫星通信网络事业蒸蒸日上，蓬勃发展，走出有中国特色的创新之路。

作者

2022 年 9 月于清华园

名词索引

6G　1～5, 13～15, 277

按需服务　1, 4, 6～14, 61, 86, 87, 133～135, 147, 177, 181, 182, 185, 222, 225, 227, 238, 277

遍历容量　25, 26, 28, 40, 41, 44, 46, 51, 54, 55

串行干扰消除　187～189

大规模星座　6, 59, 61, 67

多重覆盖　13, 59, 61, 65～67, 70, 72, 78, 83, 86, 87, 91, 165～167, 170

二项点过程　19, 20

非合作干扰减缓　92, 108, 110, 130

非均匀分布　7, 13, 17, 19, 24, 28, 30, 31, 35, 36, 41, 42, 55, 155, 167

服务质量保障　3, 11, 226, 233, 238

负载均衡　7, 14, 100, 133, 135, 143, 166, 170, 171, 174, 176, 177, 234, 236

干扰评价　89, 91, 93, 98, 99, 101, 130

广域覆盖　1

合作干扰减缓　92, 108, 118, 130

接入仰角　78, 270

可编程数据面　11, 231, 234, 262, 272

流量工程　233～236, 238, 239, 241, 272

齐次泊松点过程　23

冗余控制　190, 192

软件定义网络　227, 233

软件定义卫星通信网络　10, 13, 14, 225, 227, 228, 231～235, 237, 239, 262, 272, 277

上行链路　27, 28, 40, 42, 44, 55, 96, 112, 135, 181～183, 185, 186, 188

施扰系统　95～98, 113

受扰系统　95～98, 113

数字鸿沟　1, 2

随机几何　13, 17～21, 28, 36, 40, 55

随机接入　184～186, 193, 197, 198, 200, 208, 209, 212, 215, 216, 219

跳波束通信　14, 134

同址规避　14, 133, 166, 177

网络效率　13, 17, 19, 28, 29, 31, 35, 55

卫星通信网络　1～14, 17～20, 23, 24, 26～32, 35～37, 40, 41, 44, 46, 55, 59～65, 71, 72, 77, 86, 87, 89, 92, 100, 108, 133, 134, 178, 181～183, 185, 206, 220, 221, 225～227, 231, 233～237, 239, 243, 264, 277, 278

下行链路　27, 28, 40, 41, 42, 97, 102, 103, 116, 119～122, 128, 135, 137

效费比　1, 6, 7, 11, 28, 66

星座设计　7, 9, 13, 59～61, 66～68, 71, 74, 76, 77, 87, 104

业务满足度　137～139, 152, 153, 166, 174, 177, 178

业务驱动跳波束　135, 140, 142～145, 147, 149～151, 154, 156, 157, 164

业务预测　13, 14, 181～185, 188, 197～199, 201～204, 207, 209, 211, 221

阴影莱斯衰落　25, 43

预先规划跳波束　135, 140～143, 145～147, 150, 166, 167

运营维护成本　2

中断概率　19, 25, 26, 28, 44, 46, 49～51

重点服务区　66